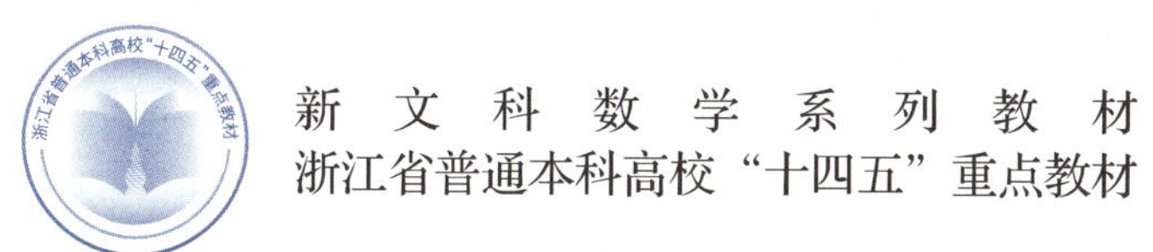

新 文 科 数 学 系 列 教 材
浙江省普通本科高校“十四五”重点教材

总主编 陈光亨

新文科
高等数学

Advanced Mathematics for New Liberal Arts

主　编　盛为民
副主编　陈志国
参　编　俞优莉　庞天晓　韩丹夫

ZHEJIANG UNIVERSITY PRESS
浙江大学出版社
·杭州·

图书在版编目(CIP)数据

新文科高等数学 / 盛为民主编. —杭州：浙江大学出版社，2023.8(2025.7 重印)

新文科数学系列教材 / 陈光亭总主编

ISBN 978-7-308-23969-1

Ⅰ. ①新… Ⅱ. ①盛… Ⅲ. ①高等数学－高等学校－教材 Ⅳ. ①O13

中国国家版本馆 CIP 数据核字(2023)第 115522 号

新文科高等数学

XINWENKE GAODENG SHUXUE

总主编　陈光亭

主　编　盛为民

策划编辑　黄娟琴

责任编辑　徐　霞

责任校对　王元新

封面设计　春天书装

出版发行　浙江大学出版社

(杭州市天目山路 148 号　邮政编码 310007)

(网址:http://www.zjupress.com)

排　　版　杭州朝曦图文设计有限公司

印　　刷　浙江省邮电印刷股份有限公司

开　　本　787mm×1092mm　1/16

印　　张　17

字　　数　383 千

版 印 次　2023 年 8 月第 1 版　2025 年 7 月第 2 次印刷

书　　号　ISBN 978-7-308-23969-1

定　　价　58.00 元

前　言
PREFACE

2019年，教育部、科技部等13个部门联合启动“六卓越一拔尖”计划2.0，全面推进新工科、新医科、新农科、新文科建设，旨在切实提高高校服务经济社会发展能力。同时，将2019年定为新文科建设启动年。为了适应高校“新文科”建设的需要，浙江省大学数学课程教学指导委员会组织编写新文科数学系列教材，包括《新文科高等数学》《线性代数》《数据处理与统计》等。正确理解“新文科”建设是编写好系列教材的前提。传统文科包括了人文与社会科学，我国通常概之为哲学社会科学，新文科则包含8个学科门类：文、史、哲、经、管、法、教、艺等，其中，文、史、哲是基础文科，经、管、法和教、艺是应用文科。因此，新文科的第一个特点是外延和范围大大拓展了。新文科的第二个特点是强化价值引领，新文科肩负“精神补钙”和匡正人心的重要职责，做社会的弘道者，承担以明德引领社会风尚的历史使命。新文科要讲好中国故事，为推动构建人类命运共同体贡献中国智慧、中国方案和中国力量。新文科的第三个特点是学科交叉，特别是文理交叉。传统的人文社科方法，转向运用现代科技、信息技术和人工智能，特别是运用量化方法和算法，将文科的定性方法与定量方法相统一，彰显新文科的科学性。

本书是浙江省大学数学课程教学指导委员会重点建设的新文科数学系列教材之一。基于上述对“新文科”建设的认识，本书在内容选择上做了一些探索，突出了数学文化的地位，努力讲好数学文化和数学思想，讲好数学发展与科技发展甚至人类文明发展的关系，讲好数学发展史中的中国故事，强化价值引领。在内容上，我们注重数学思想、数学方法的介绍，不刻意追求数学的严密性、完备性。例如，我们注重极限思想的引入，但不要求学生掌握极限的严格证明，只要求掌握一些常见数列、函数的极限的计算；我们也常常不给出一些复杂的，但数学上比较重要的定理的证明。在概率统计中，我们也遵循这样的思想，注重教材的思想性和实用性，让学生掌握统计的基本思想，并学会用统计学中的常用软件进行数据分析。本书力求深入浅出，在数学思想的介绍中引入数学概念和数学方法，使数学显得自然而不那么抽象，培养学生用数学思维去思考，彰显文理交叉的力量。本书还添加了一些数字化资源，对书中某些内容进行延伸，增加可读性、趣味性。读者可以通过扫描书中的二维码进行阅读和参考。

全书由四部分组成，分别是数学文化、微积分、线性代数初步、概率统计。考虑到新文科不同专业的需要，本书的教学课时可以有适当伸缩性。如讲授本书全部内容，建议每周 4 学时。如每周 3 学时，建议略去第四篇或第一篇。如每周 2 学时，建议略去第三、四篇。

本书由盛为民和陈光亭负责策划，第一篇由陈光亭、俞优莉编写，第二、三篇由陈志国、盛为民编写，第四篇由庞天晓、盛为民编写，数字化资源由韩丹夫提供，全书由盛为民统稿。

本书经浙江省大学数学课程教指委推荐入选浙江省普通本科高校“十四五”重点教材建设项目，感谢教指委苏岐芳秘书长和各位委员的支持。特别感谢浙江大学出版社副总经理黄娟琴积极推动本书的出版工作，感谢编辑徐霞对本书的出版给予的支持和建议。由于编者水平有限，书中难免存在不足，恳请同行专家与广大读者朋友提出宝贵意见。

编　者

2023 年 4 月

目　　录

CONTENTS

第一篇　数学文化

第二篇 微积分

第三篇　线性代数初步

第四篇 概率统计

第一篇

数学文化

第一章　数学——人类文明发展的一面镜子

数学与科学、人文的各个分支一样，都是人类大脑进化和智力发展进程的反映，是人类文明发展历程的一面镜子. 数学历史研究表明，数学的主要发源地除古代非洲的尼罗河，还有西亚的底格里斯河和幼发拉底河、中南亚的印度河和恒河、东亚的黄河和长江. 而这些地方正是人类文明的主要发源地. 数学是人类文明发展的一部分，同时也是人类文明发展的一面镜子.

古埃及和古巴比伦的数学来源于人们生存和生产的需要，古希腊数学与哲学密切相关，中国古代数学的主要活力来自历法改革，古印度数学的源泉则始于宗教.

纵观整个数学发展历史，数学推动了人类文明的进步，同时数学本身也是人类文明的非常重要、不可或缺的部分. 早期的数学帮助人们解决了生存和生产中遇到的问题，帮助人们更好地认识自然界. 随着人类从农耕文明进入工业文明，再进入信息文明时代，数学都是深层次动力，而且其作用越来越明显. 与此同时，数学不仅在科学研究和工程技术中必不可少，对宗教、哲学、政治、经济甚至艺术和文学等人文社科领域，数学也提供了决定性的思想、方法甚至重要内容. 而数学本身，从萌芽时期开始，逐步发展，进入古代数学，到文艺复兴之后的近代数学，再到 19 世纪开始的繁荣兴盛，逐步进入现代数学时期.

第一节　什么是数学

数学（英语：mathematics，缩写为 maths），mathematics 源自古希腊语μάθημα（máthēma），有学习、学问、科学之意. 古希腊学者视其为哲学之起点，“学问的基础”. 在《大不列颠百科全书》里，数学是“从计算、度量以及描述物体形状所发展出的关于结构、次序和关系的学科（the science of structure，order，and relation that has evolved from counting，measuring，and describing the shapes of objects）”.

现在通用的比较常规的定义是按照恩格斯所说的，数学是研究现实世界中的数量关系与空间形式的一门科学. 简单地说，数学是研究数和形的科学.

其实从不同的角度看，数学就有不同的定义. 从数学的学科结构看，数学是构型；从数学的过程看，数学是推理与计算；从数学的表现形式看，数学是符号；从数学对人的指导看，数学是方法论；从数学的价值看，数学是工具. 总之，数学这一个概念，它的内涵非常丰富，不同的角度可以有不同的定义.

古往今来，有不少数学家、哲学家甚至音乐家毫不吝啬地表达自己对数学的热爱与推崇.

毕达哥拉斯说，万物皆数，“数统治着宇宙”.

伽利略说，数学是上帝用来书写宇宙的文字.

柏拉图说，数学是一切知识中的最高形式.

高斯说，数学，科学的皇后.

弗雷格说，一个好的数学家至少是半个哲学家；一个好的哲学家至少是半个数学家.

哈尔莫斯说，数学是一种别具匠心的艺术.

拉克斯说，数学当作一门艺术来看时最近似于绘画，二者在两种目标间维持一种张力. 在绘画中，既要表达可见世界的形状与色彩，又要在一块二维的画布上构造出赏心悦目的图案；在数学中，既要研究自然的规律，又要纺织出优美的演绎模式.

斯特拉文斯基说，音乐这种形式和数学较为接近——也许不是和数学本身相关，但肯定与数学思维和关系式有关.

马克思说，一种科学只有在成功地运用数学时，才算达到真正完美的地步.

华罗庚说，宇宙之大，粒子之微，火箭之速，化工之巧，地球之变，生物之谜，日用之繁，无处不用数学.

钱学森说，现代科学技术不管哪一部门都离不开数学，离不开数学科学的一门或几门学科.

下面是姜伯驹院士[①] 1996 年 5 月在教育部数学与力学教学指导委员会上的讲话：

“我做学生的时候，老师讲数学的重要性，就是两句话：数学是思想的体操，数学是科学的语言. 数学要通过其他科学发挥作用. 但是，现在数学已不必通过别的学科，而直接发挥作用了. 很多高精尖的东西根本上取决于数学模型. 数学已经走到前列了. 我们常常听到出国留学人员的一种反映，说工科学生到国外听课，一个拦路虎就是数学. 近几年听到文科学生，不仅是学经济的，甚至是学政治学、社会学这样的学科，在国外都在数学上碰到很大的困难. 因此，‘数学是生活的需要’，而不只是前面所说的两句话了. 我觉得，许多事情，特别是有竞争的地方，数学往往是最后取胜的法宝. 数学用得好，你就赢了. 20 世纪下半叶数学有很大发展，其中最大的一个发展是应用.”

从上述这段话，我们可以很清晰地感受到，良好的数学素养，即使对一个普通公民也具有非常重要的意义.

① 中国科学院院士姜伯驹是北京大学教授，专长拓扑学，在不动点类理论上有独特贡献，曾获陈省身数学奖、华罗庚数学奖等数学界多个重要奖项.

第二节 数学的特点

相比其他学科,数学表现出以下几个明显的特点.

一、抽象性

数学内容的抽象性,这在简单的计算中就已经表现出来.我们每个人在牙牙学语的时候,就被大人们教着学习数数:1,2,3,…,不过最初的时候总是以实物教导,比如一根手指头,两根手指头,……,再到后来一根手指头加一根手指头是“2”,一个苹果加一个苹果也是“2”.慢慢地,孩子们就知道了“1+1=2”,无意识当中就会忘记这里的“1”,到底对应的是一根手指,还是一个苹果.从数学的角度讲,这就是抽象出问题的关键属性:“数”,而忽略其他的属性.

再比如,数学中研究的圆,客观世界中有许多物体与它对应,圆圆的太阳,圆圆的月亮,圆圆的轮胎等,把这些物体的共同属性归纳出来,而忽略掉其他各自不同的属性,就可以用“圆”的几何形式呈现.

所以说,数学的研究对象是从众多的物质和物质运动形态中抽象出来的,是人脑思维的产物.它在本质上不同于物理、化学、生物等自然科学,具有一定的超越性,因此具有公共基础的地位.

我们在思考问题的时候,如果能抓住问题的本质,对它进行抽象,而忽略其他不相关因素,往往会起到事半功倍的效果.这里我们来欣赏一个经典的数学抽象案例:“七桥问题”.

拓展阅读

“七桥问题”

18世纪的哥尼斯堡(今俄罗斯西部港口城市加里宁格勒)是一座美丽的城市,在这座城市中有一条大河,河中心有两座小岛,这座美丽的城市被大河分割成了四部分:两岸和两座小岛.为了方便交通,人们在两岸和小岛之间架桥,用七座桥把这四块陆地连接起来.交通的问题解决了,爱溜达的哥尼斯堡人,开始了一项有趣的消遣活动:从某个地方出发,一次性走遍所有七座桥,每座桥只能经过一次,然后回到出发点.人们纷纷走出家门响应活动,经过多次尝试,却始终没人能实现,这就是历史上有名的哥尼斯堡七桥问题.

这个问题看上去是如此简单,可是在当时,把全城人的智慧加在一起,也没有找出一条合适的路线.

问题传开后，许多欧洲有学问的人也参与思考，同样是一筹莫展．就这样，由于这个“七桥问题”给人们提供了丰富的乐趣和数学的兴味，因而使得哥尼斯堡这座海滨古城闻名遐迩．

1735年，有几名大学生写信给当时正在圣彼得堡科学院任职的天才数学家欧拉，请他帮忙解决．欧拉并未轻视生活中的“小问题”，他似乎看到其中隐藏着某种新的数学方法．

事实上，七座桥的所有可能的顺序有7！＝5040种，要想用穷举法一一试验所有可能的走法，几乎行不通．

最后，欧拉用巧妙的数学方法证明了符合要求的走法实际上并不存在．那欧拉是如何将这生活中的趣味问题转化为数学问题的呢？又是如何证明要想不重复地一次性走过这七座桥并回到出发点是不可能的呢？

欧拉的方法十分巧妙，看起来又十分简单：既然问题是要找一条不重复地经过七座桥的路线，那么哥尼斯堡城的四个部分（见图1-1）形状、大小就无须考虑，不妨把它们看成是连接桥梁的四个点A,B,C,D；而桥梁的曲直、长短也无须考虑，不妨把它们看成是连接这四个点的七条线（或称为边），用1，2，3，4，5，6，7七个数字表示（见图1-2）．于是一座仪态万千的哥尼斯堡古城在欧拉的笔下就变成了一个结构简单的几何图形．这个思维过程就完美地诠释了数学的抽象性：舍弃非本质的内容，只留下最本质的特征．

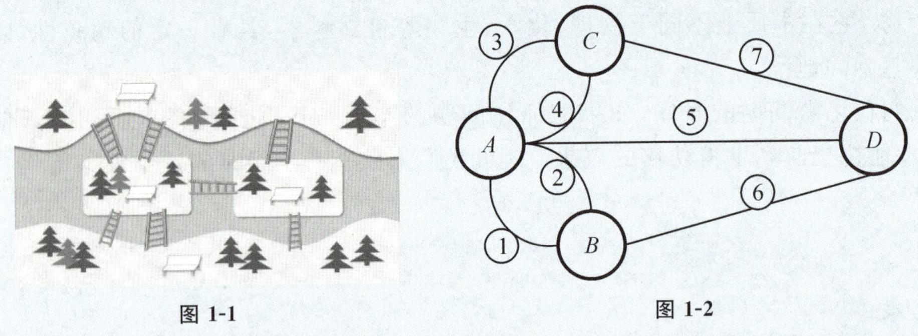

图1-1　　图1-2

于是寻找不重复地经过哥尼斯堡七桥的路线问题，就变成了用笔不重复地画出这个几何图形的问题，即我们熟知的“一笔画”问题．

我们先把这里的点分一下类，如果从某个点出发，引出的线有奇数条，那么就称这个点为奇数点；如果从某个点出发，引出的线有偶数条，那么就称这个点为偶数点．如果像图1-2这样的点和线构成的图形能够一笔画完，那么其中的奇数点一进一出，总是还有一条线要么是进、要么是出，因此只能是起点或终点；偶数点则一条线进、一条线出，刚好可以不重复地走遍所有相连的线．如图1-3、图1-4、图1-5所示．

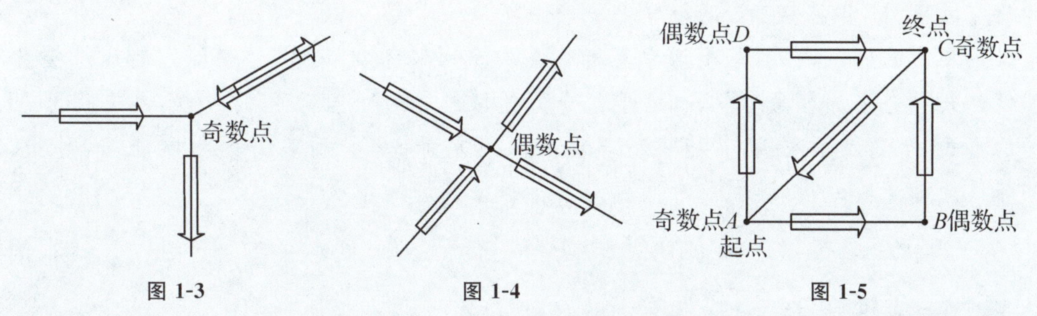

图 1-3　　图 1-4　　图 1-5

举个简单的例子，如图 1-5 所示，这里有四个点、五条线，其中 A,C 两个是奇数点，B,D 两个是偶数点，我们选 A 点作为起点，从 A 到 B 到 C 到 A 到 D，最后到 C，可以不重复地走完这五条线.

如果把这个图换成一个“田”字，你能把它一笔画完吗？你肯定不能一笔画完. 按照刚才这个点的归类，如图 1-6 所示，这里有 A,B,C,D 四个偶数点，E,F,G,H 四个奇数点，而起点、终点最多只能有两个，所以这个“田”字不能不重复地一笔画完.

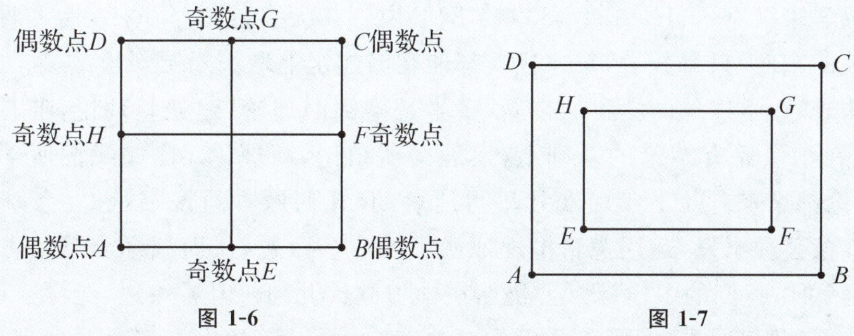

图 1-6　　图 1-7

由前面分析可知，如果一个图形可以一笔画完，必须满足如下两个条件：

(1)图形必须是连通的，即图中的任一点通过一些线一定能到达其他任意一点. 如图 1-7 所示，就是不连通的，其中有的点(如 A 和 E)之间就无法通过一些线相连接.

(2)图中的“奇数点”只能是 0 个或 2 个. 如图 1-6 中的“田”字，奇数点是 4 个，所以不能一笔画出.

现在我们回过头来看“七桥问题”，虽然第一个连通的条件满足，但是我们很容易发现，这里 A,B,C,D 四个点都是奇数点，于是第二个条件不满足，所以不管怎么走，你都不可能不重复地走过这七座桥.

欧拉解决“七桥问题”的方法并不深奥，但却很新颖，他的新颖之处不仅在于独辟蹊径的解题思路，更在于“一笔画”问题虽然是一个几何问题，可是这种几何问题却是欧几里得几何(简称欧氏几何)没有研究过的.

在“一笔画”的问题里，长度、角度、面积、体积等概念都消失了，只考虑点和线的连接关系.“七桥问题”中四块陆地压缩成四个点，连线的长短、曲直，交点的具体方位，都是无关紧要的，要紧的是点、线之间的相关位置，或相互连接的情形. 欧拉从“七桥问题”

的研究出发,诞生了一门新的数学分支——图论.

数学中的概念,一旦与生活中真实存在的东西联系在一起,大家就比较容易接受,理解起来也会更加容易.当然,数学概念的提取就是一个抽象化的过程,具有简洁、完美的形式,既超越于现实,又能表现出现实的某方面特征.而良好的数学训练,则可以培养人的抽象能力,使其在思考问题时善于抓住问题的本质.

二、精确性

数学推理的严谨性和结论的确定性是无可争辩和无可置疑的.任何数学结论都必须经过逻辑推理的严格证明和计算才能被承认.逻辑严密也并非数学所独有.任何一门科学,都要应用逻辑工具,都有其严谨的一面.但数学对逻辑的要求不同于其他科学,因为数学的研究对象是具有高度抽象性的数量关系和空间形式,是一种形式化的思想材料.因此,数学学科有不同于其他学科的传承性.

德国数学家汉克尔(Hankel,1839—1873)说:"在大多数科学里,一代人要推倒另一代人所修筑的东西,只有数学,每一代人都能在旧建筑上增添一层新楼."

这意味着,数学以外的学科的创新,多半是推倒旧理论、建立新理论,唯有数学学科的创新,是在承认原有结论的基础上,发展出新结论、新理论.比如我们所学的几何知识,很多结论都是来自几千年前欧几里得所著的《几何原本》,该书从 23 条基本定义、5 条公设和 5 条公理出发,运用逻辑推理证明了 465 个命题,从而演绎出整个古典几何学体系.时至今日,我们的中学课堂上仍然在学习欧氏几何.但另一边,经深入研究,数学家们发现如果《几何原本》中第五公设作出改变,也可以演绎出一整套几何理论,这就是后来所说的"非欧几何".非欧几何的产生并没有否定欧氏几何,反而推动了数学新的发展,也促进了相对论的产生,在现代物理学、天文学以及时空理论领域有巨大应用.这是人类认识不断深化的结果,也正体现了数学理论的传承性.

但是其他大多数学科的进步都存在着"更新淘汰制",举两个例子说明.

其一,从电子管的产生,到半导体的发明,再到集成电路的开发,每一项新技术的发明,就意味着旧时代的过去,现在我们基本上看不到老式的电子管和半导体的应用了.

其二,人们最初认为地是平的,公元 2 世纪,托勒密指出地球是球形的,并确立地心说,一度引导着人们对于宇宙的认知,到 16 世纪,哥白尼的日心说,改变了人们的这一观念,再到 17 世纪,开普勒的行星运动定律,更是更新了关于宇宙的科学认识.

数学是精确的,数学真理本身是不容置疑的.数学家说,数学为其证明所具有逻辑性而骄傲,也有资格为之骄傲.那些能被证明的东西,总是最让人欣喜的.同时,数学作为一门学科,它又是不断发展的、变化的.在解决问题的过程中不断创造新理论、新方法,甚至产生新的研究方向和研究领域,这也正是它充满生机活力的不竭源泉.

三、应用的广泛性

在日常生活当中，我们会不可避免地遇到很多直观的数学知识，比如简单的开支计算，路程、面积计算，或者储蓄、贷款、投资方面的考量等，这些都离不开数学. 更复杂一点的，如人造卫星、宇宙飞船的发射，医学图像的处理，网络平台“大数据”的处理等，也都离不开数学. 除此之外，数学与几乎所有的领域都有联系，包括物理、化学、生物、经济、天文，还有艺术、文学、体育、哲学、教育、史学、社会学等等.

正像我国著名数学家华罗庚教授在《人民日报》发表的“大哉数学之为用”的文章里提到的：“宇宙之大，粒子之微，火箭之速，化工之巧，地球之变，生物之谜，日用之繁，无处不用数学.”

著名数学家苏步青教授也曾讲过：“当今科学发展的一个重要趋势，就是各门学科的‘数学化’. 例如过去认为与数学关系不大的生物学，现在已开始用数学作为工具来研究了. 因此，数学的基础理论一方面在实践的基础上不断发展和深化，同时又对其他科学的发展起着重要的推动作用.”

华罗庚

苏步青

下面举两个案例.

案例一：

应用数学发现海王星

太阳系中行星的发现一般都是通过天文观测完成的，唯有海王星是通过数学方法预测而被发现的.

海王星是远日行星之一，按照同太阳的平均距离由近及远排列，它是环绕太阳运行的第八颗行星；按照直径排列，它是围绕太阳公转的第四大天体.

1781 年在发现了天王星之后，当人们观察天王星时，发现它的运行轨迹总是和原来预测的情况有一定的差异. 人们在考虑，是万有引力定律不对，还是另有其他的原因呢？当时有人怀疑在它周围还存在着另外一颗行星，在影响着它的运行轨迹.

1844 年，25 岁的英国天文学家亚当斯利用力学定律和天王星的观测资料，推算这颗未知行星的轨道，他花了很长的时间才计算出这颗未知行星的运行轨迹以及它可能出现在天空中的哪个方位．亚当斯于1845年9月把结果分别寄给了剑桥大学天文台台长查利斯和英国格林尼治天文台台长艾利，但是查利斯和艾利迷信权威，不相信这个年轻人的工作，把这个报告束之高阁，不理睬这个事情．

1845年，法国一位年轻的天文学家、数学家勒维烈在研究天王星的运行轨迹问题时，认为天王星运动的不规则性是由另一颗未知行星的引力引起的，并根据引力法则和摄动理论，通过一年多大量繁复的数学计算，具体算出了这颗行星的运行轨迹．1846年9月，勒维烈写了一封信给德国柏林天文台的加勒，告诉他具体方位，并让他观测．1846年9月23日晚，加勒将望远镜对准了夜空中勒维烈所预报的方位，果然在与其预报的位置只差一度之处找到了这颗行星，它就是后来被命名的海王星．

海王星的发现不仅是力学和天文学，特别是哥白尼日心学说的伟大胜利，也是数学计算的伟大胜利．

案例二：

数学在人工智能方面的应用

现在智能手机的普及性已经毋庸置疑，我们用手机不但能打电话、拍照、阅读，还能轻松完成网课、网购、支付等各种学习或娱乐等活动，这些功能背后的技术都离不开数学的支撑．比如华为技术有限公司主要创始人兼总裁任正非就曾说过："用物理方法来解决问题已趋近饱和，要重视数学方法的突起．"他认为，人工智能的本质就是数学，要在人工智能上加大发展．华为手机的照相技术，目前来说是世界顶尖的，而这顶尖的人工智能的照相技术，就是由数学家设计的，是利用数学方式合成的图像．在未来的人工智能领域，数学还会有更广泛的应用．

关于任正非高薪聘请年轻俄罗斯数学家的故事也一直被人津津乐道．他为一位年轻的俄罗斯数学家开出了200万美元的年薪，又因其嫌弃工作地点离家太远而在俄罗斯设立了华为的数学研究所，从此华为开启了海外研究所的道路，也为华为招揽全球人才打下了坚实的基础．即使十几年过去，这位看似闲散的俄罗斯数学家对华为没有过多贡献，公司高层也屡有不满情绪，想要辞退此人，但是任正非极力保全这位天才数学家．而正是任正非的坚持，华为在这些数学家研究成果的帮助下，最终实现了从2G到3G，甚至4G、5G的技术突破，并处于世界领先地位．

不管是华为，还是其他的品牌企业，我们都要开发自己的核心技术，只有这样才能立于不败之地．

正像著名数学家丘成桐先生所说的，不管是人工智能还是大数据，数学都起到很重要的基础作用，因为它们能够成功的一个很重要的原因就是借助了数学的力量．

第三节　人类发展史中的数学

数学的发展历史与整个人类发展历史紧紧相随，大致可以分为四个阶段：数学萌芽时期、古代数学时期、近代数学时期和现代数学时期.

大约公元前6世纪之前，可以认为是数学萌芽时期，而公元前6世纪到文艺复兴之前，这个漫长的时期则为古代数学时期. 而到了16—17世纪的欧洲，漫长的中世纪已经结束，文艺复兴促进了人们的觉醒，生产力得到极大解放，促使技术科学和数学急速发展. 这一时期出现了许多重大的事件，哥白尼的新学说、开普勒的行星运动的三大定律，导致后来牛顿万有引力定律的发现. 伽利略主张自然科学研究必须进行系统的观察与实验，充分利用数学工具去探索大自然的奥秘. 这一时期，随着代数方程论、解析几何、微积分学的逐步建立，概率论和射影几何渐次出现，近代数学形成.

18—19世纪，数学的主流是微积分学的深入发展，数学同力学的有机结合，同时微分几何成为独立学科. 微积分的产生解决了科学和工业革命中的一系列问题，而18世纪法国大革命时期的数学涉及力学、军事和工程技术等领域. 19世纪前半叶，数学和诗歌几乎同时从古典进入现代，伽罗瓦群论的诞生、逻辑代数的建立、非欧几何的产生与几何学的统一等等是这个时期数学的另一鲜明特征，成为向现代数学过渡的重要时期. 进入20世纪以后，抽象化又成为数学和人文学科的共性，数学发展进入现代数学时期.

进入数字时代，数学更是拥有不可替代的作用，数字技术本质上就是数学的技术.

第二章 数学的萌芽与早期发展

一般将从远古到公元前600年左右这段漫长时光作为数学萌芽时期．这个时期，人类在长期的生产实践中积累了大量关于数和形的感性认识，逐步形成了数的概念，并有了初步的数的运算方法，但这些认识是感性的、碎片的，缺乏逻辑因素．

第一节 数与形的朴素概念萌芽

在古希腊荷马史诗《奥德赛》中，写了这么一个故事：

> 主人公奥德修斯戳瞎了独眼巨人波吕斐摩斯仅有的一只眼睛之后，这个不幸的盲人每天在山洞里照料他的羊群．早晨羊群外出吃草，每出来一只他就从一堆石子里捡出一颗．晚上羊儿返回山洞，每进去一只他就扔掉一颗石子．当他把早晨捡的石子全部扔完，他确信所有羊儿返回了山洞．

这就是古代的石子计数．在实际的采集或狩猎等生产活动中，石子计数也有它的缺点，那就是难以长时间保存信息，于是又有了结绳记事、刻痕计数等．

在《周易・系辞下》中有这样的记载："上古结绳而治，后世圣人易之以书契．"其中"结绳"指的是文字产生前的一种帮助人们记忆的方法，即用绳子打结以记事；"书契"指的是借助一定的物质（骨头或木板）来刻画符号（见图2-1）．

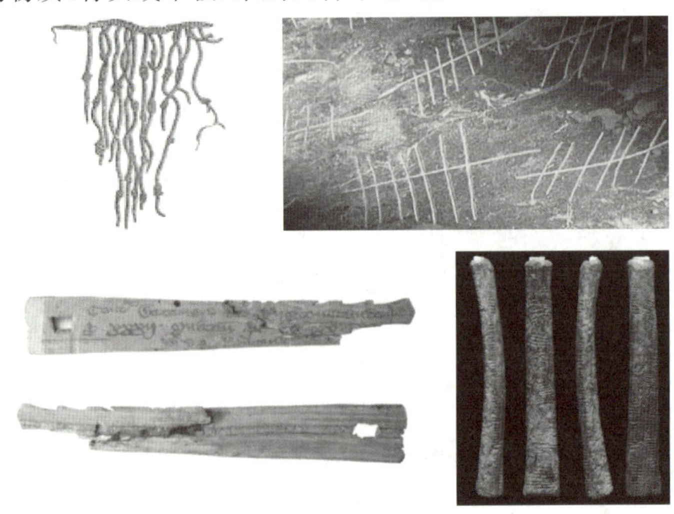

图 2-1

我们无从知晓数是什么时候诞生的，因为人类的口头语言发展总是早于书面语言.

在有数字之前，曾有各种语言来描述数字对应的内容：

Team of horses，意思是同拉一辆车的两匹(或更多)马；

Pair of shoes，意思是一双鞋；

Brace of dogs，意思是一对狗；

等等.

英国哲学家、数学家、逻辑学家伯特兰·罗素曾说：当人们发现一对雏鸡和两天之间有种共同的东西(数字)时，数学就诞生了.

西方数学起源于尼罗河文明，也就是我们说的古埃及文明. 从古埃及遗留下来的为数不多的宝贵的数学资料来看，其上记载了古埃及人的数字以及计数系统(约公元前3400年). 古埃及人模仿实物创造出许多优美的象形数字，如图2-2所示.

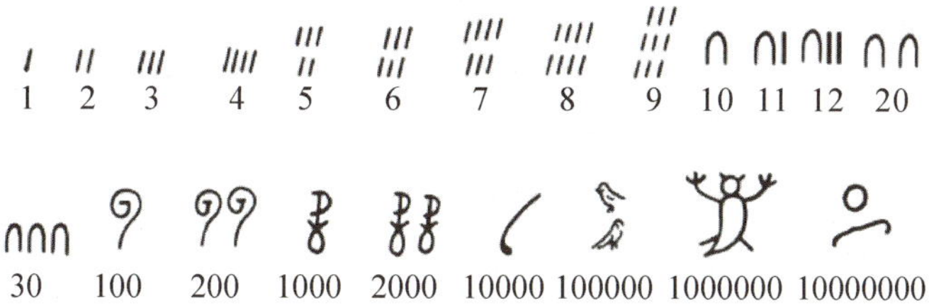

1 2 3 4 5 6 7 8 9 10 11 12 20
30 100 200 1000 2000 10000 100000 1000000 10000000

图 2-2

其中1像一根树枝，10像一个马蹄印，100像一根绳索，1000像一朵莲花，10000像一根弯曲的手指. 虽然古埃及人的计数系统可以轻松地表示100万这么巨大的数，但是如果要表示99999的话，他们就不得不写成9根树枝、9个马蹄印、9根绳索、9朵莲花和9根手指头，而要表示数字2305则需要用5根树枝、3根绳索和2朵莲花. 之所以这么烦琐，是因为古埃及人的计数系统中没有个位、十位、百位这样的位值概念. 尽管这一计数系统比较烦琐，但是古埃及人仍然是杰出的问题解决者.

第一个发明位值制的国家是古巴比伦，它也是最早用楔形文字数字(见图2-3)的国家(约公元前2400年). 但由于古巴比伦采用的是六十进制，因此计算非常烦琐.

1 2 3 4 5 6 7 8 9 10
11 12 20 30 40 50 60 70 80 120 130

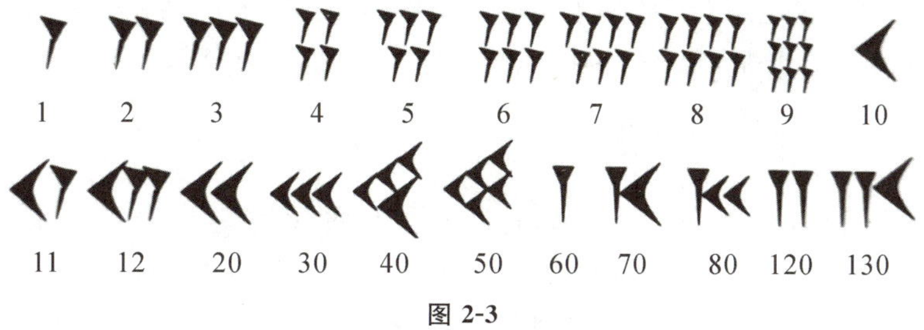

图 2-3

中国甲骨文数字(见图2-4)出现的时间约为公元前1600年的商代时期，一般刻于兽骨和龟甲上.

1　2　3　4　5　6　7　8　9　10　100　1 000

图 2-4

算筹是在中国古代计数方法的历史发展中逐渐产生的，它最早出现在何时，已经不可查考了，但至迟到春秋晚期，算筹的使用已经非常普遍. 已出土的算筹有竹制、木制、骨制、玉制、象牙制等多种材料制成的. 算筹有纵、横两种排法，表示多位数时，个位用纵式，十位用横式，百位用纵式，千位用横式，以此类推，遇零则置空，如图 2-5 所示.

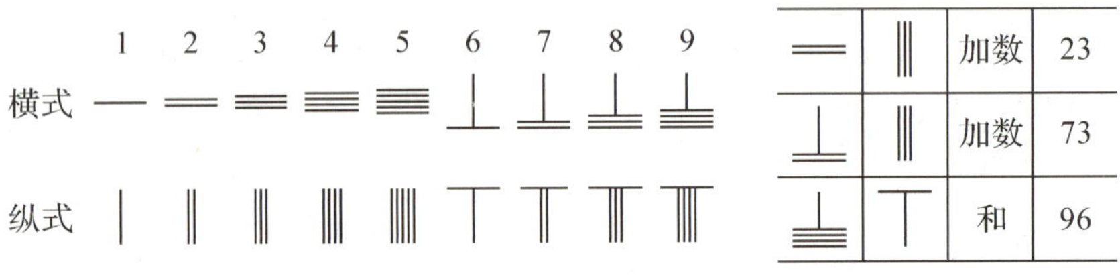

中国古代算筹表示及运算

图 2-5

算筹采用的是十进制，这是中国古代数学的一个伟大发明. 利用算筹，人们能够解决许多计算问题. 成语“运筹帷幄”中的“筹”，指的就是算筹，而理解了“筹”的意思，这个成语所表达的意思也就非常明了了.

我们现在计数时常用的十进制，最早来源于古印度，当时没有位值制，直到公元 7 世纪有了位值制后，又逐渐演变为当今世界通用的阿拉伯计数法. 阿拉伯数字并不是阿拉伯人创造的，但他们起了巨大的传播作用，真正对阿拉伯数字的创造有贡献的，实际上是古印度人.

在进制上，除了十进制，还有五进制、十二进制、六十进制、二十进制等等. 比如，某些南美部落依旧用手计数，1，2，3，4，手，手和 1，手和 2，……. 而十二进制、六十进制在现代生活中仍然可以看到，比如计时系统中，每天分为两个 12 小时，一年有 12 个月，每个小时有 60 分钟，每分钟有 60 秒，等等.

又如，林肯在葛底斯堡演说的第一句话是“Four score and seven years ago…”，意指 87 年前，所以一个 score 就是 20，或许那时候人们在生活中还是比较习惯二十进制的. 人类最终普遍接受十进制，也许不过是基于绝大多数人生来就有 10 个手指这样一个事实.

与“数”的产生相仿，最初的几何知识则从人们对“形”的直觉中萌发出来. 现在我们通常说的中文“几何”，来自英文“geometry”的音译，而“geo”对应的是土地，“metry”意为测量，连在一起就是“土地测量”的意思. 根据古希腊学者的研究，古埃及几何学产生于尼罗河泛滥后土地的重新丈量. 尼罗河有定期泛滥的特点，每逢河水退去，就会露出黑色的肥沃土壤，不过地界也会被冲得一干二净，于是就会有专人被派去重新丈量并划分土地. 将土地重新划界就是一个数学问题，其中就涉及四边形面积的计算、圆面积的计算等.

除此之外，古埃及还有一个宏伟而威严的符号，那就是金字塔，它被称为古代世界七大奇迹之一. 金字塔到底凝结着多少古埃及人的知识和智慧，至今仍是个未解之谜.

比如为了使金字塔和建筑中呈现出完美的直角，古埃及人利用打结的绳，一边为 3 个结，一边为 4 个结，一边为 5 个结，那么这样得到的三角形就会是一个直角三角形. 这就是“勾三股四弦五”定理，也是毕达哥拉斯定理的雏形，只不过古埃及人并没有对此定理进行论证，也没有进行推广. 可能这就是那个时期埃及数学的特点，他们的每个问题都来自实际，所用的方法也正好能够解决问题，至于为什么这样，并没有任何解释.

第二节　河谷文明与早期数学

“河谷文明”通常指兴起于埃及、美索不达米亚、中国和印度等地域的古代文明. 早期数学，就是在尼罗河、底格里斯河与幼发拉底河、黄河与长江、印度河与恒河等河谷地带首先发展起来的. 这里先就古埃及数学与美索不达米亚数学作一简单介绍.

一、古埃及数学

埃及位于地中海的东南角，横跨亚非两大洲，大部分位于非洲东北部，它有两个主要特征. 其一，它拥有世界上最大的沙漠——撒哈拉沙漠，黄沙滚滚，荒芜贫瘠；其二，它拥有世界上最长的河流——尼罗河，自南向北贯穿埃及全境，最后注入地中海，两岸土地肥沃，生机勃勃. 古希腊历史学家曾把埃及称为“尼罗河的赠礼”，是尼罗河带给了古埃及文明的繁荣与发展. 古埃及文明即尼罗河文明，它以古老的象形文字和巨大的金字塔为象征，从公元前 3100 年左右的第一王朝起，到公元前 30 年最后一个王朝覆灭，前后绵延约 3000 年.

在尼罗河三角洲盛产一种水生植物——纸莎草(papyrus)，古埃及人利用这种草制成历史上最早、最便利的书写纸来记录文字，故又称其为“纸草书”. 幸存至今的两部较为有名的纸草书——莱因德纸草书和莫斯科纸草书，里面收集的是各种类型的数学问题集，这些都是后人学习古埃及数学知识的重要依据. 莱因德纸草书因由苏格兰收藏家莱因德所购而得名，现存于伦敦. 莫斯科纸草书由俄国贵族戈列尼雪夫在埃及购得，故又名戈列尼雪夫纸草书，现存于莫斯科. 这两部纸草书都是由埃及象形文字的简化版——僧侣文记载的.

根据纸草书中关于数学问题的描述，不难发现当时的埃及人已经会用数学来解决实际生活中遇到的问题，比如付给劳役者的报酬计算，面包、啤酒的分配，谷仓的体积、田地的面积计算，以及如何按土地面积征税等等，这些问题都离不开数学的加减乘除运算、分数运算，还有一些简单的代数方程运算、等差数列运算、等比数列运算，以及部分图形的面积、体积的计算等.

比如，在莱因德纸草书中就提到了关于圆面积的计算. 现在大家都知道圆面积的计算公式，也知道圆周率是多少，但在那个时候，这些都还是空白. 古埃及人假设直径为 9 的圆和边长为 8 的正方形两者面积相等，他们用小石子来验证这一点：首先用 64 颗大小差不多的小石子排成一个边长为 8 的正方形，面积记为 64，然后再经过位置调整把小石子变成一个圆形，则会发现，这个圆的直径正好是 9 颗小石子. 也就是说，直径为 9 的圆和边长为 8 的正方形，它们都是由 64 颗小石子摆放而成的，因此认为两者的面积相等，都是 64.

代入现在的求圆面积公式 $S=\pi r^2$ 中，圆的半径 $r=4.5$，面积 $S=64$，可倒过来解得圆周率 $\pi\approx3.1605$. 虽然该值与现在的圆周率近似值 3.14 还有差距，不过在当时，能有这样的发现已经是十分了不起了.

无论是莱因德纸草书还是莫斯科纸草书，其中都有不少关于类似现在的分数计算、代数方程以及面积/体积的计算问题和具体方法，用纸草书中提供的方法所得到的结果与现在的计算结论几乎一致. 这实在是太不可思议了！

我们无从知道这些知识是如何被发现的，因为当时的人们尚未形成命题证明的思想，他们就是通过问题的方式进行教学，而且这些问题的例子各种各样. 其内容主要涉及计算和几何知识，有些问题在我们如今的中小学数学当中甚至仍在应用. 无论是莱因德纸草书还是莫斯科纸草书，虽然有其不完善的地方，但是瑕不掩瑜，它们毫无疑问都是人类历史上举足轻重的璀璨明珠，在数千年的漫长岁月中，照亮人类前进的脚步.

二、美索不达米亚数学

美索不达米亚，是古希腊对两河流域的称谓，即指幼发拉底河与底格里斯河之间的地区，地理位置相当于现今的伊拉克南部及其周边地区. 由于两河流域居住的民族比较多，该地区一直纷争不断. 早在公元前 4000 年间，苏美尔人统一了该地区，后来又建立过阿卡德王国、古巴比伦王国、亚述帝国、新巴比伦王国，后灭于波斯帝国，从此，绵延数千年的两河流域文明汇入伊朗文明之中. 根据后来的史料，巴比伦王国是当时西亚最大的商业和政治中心，一度相当辉煌鼎盛，所以也有人称美索不达米亚文明为巴比伦文明.

现如今，人们对于美索不达米亚文明的了解主要是通过后来出土的泥板书上的楔形文字. 早期的两河流域有大片芦苇丛生的沼泽地，因此黏土随处可见，当地居民因地制宜，用芦苇削尖了当笔，在黏土板上刻写一种象形文字(后来称之为楔形文字)，然后将黏土板晒干或烘干，就成了比埃及纸草书更易于保存的泥土板.

迄今为止出土的泥板书已经超过 50 万块，其中有 300 多块是“数学泥板书”，记录了各种数学问题. 尽管这些问题的界限不甚清晰，但大致可以分为三类：一是关于形状、面积、体积的问题(几何)；二是通过技巧寻求某些未知量，如配方法(代数)；三是关于模拟真实劳动场景中的问题，需要用到一些当时社会所决定的常数来解决这些问题(量的测量). 在这些数学泥板书中，又有 200 块左右记录的是各种数学用表，如乘法表、倒数表、平方表、立方表、指数表和勾股数表等. 由此可见,当时美索不达米亚数学已经达到一个较高的水平. 其中的数学成就主要有以下几个方面.

1. 六十进制为主的楔形文计数系统

美索不达米亚人是世界上最早发明位值制的,他们将数字符号排列在不同的位置上并赋予其不同的数值,这种计数法远远超过了古埃及象形数字的表达.

2. $\sqrt{2}$的近似值

美国耶鲁大学收藏的一块泥板书上画有一个正方形,它的对角线上刻着楔形记号:"1;24,51,10",表示 $1+24/60+51/60^2+10/60^3\approx1.414213$,相当逼近$\sqrt{2}$. 在当时,人们对数的认知还局限于后来所说的有理数,能对$\sqrt{2}$给出如此精确的数值,确实是一个伟大成就.

3. 面积和体积的计算

从已发掘的泥板书中可知,美索不达米亚人会计算矩形、三角形、梯形等平面图形的面积,也会计算柱体、截棱锥体等的体积,虽然和埃及几何一样有缺陷,就是对于准确公式与近似关系混淆不分,但巧合的是,关于截棱锥体的体积公式都相当精确. 泥板书上的计算法则

$$V=h\left[\left(\frac{a+b}{2}\right)^2+\frac{1}{3}\left(\frac{a-b}{2}\right)^2\right],$$

可以化成埃及人给出的形式:

$$V=\frac{h}{3}(a^2+ab+b^2).$$

4. 勾股数的发现

美国哥伦比亚大学普林顿收藏馆内一块编号为 322 的泥板书上用楔形数字记载着一张表格,该表格由 4 列 15 行六十进制数字组成(见图 2-6). 在相当长的时间内,它被人们误认为是一张商业账目表而未被重视,直到 1945 年,时任美国《数学评论》编辑的诺伊格鲍尔发现了其数论意义,从而引起了人们对它的极大兴趣. 其研究表明,表格中除第 4 列是序号外,其余 3 列经研究,发现是与勾股数密切相关的数组. 我们把满足关系式 $a^2+b^2=c^2$ 的一组整数(a,b,c)称为整勾股数,又称"毕达哥拉斯数",最小的一组整勾股数是(3,4,5). 每一组勾股数代表着一个直角三角形的三条边长.

图 2-6

除此之外，美索不达米亚数学在代数领域内也达到了相当高的成就．和埃及数学一样，它们主要是为解决各类实际问题而产生的数学知识，具有很强的应用性．几何甚至不作为一门独立的学科存在，那些关于面积、体积的计算法则，本质上属于算术的应用．当实用算法积累到一定的程度时，理论概括必然形成趋势，而完成这一过渡的，就是大约公元前 6 世纪，以论证几何为主的希腊数学时代的到来，标志着初等数学的开端．

第三章　古希腊数学

希腊数学是一个习惯用语，它并不简单等同于希腊这个国家或地区所创造的数学，而是指从公元前600年至公元600年间，活动于希腊半岛、爱琴海区域、马其顿与色雷斯地区、意大利半岛、小亚细亚以及非洲北部的数学家们创造的数学.

古希腊人也叫海伦人，其历史可以追溯到公元前2000年，那时候，开始出现奴隶制城邦国. 直到公元前6世纪左右，古希腊城邦经过扩张，奴隶制经济得到了迅速发展，军事力量也日趋强大，政治稳定，文化繁荣，哲学盛行. 也正是这一时期，新的数学浪潮掀起. 除了得益于当时繁荣稳定的政治经济和军事文化氛围，还有一部分因素是古希腊得天独厚的地理环境. 古希腊与两大河谷毗邻，当地人航海经商者众，经济条件较好，加之又重视学术交流，于是大批游历埃及和美索不达米亚的古希腊商人、学者带回了从那里收集的数学知识，特别是古巴比伦的算术和古埃及的几何学知识. 这些知识与古希腊盛行的哲学和思辨之风结合，被加工升华成为具有初步逻辑结构的论证数学体系，开创了一个全新的希腊数学时代.

第一节　希腊早期数学——论证数学的发端

一、爱奥尼亚学派与泰勒斯

爱奥尼亚学派是希腊最早的哲学学派，其创始人泰勒斯(Thalēs，约前624—约前547)，是希腊最早留名于世的数学家和天文学家，他几乎涉猎当时所有主要的学术领域，被尊称为“希腊七贤之首”. 据记载，泰勒斯发现的命题有：

(1)圆的直径将圆分成两个相等的部分；

(2)等腰三角形两底角相等；

(3)两相交直线形成的对顶角相等；

(4)两角夹一边分别相等的两个三角形全等；

(5)对半圆的圆周角是直角.

尽管没有第一手的资料表明这些命题是泰勒斯提出或证明的，但是间接的记载却流传至今，使泰勒斯获得了第一位数学家和论证几何学鼻祖的美名. 因为命题思想的引入，人们对客观事物的认知从经验上升到理论，从具体到抽象，在保证数学命题正确性的同时，又能揭示各命题之间的内在联系，使数学构成一个严密的体系，为进一步发展打下基础. 这在数学史上无疑是一个了不起的创举.

拓展阅读

关于泰勒斯的一些传说

据说泰勒斯早年经过商，由于预测到某一年的橄榄将获得丰收，他提前低价租进所有的榨油工具，在收获季节再高价出租，因此发了一笔大财. 泰勒斯以此来证实发财比做学问容易，然后他要选择的是做学问.

泰勒斯曾游历过不少东方国家，并且非常善于学习. 在古埃及，他学习土地丈量的方法和规则等，也在法老的见证下测量过金字塔的高度，他利用一根垂直立竿，当竿长与影长相等时，通过观测金字塔的日影来确定其高度；在古巴比伦，他接触到那里的天文表和测量仪器，并预报了公元前 585 年的一次日食；等等.

此外，泰勒斯还被认为是欧洲哲学的奠基人，他提出了水本原说，即万物源于水，而又复归于水. 他认为"水是最好的". 泰勒斯试图借助经验观察和理性思维来解释世界，而不是依赖玄异或超自然因素来解释自然现象，是古希腊第一个提出"什么是万物本原"这个哲学问题的人，并被称为"哲学史上第一人". 他的哲学观点为后来毕达哥拉斯"万物皆数"的观点提供了一定的启发.

二、毕达哥拉斯学派

毕达哥拉斯(Pythagoras，前 580 至前 570 之间—约前 500)，是古希腊论证数学的另一位祖师. 毕达哥拉斯与泰勒斯一样，也是扑朔迷离的传说人物，两人都没有自己的著作留世，我们现在关于他们的成就都是来源于间接资料的记载或传说. 毕达哥拉斯年轻时曾游历古埃及和古巴比伦等地，吸收了先进的文化知识. 后来毕达哥拉斯回希腊定居，开始传授数学，宣传他的哲学思想，并和他的信徒们组成了一个集政治、学术和宗教于一体的秘密学社，也就是我们今天所称的"毕达哥拉斯学派". 该学派有着共同的哲学信仰和政治理想，在几何学和数形结合方面的研究有着特别的贡献.

1. 毕达哥拉斯定理(又称勾股定理)

现在关于毕达哥拉斯定理的证明方法有上百种，这里我们提供一种据说是毕达哥拉斯本人给出的证明方法(当然事实上已无从考证). 如图 3-1 所示，设直角三角形的两直角边和斜边分别为 a,b,c，现作出两个边长为$(a+b)$的正方形.

由于这两个正方形都包含四个直角边为 a,b 的全等直角三角形，除去这些三角形后两边剩下的面积也是相等的，即图 3-1(a)中以斜边 c 为边的正方形的面积等于图 3-1(b)中以 a 和 b 为边的两个正方形的面积之和($a^2+b^2=c^2$). 这就是勾股定理.

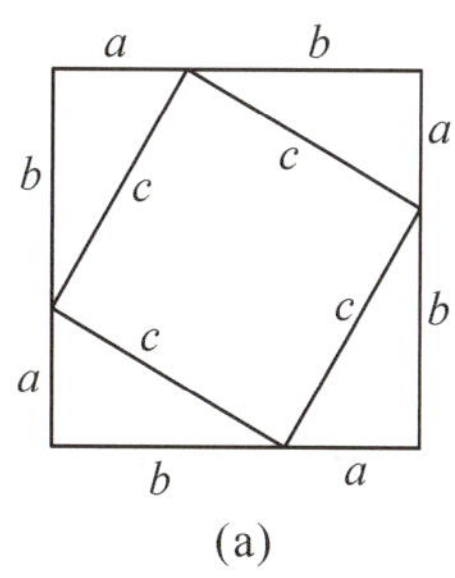

(a)

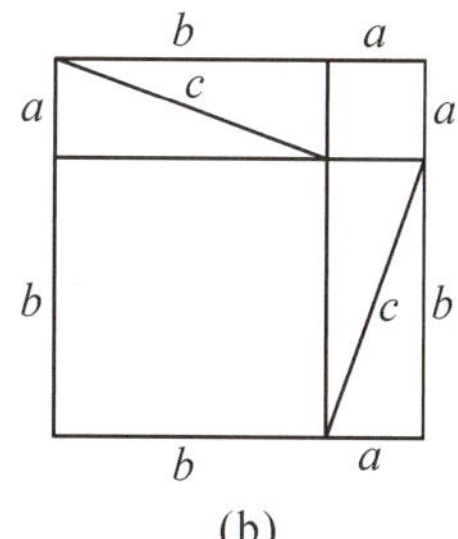

(b)

图 3-1

2. 正多面体作图

目前我们仅有五种正多面体，即正四面体、正六面体、正八面体、正十二面体和正二十面体，其中正十二面体又因其特殊性备受关注. 正十二面体（见图 3-2）是由 12 个正五边形所组成的正多面体，而正五边形则与著名的“黄金分割”有关.

如图 3-3 所示，正五边形 $ABDCE$ 的五条对角线分别相交于点 A'，B'，C'，D'，E'，利用三角形的相似关系，可以说明这些交点将对角线分成不相等的两段，并使得较长部分与较短部分之比等于整体与较长部分之比，例如 $\frac{AE'}{E'C}=\frac{AC}{AE'}=\frac{\sqrt{5}+1}{2}\approx 1.618$，这个比例就是黄金分割比例. 虽然那个时候并没有黄金分割之说，但似乎毕达哥拉斯学派知晓这一性质，据说他们正是以正五边形的五条对角线构成的五角星作为自己学派的标志.

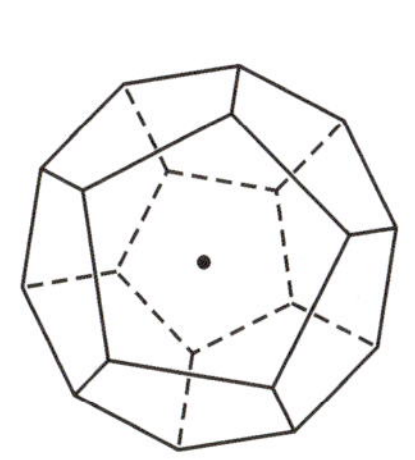
图 3-2　正十二面体

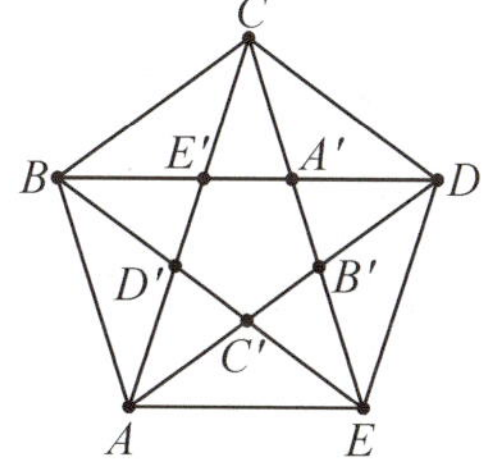

图 3-3　正五边形

3. 万物皆数说

毕达哥拉斯学派宣称宇宙万物的主宰（或上帝）用数来统治宇宙，认为万物包含数，万物皆为数. 毕达哥拉斯学派对 10 以内的数都赋予了某种特殊的意义：

“1”是一切数的源泉，是阳性中的至高者——阿波罗.

“2”是众神之母.

“3”代表了三维，后来被基督教用来表示三位一体.

“4”象征着一年四季，和人的四大能力——智性、知识、判断、感觉.

“5”是婚姻数，它等于最小的偶数 2 与 1（万物之源）以外的第一个奇数 3 之和.

“6”是神灵的数，代表完美.

“7”不能分解，是处女数.

"8"象征和谐、友谊.

"9"是10以内最大的平方数,代表理性和强大.

"10"是前四个数之和,完美又神圣.

这多少让数字蒙上了些许神秘主义色彩,不过他们也对数进行分类,除了熟知的奇数与偶数,据说毕达哥拉斯学派还定义了完全数、过剩数、不足数、亲和数等. 除此之外,他们还研究整数以及两个整数之比形成的数,即现在所称的有理数. 这些关于数的研究偏向理性,从某种程度上说开启了初等数论的研究领域. 不仅如此,毕达哥拉斯学派还尝试用数字解释其他自然现象.

4. 数的应用——音乐定律

在西方哲学史上,毕达哥拉斯被称为数学音乐论的奠基人,因为是他"发现"了音的高低和振动的弦长之间的关系. 传说毕达哥拉斯正在思考怎样用整数比例来表达音程的关系时,一次偶然经过铁匠铺,听到了锤子落到铁砧上发出的声音,那几个音虽然都不一样,却很和谐. 他进入铁匠铺仔细观察其原因,反复试验后发现不同的锤子相互敲击能发出不同的音程,两个重量比例为1∶2的锤子发出八度音程,比例为2∶3的锤子发出五度音程,比例为3∶4的锤子发出四度音程. 毕达哥拉斯认为音乐之所以神圣而崇高,就是因为它反映出作为宇宙本质的数的关系,宇宙和谐的基础应当是完美的数的比例.

拓展阅读

关于毕达哥拉斯的生平传说

毕达哥拉斯出生在爱琴海东端的萨摩斯岛,其父是一位有钱的商人,老家是远近闻名的商业城市提尔,算术发达,甚至被后人看作是"数论"的发源地. 他从小跟着父亲一起做商务旅行,不久来到父亲的家乡,或许正是那里的环境让他接受了算术和数论技巧的熏陶. 后来他回到萨摩斯进入诗歌学校学习诗歌和音乐,同时也学习政治、历史常识和辩论技巧等. 不过毕达哥拉斯并没有像一些天才一样早慧,到了18岁还没有在任何领域作出突出的贡献.

出于对知识的渴望,加上拥有一颗浪迹天涯的心,毕达哥拉斯开始外出游学. 他走遍了今天的黎巴嫩、叙利亚和以色列沿海的每一座城市,后又辗转到了埃及. 在埃及的十年生活里,他大量学习当地的语言、历史、数学、神话、宗教,同时,他也宣讲希腊的神话和哲学,很受当地人尊敬. 后来阴差阳错他被当成奴隶而来到古巴比伦,却又一次获得学习的良机.

无论是古巴比伦的楔形文字,还是古巴比伦的数学,在当时都算得上世界领先水平,所以毕达哥拉斯在危机解除后并没有离开,而是主动留在古巴比伦学习. 五年以后,他终于返回家乡萨摩斯. 一开始他受到大家的欢迎,创办了"半圆学校",但是很快他就由于和当地格格不入的教育方法、内容等而受到排挤，学校也被迫关闭.

毕达哥拉斯50岁那年，再次离开萨摩斯，来到意大利南部城市克罗托内. 随着年龄的增长、经验的积累，毕达哥拉斯在言行举止方面更加文雅、成熟，很快便拥有了大批拥戴者和追随者，并在此成了家，生活就此安定下来. 后来，他掌管的势力范围逐渐扩大，于是开始修筑神庙，建立学派，开启了他人生中最辉煌的两大事业：从事神职工作和教育工作.

毕达哥拉斯学派认为，“万物皆数”，当时他们所说的数就是整数或整数比(有理数). 毕达哥拉斯有一位学生名叫希帕索斯，他发现当等腰直角三角形的直角边为1时，它的斜边长不能用他们的“数”(整数或整数比)来表示，与学派已有的“万物皆数”的信念冲突. 有一次希帕索斯和学员们正在海上游船，当他提出这一疑问时，被惊恐的其他学员扔到了海里. 但这一事实终究不胫而走，也动摇了毕达哥拉斯学派“万物皆数”的信条，意味着有理数遭到了挑战. 在很长一段时间里，这些出现的类似“$\sqrt{2}$”的怪物也深深地困扰着当时的数学家们，这就是数学历史上所谓的“第一次数学危机”.

三、学派林立的雅典时期数学

毕达哥拉斯学派在政治上倾向于贵族制，在希腊民主力量高涨时期受到冲击并逐渐解体. 毕达哥拉斯本人也逃离克罗托内，不久被杀. 希腊波斯战争(前492—前449)以后，雅典成为希腊的政治、文化中心，各种学术思想在雅典争奇斗艳，演说和辩论时有所见. 在这种氛围里，数学也开始走向繁荣，学派林立，主要有伊利亚学派、诡辩学派、雅典学派(又称柏拉图学派)、亚里士多德学派等. 这些学派虽以哲学探讨为主，但是他们的研究活动却极大地促进了希腊数学的发展及影响，主要表现在以下三大事件上.

1. 三大几何问题

古希腊三大著名几何问题是：

(1)化圆为方，即作一个与给定的圆面积相等的正方形；

(2)倍立方体，即求作一立方体，使其体积等于已知立方体的两倍；

(3)三等分角，即分任意角为三等份.

三大问题的起源涉及一些古老的传说. 比如“倍立方体”问题，传说有一位国王，嫌别人为他建造的坟墓太小，命令将其扩大一倍，并且说只要将边长扩大一倍就行. 这自然是不对的. 但是这样的问题却引起了数学家们的兴趣. 由于当时希腊人限制了作图工具只能使用圆规与不带刻度的直尺，这就使该问题变得难以解决却别具魅力.

直到19世纪，数学家们才利用现代数学知识弄清了这三大问题实际上是不可解的，但是在这个探讨、争论的过程中，却产生了许多丰硕的数学成果. 比如“化圆为方”问题，安提丰(Antiphon，约前480—前411)首先提出了用圆内接正多边形逼近圆面积的方法. 即在圆内作一内接正四边形，再将边数逐步加倍得到正八边形、正十六边形……无限重复这一过程得到的正多边形会越来越接近于圆，几乎重合，从而推理得出能作出一个与已知圆面积相等的正方形. 虽然事实上这个推理并不成立，也并没有真正解决化圆为方的问题，但这个作圆内接正多边形的方法（也叫作穷竭法），对后世产生了深远的影响.

2. 芝诺悖论

芝诺（Zeno of Elea，约前 490—前 430），生活在古代希腊的埃利亚城邦（今意大利南部），是著名数学家、哲学家. 他提出了一系列关于运动的不可分性的哲学悖论，其中最为著名的是流传至今的四个悖论.

（1）两分法悖论：运动不可能开始. 因为一运动物体在到达目的地之前，必须先抵达距离目的地之一半的位置. 即若要从 A 处到达 B 处，必须先到 AB 中点 C，要到达 C 处，又须先到达 AD 的中点 D. 如此继续划分下去，所谓的"一半距离"数值将越来越小. 最后"一半距离"几乎可被视为零. 这就形成了此物体若要从 A 移动到 B，必须先停留在 A 的悖论. 这样一来，此物体将永远停留在初始位置（或者说物体初始运动所经过的距离近似零），以至于该物体的运动几乎不能开始.

（2）阿喀琉斯悖论：阿喀琉斯（希腊神话中擅长跑步的英雄，代表跑得最快的人）永远追不上一只乌龟（代表跑得最慢的人）. 假设起跑时乌龟领先阿喀琉斯一段距离（如领先 1000 米），阿喀琉斯的速度是乌龟的 10 倍，他在后面追，首先他必须到达乌龟的出发点，当阿喀琉斯追到 1000 米时，乌龟已经向前爬了 100 米，于是，一个新的起点产生了；阿喀琉斯必须继续追，而当他追到乌龟爬的这 100 米时，乌龟又已经向前爬了 10 米，阿喀琉斯只能再追向那个 10 米. 就这样，乌龟会制造出无穷个起点，它总能在起点与自身之间制造出一个距离，不管这个距离有多小，但只要乌龟不停地奋力向前爬，阿喀琉斯就永远也追不上乌龟！

（3）飞箭静止悖论：飞着的箭是静止的. 设想一支飞行的箭，在每一个时刻，它位于空间中的一个特定位置. 由于时刻是无持续时间的，因此箭在每个时刻都只能是静止的. 鉴于整个运动期间只包含时刻，而每个时刻又只有静止的箭，所以芝诺断定，飞行的箭总是静止的，它不可能在运动.

（4）运动场悖论：一半时间和整个时间相等. 假设运动场不同跑道上的三个队列 A，B，C，在一瞬间令 B 往左移动一个单元，C 往右移动一个单元，则 B，C 相对于 A 都是移动了一个单元，而此时，B 相对于 C 移动了两个单元. 也就是说，队列既可以在一瞬间（一个最小时间单位）里移动一个距离单元，也可以在半个最小时间单位里移动一个距离单元，这就产生了半个时间单位等于一个时间单位的矛盾.

芝诺悖论的意义在于他并不是简单地把一说成二，而是辩证地考察了动和静的关系、无限和有限的关系、连续和离散的关系. 在哲学上，芝诺被亚里士多德誉为辩证法的发明人，黑格尔在他的《哲学史讲演录》中指出，芝诺主要是客观地、辩证地考察了运动，并称芝诺为"辩证法的创始人". 毕竟芝诺曾"以非数学的语言，记录下了最早同连续性和无限性格斗的人们所遭遇到的困难”，也极大促进了后期人们关于无限性、连续性的探索，以及对于逻辑精确性的追求.

3. 柏拉图的“不懂几何者不得入内”

柏拉图（Plato，前 427—前 347），是古希腊伟大的哲学家、思想家，他和老师苏格拉底、学生亚里士多德并称为希腊三贤. 大约在公元前 387 年，柏拉图创立了自己的学园（类似于现代私立大学），名为 Academus，据说是为了纪念当时的一位战斗英雄阿卡德穆. 我们现在所说的学院（academy）就是源自此.

该学园自创立后就成了希腊数学活动的中心，柏拉图开始了数学、哲学的教学. 他认识到数学的重要性，数学尤其是几何学，所涉及的对象就是普遍而抽象的东西. 他要求学生具有高度的抽象思维能力，他甚至声称，“上帝就是几何学家”，在学园的门口，还贴有“不懂几何者不得入内”. 这一观点不仅成为学园的主导思想，而且也为越来越多的希腊民众所接受，对欧洲的哲学、数学，乃至整个文化、社会发展产生深远影响.

在教学方面，柏拉图首次提出了“四科”（算术、几何、天文、音乐），其中数学就占了两科：学习算术是为了锻炼人的分析与思考能力；学习几何学与天文学方面的知识，对于航海、行军作战、观测气候、探索宇宙等都十分重要. 在他的代表作《理想国》中，柏拉图说道：

> 你们知道几何、算术和有关科学的学生，在他们的各科分支里，假定奇数和偶数、图形以及三种类型的角等是已知的；这些是他们的假设，是大家认为他们以及所有人都知道的事，因而认为是无须向他们自己或向别人再作任何交代的；但他们是从这些事实出发的，并以前后一贯的方式往下推，直到得出结论.

柏拉图的这些思想表明了他对逻辑演绎结构的倡导，并在他的学生兼同事亚里士多德那里得到了极大的发展和完善. 亚里士多德最大的贡献是将前人使用的数学推理规律规范化和系统化，从而创立了独立的逻辑学. 他的形式逻辑被后人奉为演绎推理的圣典，也为后来欧几里得演绎几何体系的形成奠定了方法论基础.

第二节　希腊中期数学——数学发展的黄金时代

公元前 300 年左右，马其顿帝国君主亚历山大大帝征服埃及之后，在地中海之滨建立亚历山大城. 由于他提倡学术，广纳人才，渐渐地亚历山大城成了希腊文化的首府，希腊数学的中心也从雅典逐步转移到了亚历山大城. 那里学者云集，先后出现了欧几里得、阿基米德和阿波罗尼奥斯三大数学家，他们的成就标志着古希腊数学的巅峰. 直至公元前 30 年罗马消灭最后一个希腊化国家托勒密王国的三百余年，史称古希腊数学的“黄金时代”.

一、欧几里得和《几何原本》

欧几里得(Euclid,约前 330—前 275),古希腊数学家,被称为“几何之父”. 他最著名的著作《几何原本》是欧洲数学的基础,也是数学史上一座伟大的里程碑. 自 1482 年第一个印刷本出版以来,至今已有 1000 多个版本.

《几何原本》英文名为 *Euclid's Elements*,原意是指一学科中具有广泛应用的重要定理. 在我国明末时期由杰出学者徐光启与意大利传教士利玛窦合译了前 6 卷,定书名为《几何原本》. 250 年后,由中国数学家李善兰和英国传教士伟烈亚力合译了后面各卷. 全书共 13 卷,从五条公设和五条公理出发,运用逻辑推理证明了 465 个命题,从而演绎出整个古典几何学体系. 时至今日,我们的中学生仍然在课堂上学习欧几里得几何,而且数学家也依旧在沿用《几何原本》所开创的公理化加逻辑推理的方法建造高度抽象、极其复杂的现代数学大厦.

《几何原本》第一卷开头部分的内容是 23 条定义、5 条公设和 5 条公理. 其中 23 条定义对几何中最基本的概念(如点、线、面、角、圆等)作了说明,如关于点和线是这样说的:“点只有位置没有大小”,“线只有长度没有宽度,线之两端是点,线如随同其上的点平直延伸,则称之为直线”. 而关于圆则有这样几条:“圆是由一条线所围起的平面图形,使得两端落在该线上并经过图形内一点的所有直线都相等”,“上述图形内的那一点被称为圆心”,“圆的直径是指任意一条通过圆心且两端沿相反方向落在圆周上的直线,这条直线也平分了圆”.

五条公设如下:

(1)任意两点必可用直线连接;

(2)直线可以任意延长;

(3)可以任意点为圆心,任意长为半径画圆;

(4)所有的直角都相等;

(5)若一条直线与另外两条直线相交,若直线同侧的两个内角之和小于 180°,则这两条直线经无限延长后在这一侧一定相交.

而五条公理则如下:

(1)等于相同量的量彼此相等;

(2)等量加等量,和相等;

(3)等量减等量,差相等;

(4)彼此重合的事物彼此相等;

(5)整体大于部分.

这些定义、公设和公理看起来非常简单且显而易见,却是全书推理的出发点.《几何原本》中所有定理都不算是新的发现,但欧几里得将已知材料进行了梳理和系统阐述,从适当选取定义、公理、公设开始，形成了一个完整的逻辑体系，这一点需要超乎寻常的判断力和洞察力. 徐光启曾高度赞扬道："此书有四不必：不必疑，不必揣，不必试，不必改. 有四不可得：欲脱之不可得，欲驳之不可得，欲减之不可得，欲前后更置之不可得. 有三至三能：似至晦，实至明，故能以其明明他物之至晦；似至繁，实至简，故能以其简简他物之至繁；似至难，实至易，故能以其易易他物之至难. 易生于简，简生于明，综其妙，在明而已."

关于五条公设中的第五条，又称为平行公设，它还有另一种等价的说法：平面上过直线外一点，恰有一条直线与已知直线平行. 但不论是哪一种说法，第五公设都要比前四条公设稍显复杂，因此，两千年间有许多数学家试图从其他公设和推论推出第五公设. 也就是说，从逻辑上看，第五公设不是独立的，然而这种猜想也没能得到证明. 后来有数学家把第五公设去掉，推导演绎出一系列与欧几里得几何不同的命题，这就是非欧几何.

《几何原本》有三大突出特点：封闭的演绎体系、抽象化的内容和公理化的方法. 它将古希腊丰富的几何知识整理在抽象、封闭和严密的逻辑系统中，使几何学成为一门独立的、演绎的科学，是人类历史上第一个公理化的数学体系.《几何原本》不仅成就了一系列美妙的定理，更重要的是孕育了一种理性的精神，是现代科学产生的一个重要因素，可以说，后世一代又一代西方人正是从这部著作里学会了如何进行无懈可击的推理.

拓展阅读

关于欧几里得的生平轶事

欧几里得年少时有幸进入柏拉图创立的学园，他以继承柏拉图的学术为奋斗目标，全身心地沉浸在数学王国里，经常熬夜翻阅和研究柏拉图的所有著作和手稿. 经过对柏拉图思想的深入探究，他得出结论：图形是神绘制的，所有一切现象的逻辑规律都体现在图形之中. 因此，若要对智慧训练，就应该从以图形为主要研究对象的几何学开始. 他确实领悟到了柏拉图思想的要旨，并开始沿着柏拉图当年走过的道路，把几何学的研究作为自己的主要任务，并最终完成著作《几何原本》，取得了世人敬仰的成就.

于是，在欧几里得的推动下，数学逐渐成为人们生活中的一个时髦话题，以至于当时亚历山大国王托勒密一世也想赶这一时髦，学一点几何学.

虽然这位国王见多识广，但欧氏几何却令他学得很吃力. 于是，他问欧几里得："学习几何学有没有什么捷径可走?"欧几里得笑道："抱歉，陛下！学习数学和学习一切科学一样，是没有什么捷径可走的. 学习数学，人人都得独立思考，就像种庄稼一样，不耕耘是不会有收获的. 在这一方面，国王和普通老百姓是一样的."

从此，"在几何学里，没有专为国王铺设的大道"这句话成为千古传诵的学习箴言.

二、阿基米德的数学思想及成就

阿基米德(Archimedes,前 287—前 212),出生于西西里岛的叙拉古,受家庭影响,他从小就对数学、天文学特别是几何学有浓厚的兴趣. 青年时,阿基米德在亚历山大城跟随过欧几里得的门生学习,他兼收并蓄东方和古希腊的优秀文化遗产. 这对其后的科学生涯产生了重大影响,奠定了阿基米德日后从事科学研究的基础.

阿基米德著述极为丰富,内容涉及数学、力学及天文学等,相比欧几里得,可以说是一位应用数学家. 其中流传于世的著作有 10 余种:《论圆的测量》《抛物线求积》《论螺线》《论球体和圆柱体》《论劈锥曲面和旋转椭球》《引理集》《处理力学问题的方法》《论平面图形的平衡》《论浮体》《砂粒计数》《牛群问题》等. 其中的数学著作集中探讨了与面积、体积计算相关的问题. 比如在《论圆的测量》中,阿基米德将穷竭法应用于圆的周长和面积公式. 他从圆内接正三角形出发,边数逐次加倍,计算到正 96 边形而得到圆周率 π 的近似值. 在《论球体和圆柱体》中,他用穷竭法证明球体积等于其外切圆柱体积的 2/3. 在《处理力学问题的方法》中,他用平衡法求出球的体积等于 $\frac{4}{3}\pi r^3$. 这种“平衡法”的思想是,先将要求的量分割成若干个小单元(如微小线段、薄片等),再借助力学上的杠杆原理,将它与另一组比较容易求微小单元总和的单元进行比较,求出面积或体积. 这本质上就是近代积分学思想的体现. 不过由于缺少极限理论的基础,“平衡法”在严密性上还有所不足,于是阿基米德在求出面积或体积之后,再用穷竭法进行严格的证明. 这种发现与求证的双重方法,是阿基米德独特的思维模式,也是他胜欧几里得一筹之处.

拓展阅读

关于阿基米德的生平轶事

据说阿基米德曾放言:“给我一个支点,我就可以撬动地球!”而阿基米德为了让人相信自己所言,曾设计了一组复杂的滑车装置,使叙拉古国王亲手移动了一艘巨大的桅货船. 其原理就来自《论平面图形的平衡》中的杠杆原理.

还有这样一则家喻户晓的故事:国王为自己定订了一顶金皇冠,皇冠做好后,他怀疑其中掺了假,便请阿基米德进行判断. 阿基米德百思不得其解,有一次洗澡时跳进水盆,发现身体将水排到水盆之外,顿受启发,立即光身冲出浴室,沿街奔呼:“找到啦! 找到啦!”因为他领悟到了,不同质地的物体,即使重量相同,但因为体积不同,排出的水量也必不相同. 根据这一原理,不仅可以判断皇冠是否掺假,还可以知道少去的黄金分量. 后来他还将这一原理上升至理论高度,得到流体静力学的浮力原理:物体在流体中减轻的重量,等于排去流体的重量. 这一发现给后世带来了重大影响,故事中皇冠的真假问题反倒不值一提了.

还有许多关于阿基米德英勇保卫祖国的故事. 时值叙拉古和罗马共和国发生战争,虽已近年迈,可是为了保卫祖国,阿基米德责无旁贷,绞尽脑汁,夜以继日发明御敌武器,奋起抗敌. 比如,利用杠杆原理制造了一种叫作石弩的抛石机,能把大石块投向敌军战舰,或者使用发射机把矛和石块射向敌军;利用凹面镜的聚光能力给敌船引来大火,从而不战而胜. 凹面镜聚光的原理在我们现在的生活中也常用到. 例如,手电筒的灯泡后面装有一面小凹面镜,开启后就会使射出的光柱照得比较远而且不容易减弱. 医院里五官科的医生常利用戴在头上的一面凹面镜,把光线反射到病人的口腔和耳朵里,以便进行检查. 而这个原理 2000 多年前阿基米德就已经把它用在战场上了. 所以说阿基米德是"神话中的百手巨人"一点也不为过.

可惜的是,叙拉古终是不敌罗马军队,公元前 212 年,阿基米德被罗马士兵杀死,享年 75 岁. 据说临死前他还在专心致志地思考数学问题,带着无尽遗憾永远地离开了,连罗马主将对这位"敌军英雄"都万分尊敬,事后处理了这位士兵,还隆重地将阿基米德遗体葬在西西里岛,墓碑上刻着一个圆柱及内切球的图形,以纪念他在几何学上的卓越贡献.

如今阿基米德已被公认为世界历史上最伟大的数学家、科学家之一,贝尔称:"任何一张列举有史以来最伟大数学家的名单中,必定会包括阿基米德,另外两个通常是牛顿和高斯."在一首被冠名为《英雄挽歌》的长诗里,阿基米德被喻为"永恒的太阳". 的确,他是数学之神,是力学之父,用自己无尽的光和热,照亮了被黑暗笼罩的世界,永为后世景仰.

三、阿波罗尼奥斯和圆锥曲线论

阿波罗尼奥斯(Apollonius,约前 262—前 190),出生于小亚细亚的珀尔加,可以说是亚历山大时期第三位重要的数学家. 年轻时,他曾跟随欧几里得的门生学习,深受欧几里得、阿基米德一派严谨学风的影响. 晚年著有《圆锥曲线论》,创立了相当完美的圆锥曲线论,对圆锥曲线的研究达到前所未有的高度,这也是他一生中最重要的数学成就.

《圆锥曲线论》首次命名了椭圆(ellipse)、双曲线(hyperbola)、抛物线(parabola)等,这些概念至今在我们的课堂中仍然一直使用. 阿波罗尼奥斯用统一的方式引出三种圆锥曲线之后,便展开了对它们性质的广泛讨论,内容涉及圆锥曲线的直径、共轭直径、切线、中心、双曲线的渐近线、椭圆与双曲线的焦点以及处在各种不同位置的圆锥曲线的交点数等. 其中还包括了许多即使在今天看来也很深奥的结论,实在令人惊叹!

不管怎样,《圆锥曲线论》以其经典宏大代表了古希腊几何学的最高水平. 此后的上千年时间里,希腊几何学裹足不前,圆锥曲线研究也长期没有新的成果. 直到 17 世纪,笛卡儿和帕斯卡出场,创立了解析几何与射影几何后,圆锥曲线的理论才有所突破,而这两个数学分支的基本思想和原理,都可以在阿波罗尼奥斯的工作中找到萌芽.

第三节 希腊后期数学——数学衰落的时代

公元前 1 世纪左右，希腊渐渐被罗马帝国征服，希腊的唯理性主义文明从此被罗马的实用主义文明所取代，幸好希腊的文化传统未被完全破坏，在相当长的一段时间内仍然保留了宽松自由的研究氛围. 因此希腊数学在这一时期虽然有些衰落，但仍然诞生了一批杰出的数学家和数学著作，在三角学、算术、代数学等方面取得了很大的进步. 通常把从公元前 30 年到公元 6 世纪的这一段时期，称为希腊数学后期，也叫“亚历山大后期”. 这一时期的代表人物有喜帕恰斯(Hipparchus，约前 190—前 125)、海伦(Heron，生卒年代不详，约公元前 1 世纪在世)、尼科马霍斯(Nicomachus，生卒年代不详，约公元前 1 世纪在世)、托勒密(Ptolemaeus，约 90—168)、丢番图(Diophantus，约 246—330)、帕波斯(Pappus，约 300—350)等等.

虽然亚历山大后期的希腊几何学，已经失去前期的光辉，但几何学家海伦却值得一提. 他的代表作《量度》，主要讨论各种几何图形的面积和体积的计算，其中包括后来以他的名字命名的三角形面积公式：

$$\Delta = \sqrt{s(s-a)(s-b)(s-c)},$$

其中，Δ 为三角形面积；a,b,c 为边长；$s=(a+b+c)/2$. 其实这一公式最先为阿基米德所发现. 海伦的几何学很大程度上是为了满足农业和建筑等方面的测量需要，带有罗马科学的实用色彩.

在三角学方面作出重大贡献的有喜帕恰斯和托勒密，前者是三角学的创建者，后者著有《天文学大成》，总结了前人的三角学知识，为三角学的进一步发展和应用奠定了基础. 托勒密将圆周分成 360 度，角的度量采用六十进制，还给出了一张弦表. 这张弦表实质上就相当于现在三角学中的正弦三角函数表，并且说明了编制这种表的数学原理. 在天文学方面，托勒密提出了著名的“地心说”. 虽然在文艺复兴后，“地心学”被哥白尼的“日心说”所取代，但是在很长一段时间内仍是中世纪西方天文学的经典. 不过，相比较而言，托勒密在三角学方面的贡献更让他在数学史上取得了绝对的地位.

希腊后期数学的一个重要特征，就是突破了以几何学为中心的传统，使算术和代数成为独立的学科. 几何学是希腊数学的高峰，但一切以几何学为中心的传统，在某种程度上也制约了数学其他领域的发展，因此后期算术和代数的突破就很有意义. 这方面的代表作有尼科马霍斯的《算术入门》、丢番图的《算术》、帕波斯的《数学汇编》等. 其中特别是丢番图的《算术》一书可以说完全脱离了传统的几何学，将代数解放出来，引进未知数，建立了方程的思想，用纯分析的途径处理数论与代数问题，可以看作是希腊算术与代数成就的最高标志，对后世的数学，特别是代数学的发展意义重大，因此丢番图也被称为古代代数之父.

很多人关于丢番图的认识都是从他的墓志铭开始的. 丢番图虽然出生年月不详,但是在他的墓碑上,刻着这么一段话,大致内容如下:

过路人,这座石墓里安葬着丢番图.
上帝给予的童年占六分之一,
又过了十二分之一,两颊长胡,
再过七分之一,点燃起结婚的蜡烛.
五年之后天赐贵子,
可怜迟来的儿子,享年仅及其父之半,便进入冰冷的墓.
悲伤只有用数论的研究去弥补,又过了四年,他也走完了人生的旅途.
终于告别数学,离开了人世.

我们可以用代数的方法列方程求解. 设丢番图活了 x 岁,依题意,可列方程:

$$x=\frac{1}{6}x+\frac{1}{12}x+\frac{1}{7}x+5+\frac{1}{2}x+4,$$

解得 $x=84$. 也就是说,丢番图活了 84 岁.

丢番图的《算术》中没有几何学,也没有图形,而是专注于解决数论问题,以不定方程的求解而著称. 所谓“不定方程”,是指未知数个数多于方程个数的代数方程(组),一般会有无限多组解,比如其中最有名的一个不定方程:“将一个已知的平方数分为两个平方数”.

用现代符号表述,相当于已知一个平方数 z^2,求数 x 和 y,使得 $x^2+y^2=z^2$,这里的数指的是正有理数. 丢番图在《算术》中给出了一组解:当 $z^2=16$ 时,可取 $x=16/5$,$y=12/5$,当然还有其他的解.

不过这个题目之所以出名,主要是因为 17 世纪法国大数学家费马(Fermat,1601—1665)在阅读此书时对该问题的一个注解,费马在书页边写道:“我已发现这个问题一个美妙的证明,可惜空白太小写不下.” 由此引发了后来举世瞩目的“费马大定理”. 这也说明了丢番图的《算术》对后世带来的深刻影响.

古希腊数学的影响力毋庸置疑是巨大的,无论是哪个时期,都有标志性的跨时代巨著及伟人. 古希腊数学家强调精密的推理以及由此得出的结论,他们教育人们走进抽象的推理,激发人们对理想和美的追求. 因此,看到这个时代拥有很难被后世超越的优美文学、极端理性的哲学,以及理想化的建筑与雕刻,也就不足为奇了.

第四章　中国古代数学

中国古代数学与其他民族或国家的数学比较，如古埃及、古巴比伦、古印度，甚至中世纪欧洲各国，是很值得骄傲的. 相比之下，希腊数学就其抽象性和系统性而言，以欧几里得几何为代表，其水平无疑是很高的，但在代数领域尤其是在计算或针对实际问题的解决方法时，中国古代数学表现更为优越.

中国数学从公元前后至 14 世纪，先后经历了三次发展高潮，分别为两汉时期、魏晋南北朝时期以及宋元时期. 这里着重介绍不同时期部分杰出的数学人才及其非凡的数学成就.

第一节　《周髀算经》与《九章算术》

一、古代背景

先秦时期，从有甲骨文文字记载以来，人们日常生活中出于计数的需要逐渐发明了十进位值制算筹计数，也就是用一根根同样长短和粗细的小棍子，来表示各种各样的数目，并进行相应的计算.

《史记》中有记载：夏禹治水，“左准绳，右规矩”. 其中，“规矩”是指画圆形和方形的两种工具，“准绳”则是指测定平直的器具. 这些规矩、准绳的应用，说明了早期几何学的应用.

战国时期(前 475—前 221)百家争鸣，思想比较自由，很好地促进了数学的发展，在诸子百家的著作中，有提出一系列数学概念的抽象定义：

点：“端，体之无厚而最前者也”；

直线：“直，参也”；

圆：“圆，一中同长也”；

正方形：“方，柱隅四杈也”；

平行：“平，同高也”；

体积：“厚，有所大也”.

《庄子》中亦有不少经典哲学名辩：

矩不方，规不可以为圆；
飞鸟之影未尝动也；
镞矢之疾，而有不行不止之时；
一尺之棰，日取其半，万世不竭.

这些名辩从数学意义上去理解，体现了中国古代朴素的极限思想，也与古希腊芝诺提出的阿喀琉斯悖论遥相呼应.

到了西汉时期，由于社会稳定和经济发展，科学文化得到了迅速发展. 科学的发展离不开现实的生活，在生产生活中，出于解决各种实际问题的需要，人们进行各种探索和总结，从而在数学方面取得了惊人的成就. 其中最著名的有两部巨作，分别是《周髀算经》和《九章算术》.

二、《周髀算经》

《周髀算经》是我国现存古代数学著作中最早的一部，具体成书年代与作者已无从考证. 书中涉及数学和天文知识，主要成就包括分数运算、勾股定理及其在天文测量中的应用，其中关于勾股定理的论述最为突出.

《周髀算经》中有记载西周初期（约公元前 11 世纪），周公①与大夫商高讨论勾股测量的问题，商高答周公问时提到“勾广三，股修四，径隅五”，这是勾股定理的特例，但也因此勾股定理有时被称为商高定理. 后面（公元前 6 或公元前 7 世纪）周公后人荣方与陈子的对话中，则包含了勾股定理的一般形式：“以日下为勾，日高为股，勾股各自乘，并而开方除之，得邪至日.”把这段文字翻译成数学形式即是如今广为应用的勾股定理：$a^2+b^2+c^2$，只是书中并未给出证明.

直至公元 3 世纪，汉末三国初期数学家赵爽注《周髀算经》，最先完成了勾股定理的证明. 首先作以 a，b 为边长的两个正方形（见图 4-1），其面积和为 a^2+b^2，裁掉下方两个分别以 a，b 为直角边的三角形（见图 4-2），补到上方，得到一个新的边长为 c 的正方形（见图 4-3），正方形面积为 c^2，由此可证 $a^2+b^2=c^2$.

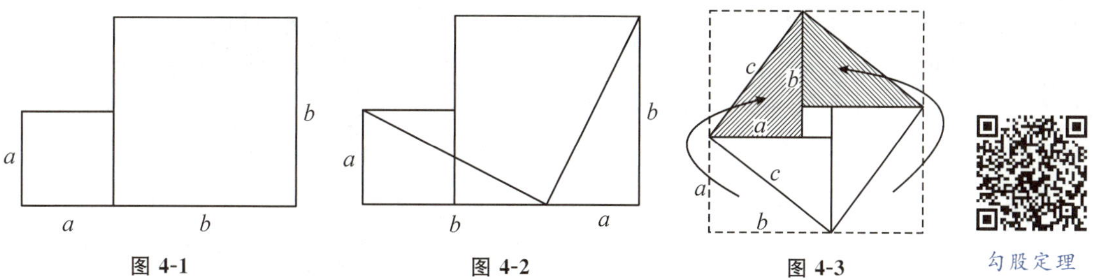

图 4-1　　图 4-2　　图 4-3　　勾股定理

① 周公，姓姬名旦，周武王姬发（？—前 1043）之弟。

后世也称图 4-3 为“赵爽弦图”，相当于运用面积的出入相补法证明了勾股定理. 这与毕达哥拉斯的证明异曲同工，但毕达哥拉斯的证明无从考证，赵爽的证明则有据可查，而且图形优美. 西方关于勾股定理类似的有据可查的证明是在公元 12 世纪由印度数学家婆什迦罗第二(Bhaskara Ⅱ，1114—1185)给出的. 2002 年在北京召开的国际数学家大会(ICM)依据赵爽弦图制作了会标(见图 4-4)，中国科学院数学与系统科学研究院的院徽(见图 4-5)也源自该弦图. 赵爽弦图被誉为“中国数学界的图腾”，体现了数学简约又不失深厚、经典而久远的美.

图 4-4

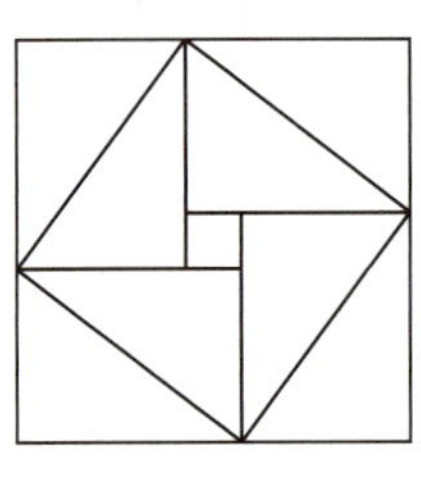

图 4-5

三、《九章算术》

《九章算术》是中国古典数学中最重要的著作，也是中国历史上一部堪与西方《几何原本》相媲美的书，被尊称为“算经之首”. 它最早成书于公元前 1 世纪，集先秦至西汉时期数学之大成，又经过后世许多学者的修订与增补，可以说是集体劳动的成果. 全书采用问题集的形式，共九章，分别为：方田、粟米、衰分、少广、商功、均输、盈不足、方程、勾股，故称《九章算术》.

第一章，方田：主要讲土地丈量中的面积计算，同时系统地叙述了分数的加、减、乘、除的运算法则及分数的简化.

第二章，粟米：专讲各种谷物之间的兑换问题，主要涉及比例运算问题，求第四比例项的算法，称之为“今有术”.

第三章，衰分：专讲计工、税收中按等级、比例分配的算法问题.

第四章，少广：主要讲面积、体积中的开平方、开立方问题. 特别是其中的“开方术”开启了中国古代解一元高次方程的先河.

第五章，商功：专讲筑城、开渠等土木工程中提出的各种数学问题，主要是各种立体图形体积的计算.

第六章，均输：专讲如何按人口、路途远近等合理运输问题，以及等分物问题、合理摊派捐税徭役的计算问题.

第七章，盈不足：介绍一种叫作“盈不足术”的重要数学方法，所涉内容多与商业有关.

第八章，方程：主要讲联立一次方程组的解法，也就是介绍利用线性方程组和增广矩阵求解线性方程的一种方法，其中又提出了正负数的概念及其加减运算法则.

第九章，勾股：主要讲直角三角形中勾股定理的各种应用问题，还提出了一般二次方程的解法.

《九章算术》全书共有 246 个应用问题，大多与当时的经济活动和实际生产生活密切相关，其中每个问题有题（题目）、答（答案）和术（解题的步骤，但没有证明），有的是一题一术，有的是一题多术或多题一术.《九章算术》使中国数学在解决实际问题的计算方面，远远胜过希腊的数学体系. 希腊数学的代表作《几何原本》主要讲的是几何学，略有算术内容，以数理逻辑内容取胜，是演绎推理系统之典范；而《九章算术》在世界范围内的影响虽然不及《几何原本》深远，但是在中国历史上影响巨大，无论是在算术、代数，还是几何学方面，都有一系列世界领先的成就，对中国历史上农耕社会的经济发展和生产生活影响深远.

下面举书中的一个例子，对《九章算术》的风格作粗略介绍.

题曰（盈不足问题）：今有共买物，人出八，盈三；人出七，不足四. 问人数、物价各几何？

答曰：七人，物价五十三.

盈不足术曰：置所出率，盈、不足各居其下. 令维乘所出率，并以为实，并盈、不足为法，实如法而一……置所出率，以少减多，余，以约法、实. 实为物价，法为人数.

用现代语言代入理解一下. 问："有一些人共同去买物品，每人出 8 钱，还盈余 3 钱，每人出 7 钱，则还差 4 钱. 请问共有多少人？这个物品的价格是多少？"

答：共有 7 人，物品的价格是 53 钱.

原文所说的方法实际上相当于用表格的方式来求解，第一行是所出率，即 8 和 7，第二行是盈和不足，即 3 和 4，"令维乘所出率"，即上下两行交叉相乘，"并以为实"，即加起来（假设）作为物价，"并盈、不足为法"，即把盈和不足加起来（假设）作为人数，再以这个假设的物价和人数，除以所出率的差，即得真正的人数和物价.

$$\begin{pmatrix} 8 & 7 \\ 3 & 4 \end{pmatrix} \longrightarrow \begin{pmatrix} 8\times 4 & 7\times 3 \\ 3 & 4 \end{pmatrix} \longrightarrow \begin{pmatrix} 8\times 4+7\times 3 \\ 3+4 \end{pmatrix} \longrightarrow \frac{53}{7}\text{（每个人应出的钱数）},$$

$$\text{人数}=\frac{3+4}{8-7}=7,\quad \text{物价}=\frac{8\times 4+7\times 3}{8-7}=53.$$

如果用现在线性方程组的做法来表述，则非常容易看懂. 设人数为 x，物价为 y，列方程组：

$$8x-3=y,\quad 7x+4=y,$$

解得

$$x=7,\quad y=53.$$

把上述问题推广到一般情形，若每人出 a_1 钱，盈 b_1 钱，每人出 a_2 钱，不足 b_2 钱，求人数 x 和物价 y. 依题意可列方程

$$a_1x-b_1=y,\quad a_2x+b_2=y,$$

解得
$$x=\frac{b_1+b_2}{a_1-a_2},\quad y=\frac{a_1b_2+a_2b_1}{a_1-a_2},$$

而且我们还可求得每人应该分摊的钱数为

$$t=\frac{a_1b_2+a_2b_1}{b_1+b_2}.$$

这三个解的公式实际上就包含在“盈不足术”里.

这种方法在9世纪经由丝绸之路传入阿拉伯，被称为“契丹算法”，13世纪又由阿拉伯传入欧洲，欧洲人称其为“双设法”(因为解法中有两次假设)，并广为传播和应用. 在那个没有符号和方程的年代，这种独创的杰出的算法无疑彰显了中国人的智慧，被称为是一项令人惊奇的创造.

在研究方程问题上，《九章算术》提出了用矩阵的初等变换解线性方程组的思想，我们将在第三篇第十四章中作介绍. 除此之外，《九章算术》还有许多辉煌成果，比如最早提出负数的概念、最早论述分数的运算、最早提出联立一次方程组的解法、最早论述最小公倍数、最早研究不定方程等. 它是一本综合性的历史著作，是当时世界上最简练有效的应用数学，它的出现标志着中国古代数学形成了完整的体系.《九章算术》中蕴含的数学思想，无疑为人类文明的发展作出了巨大的贡献.

中西方文化的差异，也反映在数学研究上的区别. 以古希腊欧几里得的《几何原本》为参照，可以发现以下几个方面的差异：

(1)《几何原本》从公理、公设及概念出发通过逻辑论证获得数学结果——命题，可以说是理性思维的一种最高形式;《九章算术》从解决现实生活中的实际问题出发，归纳出某一类问题的解法，突出数学的社会性、应用性，是一个与社会实践紧密联系的开放体系.

(2)《几何原本》研究的是抽象的概念和命题之间的逻辑关系，不讨论这些概念和命题与社会生活之间的关系，也不考察由这些数学模型产生的现实模型，其内容具有高度的抽象性;《九章算术》则是先从相应的社会实践中选择具有典型意义的现实模型，并把它们表述成问题，然后通过“术”使其转化为数学模型，或由数学模型转化为对原型的应用，突出模型化方法的应用.

(3)《几何原本》命题的运演过程体现在文字符号的书写过程之中，表现为逻辑三段论的形式，形成完整的演绎体系;《九章算术》只保留问题与筹算运演结果，方法上主要采用归纳法，没有推导论证过程，不能充分展现其逻辑结构，反映了中国传统文化中“重实际而黜玄想”的务实思想.

尽管有诸多差异，但毫无疑问的是，《几何原本》与《九章算术》都是世界数学史上东西方交相辉映的两部不朽的传世巨著，也是现今数学的两大主要源泉. 正如著名数学家，我国首届最高科学技术奖获得者吴文俊先生说的:“我国的传统数学有它自己的体系和形式，有着它自身的发展途径和独到的思想体系，不能以西方数学的模式生搬硬套……从问题而不是从公理出发，以解决问题而不是以推理为宗旨，这与西方以欧几里得几何为代表的演绎体系旨趣迥异，途径亦殊……在数学发展的历史长河中，数学机械化算法体系与数学公理化演绎体系曾多次反复互为消长，交替成为数学发展的主流.”

第二节　从刘徽到祖冲之

魏晋南北朝时期，思想比较开放，在这个大环境下，中国的数学研究也兴起了数学论证的热潮. 许多研究以注释《周髀算经》和《九章算术》的形式出现，实质上是要寻求这两部著作中一些重要结论的数学证明，使其成为完整的演绎体系. 其间最杰出的代表则数刘徽以及祖冲之父子，他们的工作使魏晋南北朝成为中国数学史上一个独特而丰产的时期.

一、刘徽的数学成就

刘徽确切的籍贯与生卒年月难以考证，一般认为是魏晋时期淄乡（今山东邹平）人.《隋书・律历志》有记载“魏陈留王景元四年刘徽注九章”，可知刘徽在公元 263 年撰写了《九章算术注》. 在《九章算术注》的“序”中，自述：“徽幼习《九章》，长再详览，观阴阳之割裂，总算术之根源，探赜之暇，遂悟其意. 是以敢竭玩鲁，采其所见，为之作注.” 意思是说他从小就对中国传统数学名著《九章算术》极感兴趣，对其中的每道题都进行了演算和反复研究；长大后更是孜孜不倦地对书中重点进行了深入的探讨，并对全书进行了详细而系统的注释、整理和阐发.

《九章算术注》包括相应的九章内容以及由刘徽自撰的第十章“重差”（后独立成册，因第一问为测望一海岛的高、远，故得名《海岛算经》），包含了刘徽本人的许多创造，奠定了他在数学史上不朽的地位.《九章算术》中的解法比较原始，缺乏必要证明，刘徽对此均做了补充证明，这些证明显示了他在众多方面的创造性贡献. 刘徽是世界上最早提出十进制小数概念的人，在代数方面他正确提出了正负数概念及其加减运算法则，改进了线性方程组解法，在几何方面最突出的是创立了“割圆术”，为计算圆周率建立了严密的理论和完善的算法，开创了圆周率研究的新阶段. 他提出的计算圆周率的科学方法，奠定了此后千余年中国圆周率计算在世界上的领先地位. 刘徽提出了许多公认正确的判断作为证明的前提，在此基础上进行逻辑严密的推理论证，把《九章算术》及他自己提出的解法、公式建立在必然性的基础之上，实际上形成了一个独具特色，包括概念和判断，并以数学证明为其联系纽带的理论体系.

1. 割圆术

在《九章算术》“方田”章中关于圆周率沿用的是自古以来的数据“合径率一而外周三”（即“径一周三”，取 $\pi\approx3$），这实际上是圆内接正 6 边形周长与圆的直径之比，而不是圆周长与直径之比．刘徽提出该值存在不精确性后，由此受到启发，如果在圆内作正 12 边形，这时，圆内接正 12 边形与圆直径的比就会比“径一周三”要精确些(见图 4-6)．这样再继续作下去，得圆内接正 24 边形、正 48 边形……就会得到更精确的圆周率．如果这样无穷无尽地分割下去，就会得到一个与圆完全重合的“正多边形”．

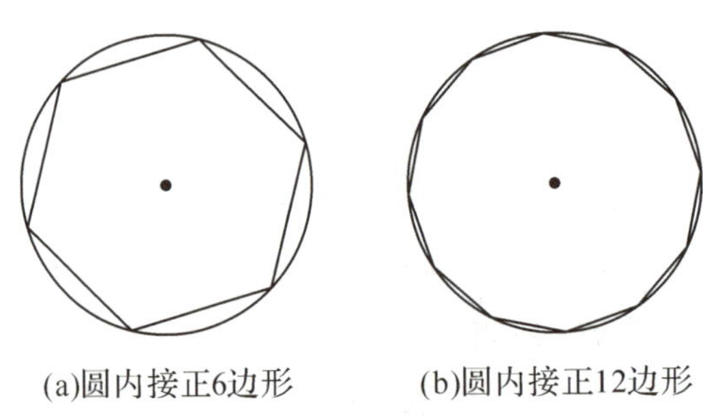

(a)圆内接正6边形　(b)圆内接正12边形

图 4-6

由此，刘徽指出：“割之弥细，所失弥少．割之又割，以至于不可割，则与圆合体而无所失矣．”这就是刘徽的“割圆术”．

刘徽从圆内接正 6 边形出发，并取半径为 1 尺，一直计算到正 192 边形，得出圆周率精确到小数点后两位的近似值 $\pi\approx 3.14$，用分数表示为$\frac{157}{50}$，这就是有名的“徽率”．

不过刘徽还是一再声明“此率尚微少”，需要的话，可以继续分割演算，以得到更精密的近似值．

刘徽的“割圆术”思想可以说是开创了运用极限思想解决问题的先河．圆的分割可以无限重复地进行，圆内接正多边形的边数也可以无限增多，则可以用其周长或面积代替圆的周长或面积，而且刘徽还把这个极限思想用在计算多面体、圆锥、圆台的体积等方面．可以说，刘徽对于极限思想在数学中的运用，已到了自觉认识的程度．这些计算倘若用 1000 多年以后才产生的现代极限的符号来表示似乎是理所当然的，但是在那个时代能有这样清晰的认识，无疑是中国古代数学的一大壮举．

2. 球体积的计算

除了“割圆术”，刘徽最突出的数学成就便是体积理论．下面以球体积计算为例．

刘徽指出，《九章算术》中“开立圆术”提到的球体积公式 $V=\frac{9}{16}d^3$（d 表示球直径）是错误的，然后在注文中指出了一条推算球体积公式的正确途径．这里，他巧妙地构造了一个叫作“牟合方盖”的立体图形，“牟”是“同”的意思，“盖”是“伞”的意思，“牟合方盖”就是指两个上下对称的方伞，如图 4-7 所示．具体做法是：在一立方体内作两个相互垂直的内切圆柱，这两个圆柱体相交的部分，就是所谓的“牟合方盖”，如图 4-8 所示．牟合方盖恰好把立方体的内切球包含在内并且同它相切，如果用同一个水平面去截它们，就得到一个圆(球的截面)，和它的外切正方形(牟合方盖的截面)，如图 4-9 所示．

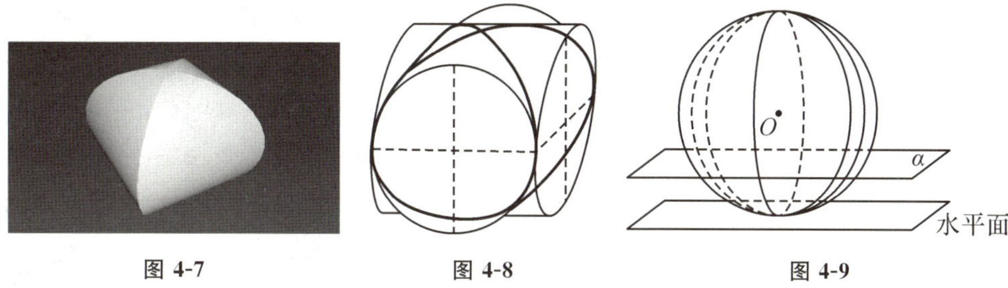

图 4-7　　图 4-8　　图 4-9

刘徽指出，在每一高度上的水平截面圆与其外切正方形的面积之比都等于$\frac{\pi}{4}$，因此球体积与牟合方盖体积之比也应该等于$\frac{\pi}{4}$. 可惜关于"牟合方盖"的体积怎么求，刘徽始终未能解决，他直言"敢不阙疑，以俟能言者". 球的体积虽然没有求出来，却也为彻底解决球体积指明了方向. 200 多年以后，祖冲之父子求出了"牟合方盖"的体积，从而得出球体积的正确公式为$V=\frac{4}{3}\pi r^3$.

3. 刘徽的数学研究思想

刘徽的数学研究不是出于纯粹的功利目的，而是将自己的科学观升华到一个更高的甚至超越实际应用的阶段. 其理论的大部分内容已经发展到脱离经验事实，从抽象性理论走向逻辑推理证明.

刘徽十分重视数学知识的系统化和论述的逻辑性. 他运用"析理以辞，解体用图"这一学术研究的科学方法，使其构建的数学理论系统化、条理化，从而使中国传统数学达到一个新的高度. 数学是客观世界的空间形式和数量关系的高度统一，可以说来源于实践，又高于实践. 所以他认为要将数学理论置于实际应用之上，研究数学是为了探知其未知的功能，要出于对数学的爱好和兴趣及对科学真理的追求和探索，提高了人们对数学思想认识的高度.

刘徽首次提出了"数学美"的概念，他指出研究数学是"以阐世术之美"，即阐发数学方法之美. 刘徽还推崇算法的程序化，追求科学的简洁美，认为数学研究和数学解题过程犹如"庖丁解牛"，数学方法犹如"刀刃"，是在体验和感受数学境界的美.

总之，刘徽及其《九章算术注》，以其杰出的数学成就和独特的数学体系，不仅对东方数学，而且对整个世界数学的发展产生了深远的影响，在科学史上占有极其重要的地位.

二、祖冲之的数学成就

祖冲之(429—500)，生于南朝宋、齐时代一个历法世家，从小耳濡目染各种经书典籍，加之他的勤奋，青年时代就已博学多才，曾任从事史、县令、校尉等职. 仕途上虽然并不显赫，但是祖冲之在数学、天文以及机械制造方面的天赋和成果却让他名垂千古.

1. 圆周率

祖冲之关于圆周率的贡献记载在《隋书 · 律历志》中：

古之九数，圆周率三，圆径率一，其术疏舛. 自刘歆、张衡、刘徽、王蕃、皮延宗之徒，各设新率，未臻折衷. 宋末，南徐州从事史祖冲之更开密法，以圆径一亿为一丈，圆周盈数三丈一尺四寸一分五厘九毫二秒七忽，朒①数三丈一尺四寸一分五厘九毫二秒六忽，正数在盈朒二限之间. 密率：圆径一百一十三，圆周三百五十五. 约率：圆径七，周二十二. 又设开差幂，开差立，兼以正圆参之. 指要精密，算氏之最者也. 所著之书名为《缀术》，学官未能究其深奥，是故废而不理.

由此可知，其一，古率(早先的圆周率)很粗略，刘歆、张衡、刘徽、王蕃、皮延宗等人虽然对圆周率有新的计算，但仍不精确，而祖冲之则算出了圆周率数值的上、下限：

$$3.1415926<\pi<3.1415927.$$

刘徽的割圆术与祖冲之的圆周率

其二，是得到圆周率的两个分数近似值，即约率为 22/7，密率为 355/113. 如此精确的 π 值计算，可以说是创世界纪录，并且这个世界纪录保持了近千年. 为了纪念祖冲之对圆周率的贡献，人们也称“密率”为“祖率”.

可惜的是，书中并没有说明祖冲之推算圆周率“正数”的方法. 一般认为，“正数”范围的获得是沿用了刘徽的“割圆术”思想，从圆内接正六边形出发，以 $6\times2^n(n=1,2,3,\cdots)$ 逐次增加，算到正 24576(即 6×2^{12})边形的面积，恰好可以得出祖冲之的结论. 至于是否还有更巧妙的推算方法，或许被祖冲之著在《缀术》一书中，但由于《缀术》失传，后人也就不得而知了.

关于《缀术》一书，《隋书》认为其是“算氏之最者也”. 唐朝时期，《缀术》与《周髀算经》《九章算术》等著作被列为“算经十书”，成为国学的标准数学教科书之一. 但是因为《缀术》的学术性与深奥性，“是故废而不理”，这可能也是导致其在北宋时期便已失传的原因之一吧.

2. 祖氏原理与球体积

曾使刘徽绞尽脑汁却未能解决的球体积问题，到祖冲之时代终于获得正确的求解公式，这一成就记录在李淳风注疏的《九章算术》“开立圆术”中. 李淳风是唐代天文学家、数学家，他在注文中将体积的正确解法称为“祖暅之开立圆术”. 祖暅是祖冲之的儿子，在数学上亦有很多创造.

为解决球体体积问题，祖冲之和祖暅的推导继承了刘徽的路线，即从计算“牟合方盖”体积来突破，并总结出了“幂势既同，则积不容异”原理.“幂”指水平截面积，“势”则指高，所以该原理的意思是“两等高立体图形，若在所有等高处的水平截面积相等，则这两个立体体积相等”. 该原理在 1000 多年后被意大利数学家卡瓦列里(Cavalieri，1598—1647)独立提出，后被西方称为“卡瓦列里原理”，而为了纪念祖冲之父子对这一原理的贡献，也称这一原理为“祖氏原理”或“祖暅原理”.

祖冲之还曾注释过《九章算术注》，可惜和《缀术》一样均已失传. 在二次方程的解法

---

① 朒(nǜ)：欠缺，不足.

上，祖冲之也取得了不小的进步，提出的方法甚至可以解决包括负系数在内的二次方程与三次方程．祖暅进一步整理其父的遗作并增补、完善，后人大抵也是从他增补、完善过的著作中了解了他们父子卓越的数学成就的．

拓展阅读

关于祖冲之的生平轶事

祖冲之长期进行天文观测实践活动，在天文历法方面颇有建树，《大明历》即为其重要成果．他发现，回归年的时间长度比当时采用的“四分历”要短．通过进一步的深入研究，在得到充分的证实之后，他创造性地将岁差引入了历法之中．岁差是指由地轴行进引起春分点逐渐、缓慢向西而运行，从而发生了回归年要比恒星年时间短的客观事实．他还长期亲操仪器，改进方法，精确地测量日星，创造了三百九十一年置一百四十四闰的章闰法，经过10多年持之以恒的辛勤观测和努力，公元462年，祖冲之编制出一部全新的历法叫作《大明历》．在上呈的表文中，他清晰地表达了新历相比于旧历的优点，大意有：

> 古历疏漏，颇不精密，年长日久，众人争议纷纭，却不清楚它们症结要害．何承天制历，意在改革，其历法仍嫌简略，至今已显露误差．以臣校之，差误有三：一是今察日月所在与其历法推算已差三度；二是按今日影测得夏至、冬至，与其历算几差一天；三是五星初现，误差多达四旬，逆留进退，差移两个星宿．
>
> 谨立志改变之意有二，设立新法情由有三．……
>
> 臣编大明新历，测以日星，据以实效，精确与否，随时可用圭表浑仪验证，易于取信．大明新历，革新变旧，该简则简，应繁则繁，繁简得当．因年月纪闰，参差不齐，不细分则不能精密．臣深惜毫厘，不辞繁难，精益求精．新历精密万分，可适用长久，无须频频变更，而久与天象正确密合．……
>
> 并上详细的《大明历法》一卷．

宋孝武帝阅后命令懂得历法的官员对这部历法的优劣进行讨论．在讨论过程中，祖冲之遭到了以戴法兴为代表的当朝权臣们的反对，但是祖冲之毫无畏惧之色，铿锵雄辩，言之有理有据，并直指戴“浮辞虚贬”“坚执偏论”．宋孝武帝最初看到朝臣递交的博议记录时，对于《大明历》的优点以及祖冲之的力驳众议很是赞赏，有要推行新历的意思，可惜后来变故迭生，朝廷动荡，局势不稳，距离《大明历》的颁布遥遥无期．

尽管如此，祖冲之在科学研究的道路上依旧锲而不舍，他求真务实，一边做理论研究，一边进行实践创新，注《九章算术》，撰《缀术》，还曾改造众多利国利民的器械，比如指南车、水碓磨、千里船、木牛流马等．遗憾的是，直到祖冲之去世十年之后，在儿子祖暅的一再努力下，《大明历》终被朝廷颁布执行．尽管离成历之时已有数十年之久，《大明历》依旧适用，可以说是南宋《统天历》(1199年)之前，最客观、最符合实际的一个天文历法了．

第三节　中国剩余定理

隋唐时期虽然在数学方面没有之前魏晋南北朝时期以及之后宋元时期的光辉，但是该时期社会经济发达，客观上促进了数学的发展，特别是在数学教育制度的建立和数学典籍的整理上作出了有目共睹的贡献. 隋朝开始在国子监中设立“算学”科，唐代沿袭了这一制度. 唐高宗亲自下令由太史令李淳风注疏整理十部数学著作，并于显庆元年(656 年)颁为国子监算学馆的教材及明算科的考试科目，合称“算经十书”.

“算经十书”除了前面提到的《周髀算经》《九章算术》《海岛算经》《缀术》之外，还包括《孙子算经》《张丘建算经》《夏侯阳算经》《五曹算经》《五经算术》《缉古算经》，后由于《缀术》失传，南宋时用《数术记遗》补齐十书.

到了宋元时期，农业、手工业、商业的繁荣，促进了科学技术的突飞猛进(四大发明中有三项——指南针、火药和活字印刷便是在宋代完成并获得广泛应用的)，数学也因此得到了长远的发展. 这一时期涌现出的卓越数学家代表有杨辉、秦九韶、李冶、朱世杰等. 这四人常被称为“宋元四大家”，其中秦九韶的“大衍求一术”在世界范围内享有崇高的地位，又被称为“中国剩余定理”.

一、“孙子问题”——中国剩余定理发端

《孙子算经》也称《孙子算术》，共三卷，作者不详，约成书于公元 400 年前后. 其中有一道“物不知数”问题：

> 今有物不知其数，三三数之剩二，五五数之剩三，七七数之剩二，问物几何？

这个问题的意思是：“现在有一些东西不知道它们的个数，如果三个三个地数，剩下 2 个；如果五个五个地数，剩下 3 个，如果七个七个地数，剩下 2 个，问这些东西总共有多少个？”

如果用现在更简洁的数学语言去描述的话，也可以概括成：一个正整数除以 3 余 2，除以 5 余 3，除以 7 余 2，求这个正整数是多少？

在《孙子算经》中记载了对此问题的解法：

> 三三数之剩二，置一百四十；五五数之剩三，置六十三；七七数之剩二，置三十. 并之，得二百三十三，以二百一十减之，即得. 凡三三数之剩一，则置七十；五五数之剩一，则置二十一；七七数之剩一，则置十五. 一百六以上，以一百五减之，即得.

据此可知，上述问题的答案是“二十三”.

此问题亦称“孙子问题”.

二、秦九韶与大衍求一术

秦九韶(约1208—约1261),字道古,南宋时期数学家,自幼喜爱数学,即使身处兵荒马乱的动荡年代,依旧苦心研究,经过长期积累终于淳祐七年(1247年)撰成《数书九章》. 秦九韶在书中写道:"数理精微,不易窥识,穷年致志,感于梦寐,幸而得知,谨不敢隐."全书收集了81个与生活有关的问题,分九大类:大衍、天时、田域、测望、赋役、钱谷、营建、军旅和市易. 这部中世纪的数学巨著,代表了当时世界数学的最高水平. 美国哈佛大学科学史家萨顿(G. Sarton)对秦九韶的评价是:"秦九韶是他那个民族,那个年代,并且也是所有时代最伟大的数学家之一."

秦九韶最重要的成就,一是"正负开方术",即求高次代数方程的完整算法;二是"大衍求一术",即一次同余式的一般解法. 其中"大衍求一术"可以看成是"孙子问题"解的推广,这一方法直到500多年后才被德国大数学家高斯研究肯定,并重新独立地获得了严格证明,于1801年出版在《算术研究》里,其算法与秦九韶的方法实质上是一致的,因此关于一次同余式求解的剩余定理常常被称为"中国剩余定理".

一般情况下,中国剩余定理可表述为:

若某数 w 被互质诸数 $d_1, d_2, \cdots, d_n$ 除,所余之数相应为 $r_1, r_2, \cdots, r_n$,则 w 可表示为

$$w=k_1r_1+k_2r_2+\cdots+k_nr_n+kD,$$

其中,k_1 为 $d_2, d_3, \cdots, d_n$ 的公倍数,而被 d_1 除余1;k_2 为 $d_1, d_3, \cdots, d_n$ 的公倍数,而被 d_2 除余1;$d_3, d_4, \cdots, d_n$ 以此类推;D 是 $d_1, d_2, \cdots, d_n$ 的公倍数;k 是任意整数.

比如,以"孙子问题"为例,即要求某数,被3,5,7除分别余2,3,2,即 $d_1=3, d_2=5, d_3=7, r_1=2, r_2=3, r_3=2$,可以求得 $D=105$,k_1 是5和7的公倍数中除以3余1的数70;k_2 是3和7的公倍数中除以5余1的数21;k_3 是3和5的公倍数中除以7余1的数15,代入公式当中,得

$$w=70\times2+21\times3+15\times2+105k=233+105k,$$

取 $k=-2$ 可得最小的正数解为 $w=23$. 如果不考虑实际背景的话,这个问题有无穷多解,且解是一个公差为105的等差数列.

秦九韶关于一次同余式求解的研究虽然没有证明过程,但其算法之精妙,彰显了中国古典数学的特色.

中国古人的智慧是无穷的,为了记忆,也有人把孙子问题中的关键点总结为通俗易懂的歌诀,比较著名的有两首. 一是宋人周密作的诗:

> 三岁孩儿七十稀,五留廿一事尤奇.
> 七度上元重相会,寒食清明便可知.

二是明朝数学家程大位在《算法统宗》中总结的诗:

三人同行七十稀，五树梅花廿一枝，

七子团圆正半月，除百零五便得知.

中国剩余定理不仅是中国历史上一颗璀璨的明珠，也对世界其他地区的数学发展产生了很大影响. 1970 年，年仅 28 岁的苏联数学家马蒂雅舍维奇(Matiyasevich，1947—)解决了希尔伯特(Hilbert，1862—1943)提出的 23 个问题中的第 10 个问题，轰动了世界数学界. 他在解决这个问题时，用到的知识十分广泛，而在其中一个关键的地方，就用到了我们祖先 1000 多年前发现的这个"中国剩余定理".

三、"孙子问题"的代数解法

孙子问题用代数方程的思想去解，对于现在的人们来说可能更容易理解一些. 设所求的正整数为 w，除以 3，5，7 的商分别为 x,y,z，根据题目条件，可以列出三个方程：

$$\begin{cases} w=3x+2, & ① \\ w=5y+3, & ② \\ w=7z+2, & ③ \end{cases}$$

把式①和式③相减，得 $3x=7z$，令 $z=3t$，则 $x=7t$，其中 t 属于正整数.

将 $x=7t$ 代入原方程组，联立得 $y=\dfrac{21t-1}{5}$，要使得 y 也属于正整数，应满足 $t=1+5q$，其中 $q=0,1,2,\cdots$，回代入 $x=7t$，再回代入式①，可得

$$w=23+105q.$$

根据 $q=0,1,2,\cdots$，分别可取 $w=23,128,233,\cdots$.

四、类似问题

1."韩信点兵"

韩信是西汉初刘邦手下的一员大将，极善用兵，屡建战功. 相传有一天，他在一名部将的陪同下，检阅士兵的操练情况.

当全体士兵编成三路纵队经过时，他记下最后一排士兵有两人；当队伍编成五路纵队经过时，他记下最后一排士兵有三人；当队伍编成七路纵队经过时，他发现最后一排还有两人.

最后，韩信问部将："今天有多少士兵参加操练？"部将回答说："今天上场的士兵应当有 2345 人."韩信想了想后说："不对，场上实际只有 2333 人."部将将信将疑，下令重新清点士兵人数，结果果然是 2333 人，部将和众士兵无不佩服.

那么韩信是如何在短时间内算出队伍总人数的呢？这实际上就是前述同一不定方程组的求解问题，但这里可以采用另一种略有不同的分析方法.

设队伍总人数为 N，三种情形下纵队的人数分别为 x,y,z，则有

$$\begin{cases} N = 3x + 2, & ① \\ N = 5y + 3, & ② \\ N = 7z + 2, & ③ \end{cases}$$

由式①和式③可知 N 被 x,z 除都余 2,所以 N 是 3 和 7 的公倍数再加 2,最小正整数 $N=23$,而 23 被 5 除余 3,刚好满足式②,所以 $N=23$ 即满足三个方程的解. 又因为 3,5,7 的公倍数是 105,所以 23 加上 105 的整数倍都是方程组的解,由于部将报的数是 2345 人,该数不在这个等差数列的解中,而离这个数最近的解是 2333,所以韩信确认总人数为 2333 人.

2.“鬼谷神算”

在一个古老的年代,一条繁华的大街上,只见许多人围在一个竹竿高挑着写有“鬼谷神算”的布条下,原来是一位“仙风道骨”模样的算命先生对另一位老者说:“老人家,你不需要告诉我岁数,只需说出你的岁数除以二、三、五后的余数各是多少,我就知道你的岁数了.”

只听这位老者说:“我的岁数用二除余一,用三除也是余一,用五除是余三.”

算命先生摆弄一下算筹就说:“老人家你已经七十三岁了. 有道是人生七十古来稀,老人家你童颜鹤发,龙马精神,真有福气.”

算命先生算对了,这个问题同样可以用前面的方法来解决.

第四节　结　语

纵观古代中国数学,魏晋南北朝时数学思想活跃,思想自由开放,在先秦数学基础上有了一次飞跃,产生了刘徽这样的数学家,逐步有了严密的数学理论体系. 可惜的是,隋唐以来数学家们大多是在通过科举考试并取得一定功名后才从事自己喜欢的数学研究,他们缺少群体研究机构和资料信息中心,只能以文养理或以官养理. 即使是宋元时期,数学相对兴盛,但研究内容仍以统治阶层的需要为主,如历法修订或其他实际问题的相关数学方法,不大关注理论工作,缺少一种严格求证的思想,为数学而数学的情形极为罕见. 宋元以来,历代数学著作不仅没有新的刻本,甚至很多失传,这一时期虽然有秦九韶这样的著名数学家,但大多数数学家的研究工作像贪求功名的文人一样,带有功利主义色彩,这在一定程度上影响了科学的发展. 明清时期,有影响的数学家更是寥若晨星,而科技的发展远远落后于西方国家. 到了近现代,特别是中华人民共和国成立后,随着研究机构的建立、研究队伍的壮大、学术交流的繁盛,数学研究与发展进入了一个新的阶段.

第五章　大哉数学之为用

古代数学的发展是缓慢的，而其应用主要是解决生产生活中的一些具体问题．随着微积分的创立，数学自身得到了飞速发展，也将人类科学技术与文明推进到了一个前所未有的高度，数学的应用也遍及科学技术乃至人文艺术各个领域．

第一节　微积分的创立及其重大意义

微积分(calculus)是微分学(differential calculus)和积分学(integral calculus)的简称．微积分后来的发展称为“分析学”，中国19世纪中叶翻译此类数学书时定名为微积分．

微积分的酝酿是在17世纪上半叶到17世纪末这半个世纪．这一时期，自然科学、天文学以及力学领域发生了一些重大事件．

1608年，伽利略(Galilei，1564—1642)制成了第一架望远镜，不仅引起了人们对天文学研究的高潮，而且还推动了光学的研究．

开普勒(Kepler，1571—1630)通过观测归纳出三条行星运动定理：

(1)行星运动的轨道是椭圆，太阳位于该椭圆的一个焦点处；

(2)由太阳到行星的焦半径在相等的时间内扫过的面积相等；

(3)行星绕太阳公转周期的平方，与其椭圆轨道的半长轴的立方成正比．

最后一条定理是1619年公布的，而从数学上推证开普勒的经验定理，成为当时自然科学的中心课题之一．

1638年，伽利略出版《关于两门新科学的谈话及数学证明》，为动力学奠定了基础，促使人们对动力学概念与定理作精确的数学描述．望远镜的光程设计需要确定透镜曲面上任一点的法线及曲线的切线，而炮弹的最大射程、行星轨道的近日点/远日点等均涉及求函数的最大值、最小值问题，此外求曲线所围成的面积、曲线长度、物体的重心和引力计算等也激起了人们的浓厚兴趣．

17世纪上半叶，几乎所有的科学大师都致力于为解决这些难题而寻求一种数学工具．正是为解决这些疑难问题，一门新的学科——微积分便应运而生了．

微积分的创立，归结为处理以下几类问题：

(1)已知物体运动的路程与时间的关系，求物体在任意时刻的速度和加速度；反之，已知物体运动的加速度与速度，求物体在任意时刻的速度与路程．

(2)求曲线的切线．例如，要研究光线通过透镜的通道，必须知道光线射入透镜的角度，以便应用光的反射定律，这就需要求出光线在入射点的法线或切线. 另外，运动物体在其轨迹上任意一点处的运动方向都是轨迹的切线方向.

(3)求函数的最大值、最小值问题. 例如，炮弹能获得最大射程的发射角、行星离开太阳的最远距离等.

(4)求积问题. 包括求曲线的长度(如行星在椭圆轨道上运行的距离)、曲线围成的面积、曲面围成的体积、物体的重心等.

这些问题的解决，原有的研究常量和静态的数学工具是无能为力的，只有引进变量，引入描述运动过程的新数学工具——微积分，上面的这些难题才得以解决. 而其中最重要的是速度和距离以及曲线的切线和曲线下的面积求解这两类问题，正是为了解决这些问题，牛顿和莱布尼茨两人各自分别创立了微积分.

牛顿(Newton，1643—1727)出生于英国一个偏僻的小村庄里，从小体弱，父亲在他出生前便已经去世，母亲在他年幼时改嫁，把他留给外祖母家抚养. 少年时的牛顿并不是神童，虽然成绩一般，但他喜欢读书，喜欢看一些介绍各种简单机械模型制作方法的读物，并从中得到启发，自己动手制作些别出心裁的小玩意、小发明.

1661 年，牛顿考进了剑桥大学的三一学院，在那里遇到了他的恩师巴罗. 在巴罗的精心栽培下，牛顿的学业进步很大. 1665 年，英国发生一场大瘟疫，学校放了假，牛顿又回到老家，一边自学一边进行研究. 在家乡的 3 年间，牛顿发现了万有引力定律及其证明；揭开了光颜色的秘密；创立了微积分. 牛顿主要是从运动学来研究和建立微积分的. 1687 年，集牛顿成果之大成的《自然哲学的数学原理》一书出版. 在书中，牛顿运用他创立的微积分这一数学工具建立了经典力学的完整而严密的体系，把天体力学和地面上的力学统一起来，实现了物理学史上第一次大的综合. 因而《自然哲学的数学原理》是科学史上最有影响、享誉度最高的著作之一，在爱因斯坦相对论出现之前，这部著作是整个物理和天文学的基础.

牛顿是人类历史上毋庸置疑的最伟大的数学家之一. 诗人亚历山大 · 波普(Alexander Pope)为牛顿写下了以下这段墓志铭：

> Nature and Nature' law lay hid in night; God said, "Let Newton be," and all was light.
>
> (自然与自然的定律，都隐藏在黑暗之中，上帝说"让牛顿来吧！"于是，一切变为光明.)

莱布尼茨(Leibniz，1646—1716)出生于德国的莱比锡，父亲是莱比锡大学的教授，在莱布尼茨 6 岁时去世，留下了一个私人的图书馆，这给幼年的莱布尼茨提供了大量的学习空间. 莱布尼茨 15 岁进入莱比锡大学念书，专攻法律，20 岁时完成学业，成为一名律师，就职于高等法庭. 工作中，莱布尼茨接触到伽利略、开普勒、笛卡儿、帕斯卡、巴罗等人的科学思想，激发了他对数学的兴趣，于是，他将大量的业余精力投入数学研究中. 1684 年，莱布尼茨发表了一篇关于求极大值、极小值和切线的新方法的论文，这是历史上最早发表的关于微分学的文献．文中叙述了微分的基本理论，指出无限分割求和是微分的逆运算，广泛使用了 dx，dy 符号(至今仍然是微分的标准符号)．此外，文中还给出微分法在求切线、求最大/最小值和求拐点等方面的应用．1686 年，莱布尼茨发表了第一篇关于积分的论文，文章中首次出现印刷的积分符号“$\int$”，这是将“summa”的首个字母拉长．该文章中谈到的积分法有：变量替换法、分部积分法、利用部分分式求有理函数的积分等．莱布尼茨在创立微积分的过程中，花了很多时间去选择精巧的符号．他认为好的符号可以精确、深刻地表达概念方法和逻辑关系．现在微积分的基本符号几乎都是由他创造的，这些符号对之后分析学的研究和发展带来极大的方便．

总的来说，牛顿从物理学出发，运用集合方法研究微积分，其应用上更多地结合了运动学，造诣高于莱布尼茨．莱布尼茨则从几何问题出发，运用分析学方法引进微积分概念，得出运算法则，其数学的严密性与系统性是牛顿所不及的．莱布尼茨认识到好的数学符号能节省思维劳动，运用符号的技巧是数学成功的关键之一．因此，他所创设的微积分符号远远优于牛顿的符号，这对微积分的发展有极大的影响．

虽然在微积分的优先权上两人曾有过一段时间的争执，不过两位学者都不曾怀疑过对方的才能．莱布尼茨曾评价牛顿说：“在从世界开始到牛顿生活的年代的全部数学中，牛顿的工作超过一半．”总之，牛顿和莱布尼茨都是微积分的奠基者，都为构建微积分这座宏伟大厦作出了永不磨灭的贡献．

17 世纪由牛顿和莱布尼茨创立的微积分到 18 世纪得到了蓬勃发展．数学家们一方面努力克服初期微积分的不严密性，另一方面又不顾基础困难而积极地扩展微积分的应用范围，尤其是与力学的有机结合，使其成为 18 世纪数学的鲜明特征之一．微积分的这种广泛应用成为新思想的源泉，一大批新的数学分支在 18 世纪逐渐成长起来．

微积分的诞生具有划时代的意义，是数学史上的分水岭和转折点．微积分是人类智慧的伟大结晶，恩格斯说：“在一切理论成就中，未必再有什么像 17 世纪下半叶微积分的发现那样被看作人类精神的最高胜利了．”当代数学分析权威柯朗(R. Courant)指出：“微积分乃是一种震撼心灵的智力奋斗的结晶．”

微积分的创立，其意义主要体现在以下几方面．

(1)促进数学自身的蓬勃发展．微积分的诞生使整个数学世界的面貌发生了根本性的改变，数学也由几何时代进入分析时代．微积分给数学注入了旺盛的生命力，使数学获得了极大的发展，新的数学分支不断产生，新的数学思想不断涌现，数学取得了空前繁荣发展．

(2)助力科学技术的飞速发展．对微积分的研究，促成了人们对于运动过程的把握，为人类认识世界、改造世界提供了强有力的工具，现代科学技术的飞速发展都离不开微积分的应用．航天飞机、宇宙飞船等现代化的交通工具都是微积分应用的直接结果，现代物理、化学、天文学、地理学等众多学科也都必须同微积分打交道．

(3)提供了一种认识世界与解释世界的理性方法．从牛顿开始，人们认识物理、认识世界时不再只是依靠观察与实验，还可以靠数学来推导、来计算、来认识物质的运动规律，数学成为认识世界的最强有力的工具. 这是微积分对人类历史最大的贡献，科学由此开始数学化.

(4)促进人类物质文明的协调发展. 现代的工程技术直接影响到人类的物质生产，而工程技术的基础是数学. 如今数学不但成了自然科学和工程技术的基础，而且还广泛渗透到经济、金融等活动中，也就是说数学在人文社会科学领域中也有着广泛的应用.

第二节 数学与电子计算机的诞生

电子计算机是20世纪最重要的科技发明之一，对人类的生产活动、社会活动产生了极其重要的影响，带动了全球范围的科技进步，引发了深刻的社会变革.

说到电子计算机的诞生，绕不开两个人物。一个是图灵(Turing，1912—1954)，另一个是冯·诺伊曼(von Neumann，1903—1957). 这两人都被称为“计算机之父”，而这两人还有一个共同点，他们都是20世纪伟大的数学家.

1912年，图灵出生在伦敦，19岁进入英国剑桥大学国王学院专攻数学，从那时起，他对数学的兴趣便一发不可收. 1936年，图灵在《论可计算数及其在判定问题上的应用》的论文中首次提出了有关计算机的理论，“图灵机”(Turing Machine)由此诞生. 图灵机为之后计算机科学的形成和发展奠定了理论基础，而且基于图灵机理论，人类首次产生了符号处理的概念，并开始把研究重点转向了“可改变的编码程序”，这就是今天软件的前身.

冯·诺伊曼于1903年出生于匈牙利的布达佩斯，青年时期，冯·诺伊曼师从著名数学家希尔伯特，在获得数学博士之后，他成为美国普林斯顿大学的终身教授，那时，他还不到30岁. 1944年，冯·诺伊曼参加原子弹的研制工作，该工作涉及极为困难的计算问题. 因实际工作中对计算的需要以及把数学应用到其他科学问题的强烈愿望，冯·诺伊曼在一次极为偶然的机会中知道了ENIAC计算机(世界第一台电子计算机)的研制计划后，迅速决定投身到计算机研制者的行列. 冯·诺伊曼以其非凡的分析、综合能力及雄厚的数理基础，集众人之长，提出了一系列优秀的设计思想. 在他和研制小组其他成员的共同努力下，只经历了短短的十个月，人类在数千年中积累起来的科学技术文明，终于结出了最激动人心的智慧之花，ENIAC计算机诞生了！

人们称冯·诺伊曼为“计算机之父”，而冯·诺伊曼的助手弗兰克曾说：“计算机的基本概念属于图灵. 按照我的看法，冯·诺依曼的基本作用是使世界认识了由图灵引入的计算机基本概念.”这是一种形象的说法，图灵给了计算机以灵魂，而冯·诺依曼让计算机有了骨架和肉身.

美国计算机学会(Association for Computing Machinery，ACM)的年度大奖命名为“图灵奖”，自从1966年设立以来，一直是世界计算机科学领域的最高荣誉，相当于计算机科学界的诺贝尔奖. 这个以图灵的名字命名的大奖,代表着几十年来世界计算机科学的重大进步和创新,代表着计算机科学和相关技术产业的一次次质的飞跃,同时,也代表着计算机科学界对图灵的崇高敬意.

牛津大学著名数学家安德鲁·哈吉斯在为图灵写的一部脍炙人口的传记《谜一样的图灵》中这样描述:"图灵似乎是上天派来的一个使者,匆匆而来,匆匆而去,为人间留下了智慧,留下了深邃的思想,后人必须为之思索几十年、上百年甚至永远."

第三节 数学与人工智能

人工智能(artificial intelligence,AI),是研究、开发用于模拟、延伸和扩展人的智能的理论、方法、技术及应用系统的一门新的技术科学,试图构造具有一定智能的人工系统如机器人、语言识别、图像识别、自然语言处理、专家系统等,让计算机去完成以往需要人的智力才能胜任的工作.

最早提出人工智能思想的正是前面提到的图灵,他于1950年的一篇论文《计算机与智能》中提出了图灵测试:"如果电脑能在5分钟内回答由人类测试者提出的一系列问题,且其超过30%的回答让测试者误认为是人类所答,则电脑通过测试."由此掀起了人工智能研究热潮. 因此,图灵不仅是"计算机之父",他还被称为"人工智能之父".

人工智能技术在近几年得到了快速发展,谷歌公司的机器人AlphaGo战胜李世石、柯洁等世界围棋高手,汽车自动驾驶技术的日趋成熟,特别是ChatGPT的神奇出现,更是把人工智能技术推到了一个新的高度,也让人们对人工智能的未来有了无限想象.

人工智能技术有三大要素:数据、算力和算法.

人类都是通过学习一步步成长起来的,人工智能也要通过学习来提高智能水平,而其学习的材料就是大量的数据,只有对大量数据反复训练才能总结出规律并具有智能. 当然,这里所说的数据不仅仅是传统意义上的数据,而是指可以数字化存储于电脑中的信息载体,如数字、文本、图片、音频和视频等都是数据,而且人工智能所面对的数据一般都是来源多样、类型复杂、体量庞大,也就是大数据.

处理大量数据的能力就是算力,包括数据处理能力和网络传输能力,这主要靠硬件条件. 而面对大量历史数据,如何训练学习,如何处理实时数据,这就要靠算法. 可以说,人工智能的基础是数据,算力是保障,而核心是算法.

一方面,人工智能算法设计中用到很多不同数学分支的知识和方法;另一方面,面对大数据环境下的人工智能问题,有很多数学方法还需要进一步研究.

"人工智能的基石是数学,没有数学基础科学的支持,人工智能很难行稳致远."在中国科学院院士、西安交通大学教授徐宗本看来,目前人工智能所面临的一些基础问题,其本质是来自数学的挑战. 人工智能的发展有赖于数学,而人工智能的发展也推动了数学的发展.

第四节　数学与医学

医学与数学有着非常广泛而密切的关系.

医学仪器的设计和制造,其核心技术取决于数学方法的应用,比如 CT 机,即计算机断层成像技术(computed tomography). 用 CT 机检查人体的原理,通俗地讲就是通过对人体一层层的扫描,用计算机重建起一个人体三维图像,每一层的厚度越细,检查精度就越高. 1917 年,奥地利数学家 J. Radon 发表的一篇数学论文给出了 CT 机的数学原理. 1963 年,美国物理学家 A. M. Cormack 应用 J. Radon 的理论,发展了用 X 射线投影数据重建图像的解析数学方法. 在此基础上,1971 年,英国工程师 N. Hounsfield 博士设计了第一台可用于临床的 CT 机. 此后的 CT 机虽然不断改进提升,但其基本原理没有改变.

随着数字图像技术在医学中的应用越来越广泛深入,一门新的学科——数理医学逐步形成. 数理医学将数学、物理学和医学交叉结合,将医学影像问题转化为数学问题,利用数学方法提升解决医学影像问题的精准性和高效性. 数理医学利用数字图像技术来重构人体组织器官,并准确量化解剖信息,帮助医生制订精准、个性化的治疗方案.

数学在医学上的应用是全方位的,而所用到的数学知识和方法也是多种多样的,因所针对的具体问题不同而采用不同数学工具,同时这种应用的广泛深入,又进一步推动了数学自身的发展,如前面提到的数理医学.

这里再举一个数学用于医疗卫生事业的例子.

2020 年初,一场突如其来的新冠疫情,给我们的经济、生活方方面面带来了极大影响. 我们国家由于有党中央的坚强领导和果断决策,有全国人民的齐心协力和医护人员的奋不顾身,防疫抗疫取得了举世瞩目的成绩,人民生命健康得到了有效保护.

在防疫抗疫过程中,我们都经历过核酸检测,也听说过“一人一管”和“多人一管”的说法,但具体是怎么回事呢? 其实这是医学检测中的一种数学方法,不仅核酸检测,在其他大面积病毒检测或血液检验中也会用到类似方法.

假设某地的有 500 万人口,需要普查某种病毒,人群中该病毒发生的比例为 0.5%,给一份样本做一次病毒检验的费用为 10 元. 如何经济有效地筛查出 500 万人口中所有携带病毒的人员?

第一种方法,给每人采样,一一化验,显然总共是 500 万次检验,总费用是 5000 万元.

第二种方法,分组检验. 如 20 人一组,具体做法是每人采样后,20 人一组混合成一个样本,对这个样本进行检验,如果结果为阴性,表示这 20 人均为阴性,如果结果为阳性,则表明 20 人中有人为阳性,再对这 20 人一一检验,筛查出阳性人员. 因此,如果混管为阴性,这 20 人只需做 1 次检验;如果混管为阳性,则需要做 21 次检验. 如果大量人员为阴性，则这种方法可以明显降低检验次数和费用.

以前面的数据为例，500 万人口共分成 25 万组，每一组检验结果为阳性的概率（见第四篇第十五章）是：

$$1-(1-0.005)^{20}=0.09539.$$

因此，每一组平均需要检验的次数是：

$$0.09539\times 21+0.90461\times 1=2.9078,$$

于是普查需要总的检验次数是 726950，总费用是 726.95 万元，是第一种方法费用的 14.539%.

如果不是 20 人一组，改成 50 人一组，费用还可以进一步降低，但多少人一组更合适还需要从检验技术与效果角度进行考量，并非可以无限制扩大. 与此同时，分组检验是否一定优于一一检验，还要看人群中阳性的比例，如果阳性比例很高，有很多的混管需要重新检验，则效果也不理想，这里面有很多具体数学细节需要分析研究，此处不再赘述，有兴趣的同学可以进一步学习研究.

第五节　数学与音乐

一般人认为，美妙的音乐和数学完全是两个不可能交叉的领域. 数学用于运算，体现的是绝对的理性，而音乐既美妙又能抒发人类的情感，更偏向感性. 两者看似在属性上存在本质的区别，但事实上它们之间有着紧密的联系.

古希腊哲学家、数学家毕达哥拉斯认为："音乐之所以神圣而崇高，就是因为它反映出作为宇宙本质的数的关系."被誉为 17 世纪的亚里士多德的数学家、哲学家、微积分发明者之一莱布尼茨曾说："音乐是数学在灵魂中无意识的运算." 两位数学界的顶级人物一致认为数学和音乐不仅相关，而且关系密切. 那么，数学和音乐究竟有什么联系呢？

前面曾经提到，毕达哥拉斯发现了音的高低和振动的弦长之间的关系，其实在中国古代也有相似的工作. 中国有个成语叫"五音不全"，用来评价乐感缺乏的人. 那么，为什么是五音，具体是哪五音，它们又是怎么确定出来的？

五音指的是中国古代表达音阶的"宫、商、角、徵、羽"，它们的确定实际上就用到了数学方法，而中国古代发明的这个方法与西方毕达哥拉斯的发现是异曲同工的，但比毕达哥拉斯方法要早一个世纪左右.

今天的人们都知道，乐音的音高是由波长决定的，而波长又是由弦长决定的. 如果一个声音的波长为 b，另一个声音的波长是 $b/2$，那么后一个声音就是前一个声音的"纯八度"高音. 同理，如果一个声音的波长为 b，另一个声音的波长为 b 的两倍（即 $2b$），那么后一个声音就是前一个声音的"纯八度"低音.

中国古人虽然不懂机械波的物理学理论，但是他们总结出了跟现代发声理论完全一致的道理．一件圆径固定、长度固定的发声器Ⅰ所发出的声音是一个定值，如果另一件圆径相同的发声器Ⅱ的长度是发声器Ⅰ长度的一半，那么发声器Ⅱ所发出的声音，就是一个纯八度的高音．同理，如果发声器Ⅱ的长度是发声器Ⅰ长度的两倍，那么发声器Ⅱ所发出的声音，就是一个纯八度的低音．

中国古人所使用的音阶是“五声音阶”，即“宫、商、角、徵、羽”．其中，“宫”相当于西洋音阶的1(do)，“商”相当于2(re)，“角”相当于3(mi)，“徵”相当于5(sol)，“羽”相当于6(la)．

中国古代关于该内容的律学理论，叫作“三分损益法”．三分损益法认为，“宫”是基本音，有了基本音“宫”之后，经过几次的“三分损益”，其他的四个音阶也就产生了．

三分损益包含“三分损一”“三分益一”两层含义：“三分损一”是指将原有长度作三等分，而减去其中一份，则原有长度$\times(3-1)/3=$生得长度；“三分益一”则是指将原有长度作三等分，而增添一份，则原有长度$\times(3+1)/3=$生得长度．

这两种方法交替运用、连续运用，各音律就得以辗转相生．三分损益法与古希腊毕达哥拉所用的定律法、阿拉伯人所用的量音学，三者在数理上是相通的、一致的，近现代统称为五度相生法．

三分损益法的基本原理是：

以一段圆径绝对均匀的发声管为基数——宫(**1**)；

将此发声管均分成三段，舍弃其中的一段、保留两段，这就是“三分损一”，余下来的三分之二长度的发声管所发出的声音，就是“宫”的纯五度高音——徵(**5**)；

将徵管均分成三份，再加上一份，即徵管长度的三分之四，这就是“三分益一”，于是就产生了徵的纯四度低音——商(**2**)；

商管保留三分之二，“三分损一”，于是得出商的纯五度高音——羽(**6**)；

羽管“三分益一”，即羽管的三分之四的长度，就是角管，角管发出羽的纯四度低音——角(**3**)．

这样，在有了基本音“宫”之后，经过两次“三分损一”和两次“三分益一”，宫、商、角、徵、羽这五个音阶就生成了．“三分损益法”每制出新的律管与原律管的音高都是上方五度，再下方四度，又上方五度，再下方四度的关系．五音生成后，可以继续“三分损益”，在连续进行“损”“益”各六次后，得到和谐美妙的十二个音，中国古人把它称为“十二律”，这种生成方法又叫“五度相生法”．“十二律”中就有黄钟、大吕，中国文化中有成语“黄钟大吕”，形容音乐或言辞的庄严正大、高妙和谐．

有了这一基本原理，各种乐器无非是该原理的具体应用和各种变化，管乐器用孔的位置来控制音管长度，而弦乐器则用手指或琴键位置来控制弦长变化，世界美妙的音乐由此产生．

第六节　神奇的斐波那契数列与黄金分割

在电影《达·芬奇密码》中有这样一幕：卢浮宫博物馆馆长被杀，尸体旁的地板上有一串数字：13，3，2，21，1，1，8，5．这串数字代表什么，有什么特殊性？

再看这个问题：有 n 个台阶，每次只能跨 1 阶或 2 阶，问上楼一共有几种方法？如果只有 1 个台阶，显然只有 1 种走法，但如果有 2 个台阶，就可以有 2 种走法，或者一阶一阶走，或者一次性跨两个台阶．如果有 n 个台阶，又该如何处理？数学上可以用一种思考方法，叫作递归，第一步只有两种可能，要么跨 1 阶要么跨 2 阶，如果跨 1 阶，剩余还有 $n-1$ 个台阶，如果跨 2 阶，剩余还有 $n-2$ 个台阶，所以，如果把 n 个台阶的走法记作 $f(n)$，那么 $f(n)$ 就是 $f(n-1)$ 与 $f(n-2)$ 之和，即有递归关系：

$$f(n)=f(n-1)+f(n-2).$$

显然 $f(1)=1$，$f(2)=2$，如果确定 $f(0)=1$，则按照上述递归关系，产生一个数列：1，1，2，3，5，8，13，21，…．这个数列我们就把它称为斐波那契数列．可以发现，《达·芬奇密码》中的那堆数字重新理一下顺序，就是这个数列的前 8 项．

斐波那契数列还有另外一个有趣的名字——兔子数列，这是因为可以用兔子繁殖问题来描述该数列．假定第一个月初有一对刚诞生的兔子，小兔子满两个月之后可以生育，而每月每对可生育兔子生一对小兔子，并且兔子永不死去，现在请问每个月兔子的数量是多少？

我们可以分析得出前面一样的递归关系，第 n 个月兔子总量 $f(n)$ 由两部分组成，一部分是上个月留下来的兔子 $f(n-1)$，另一部分是这个月新出生的兔子，而新出生的兔子是由满两个月的兔子生出来的，即数量上等于两个月前的兔子总量 $f(n-2)$，所以得到前面一样的递归关系和数列．

斐波那契(Fibonacci，约 1170—约 1250)是欧洲数学复兴的先驱，是 13 世纪最著名的意大利数学家．他在青少年时期游历许多国家，学习了许多国家的数学知识并在回国后进行整理研究，于 1202 年写成名著《算盘书》．此书把阿拉伯数字介绍到欧洲，为阿拉伯数字在欧洲的流行发挥了重要作用，是欧洲数学在经历漫长黑夜之后走向复兴的号角．

斐波那契数列就是以兔子繁殖问题的形式记载在《算盘书》中的．这是一个神奇的数列，自然界中有很多数据也都恰好符合斐波那契数列．

大多数植物的花，其花瓣数都恰好是斐波那契数．例如，兰花、茉莉花、百合花有 3 个花瓣，毛茛属植物有 5 个花瓣，翠雀属植物有 8 个花瓣，万寿菊属植物有 13 个花瓣，紫菀属植物有 21 个花瓣，雏菊属植物有 34 个、55 个或 89 个花瓣．

仔细观察树木，可以发现树木从树干到枝丫越来越细、越来越多．如果够仔细的话，数一数不同阶段树木的枝丫，我们会发现其中也存在斐波那契数．由于新生的枝丫，往往需要一段成长时间，而后才能萌发新枝．所以，一株树苗在一段间隔（如一年）以后才会长出一条新枝；第二年新枝“休息”，老枝依旧萌发；此后，老枝与“休息”过一年的枝同时萌发，当年生的新枝则次年“休息”．这样，一株树木各个年份的枝丫数，便构成了斐波那契数列．这个规律，就是生物学上著名的“鲁德维格定律”．

向日葵花盘内，种子是按对数螺线排列的，有顺时针转和逆时针转的两组对数螺线．两组螺线的条数往往成相继的两个斐波那契数，一般小向日葵是 34 条和 55 条，大向日葵是 89 条和 144 条，还曾发现过更大的向日葵有 144 条和 233 条螺线，它们都是相继的两个斐波那契数．

斐波那契数列的另一个神奇之处是它与黄金分割的关系．

分析斐波那契数列的后项与前项之比：

$$\frac{f(1)}{f(0)}=1,\quad \frac{f(2)}{f(1)}=2,\quad \frac{f(3)}{f(2)}=1.5,\quad \frac{f(4)}{f(3)}=1.6666\cdots,\quad \cdots,$$

$$\frac{f(14)}{f(13)}=1.61803713\cdots,\quad \frac{f(15)}{f(14)}=1.61803278\cdots,$$

$$\frac{f(16)}{f(15)}=1.61803444\cdots,\quad \cdots,$$

可以发现，比值的前几位渐渐固定在 1.618．事实上，可以证明，比值的极限（比值可以无限接近的值）是

$$\frac{1+\sqrt{5}}{2}=1.618033988\cdots.$$

而反过来，前项比后项的值则无限接近于

$$\frac{\sqrt{5}-1}{2}=0.618033985\cdots.$$

这两个数字就是通常说的**黄金分割数**．

黄金分割可以如下定义：将一线段分为两段，要求大段与全部线段的比值等于小段与大段的比值．这一比值即为黄金分割数，而把线段分为两段的分割点则称为黄金分割点．之所以称之为黄金分割，是因为生活和艺术中许多优美令人赏心悦目的现象都与其有关．

什么样的矩形看起来最让人愉悦？那一定是长与宽的比例符合黄金分割数（也称为黄金分割比例、黄金比等）的矩形．在日常生活中，我们同样可以发现很多建筑物的窗户或外观形状符合或接近这个比例．优美的人体往往也是符合黄金分割比例的，如以肚脐眼作为分界点，则上、下部量高之比符合黄金分割比的人体就是非常协调的；脸部同样有许多黄金分割点，特别是以眉心作为分界点，脸部上、下的比例符合黄金分割比的，则看起来更加协调．

一张照片或一幅图画，其点睛的重要内容一般不会放在正中间，也不会太靠边，而是处在黄金分割点上．

甚至，许多著名的音乐作品，其高潮出现的位置也符合黄金分割比例．

舒曼的《梦幻曲》是一首带再现的三段曲式，由 A、B 和 A′三段构成．每段又由等长的两个 4 小节乐句构成．全曲共分 6 个乐句，24 小节．以 24 小节计算，理论上黄金分割点应在第 14 或 15 小节（$24\times0.618=14.83$），而实际上全曲的高潮正好在第 14 小节．本曲的 6 个乐句在各自的第 2 小节进行负相分割（前短后长）；本曲的三个部分 A、B、A′在各自的第二乐句第 2 小节正相分割（前长后短）．这样就形成了乐曲从整体到每一个局部多层复合分割的生动局面，使乐曲的内容与形式更加完美．

贝多芬《悲怆奏鸣曲》第二乐章是如歌的慢板，回旋曲式，全曲共 73 小节．按照理论计算，其黄金分割点应在第 45 小节，实际上在第 43 小节处形成全曲激越的高潮，并伴随着调式、调性的转换，高潮与黄金分割区基本吻合．

莫扎特《D 大调奏鸣曲》第一乐章全长 160 小节，再现部位于第 99 小节，不偏不倚恰恰落在黄金分割点（$160\times0.618=98.88$）上．据统计，莫扎特的所有钢琴奏鸣曲中有 94％符合黄金分割比例，这个结果令人惊叹．我们不知道莫扎特是有意识地使自己的乐曲符合黄金分割呢，抑或只是一种纯直觉的巧合现象．然而有音乐家认为："我们应当知道，创作这些不朽作品的莫扎特，也是一位喜欢数字游戏的天才．莫扎特是懂得黄金分割，并有意识地运用它的．"

很多人觉得数学枯燥无味且难学，事实上数学并不枯燥，它像音乐及其他艺术一样也能唤起人们的审美感觉和审美情趣．在数学家的创造活动中，同样有情感、意志、信念等审美因素参与，数学家创造的概念、定理、公式如同所有的艺术形式（如诗歌、音乐、绘画、雕塑、戏剧、电影等）一样，可以使人动情陶醉，并从中获得美的享受．

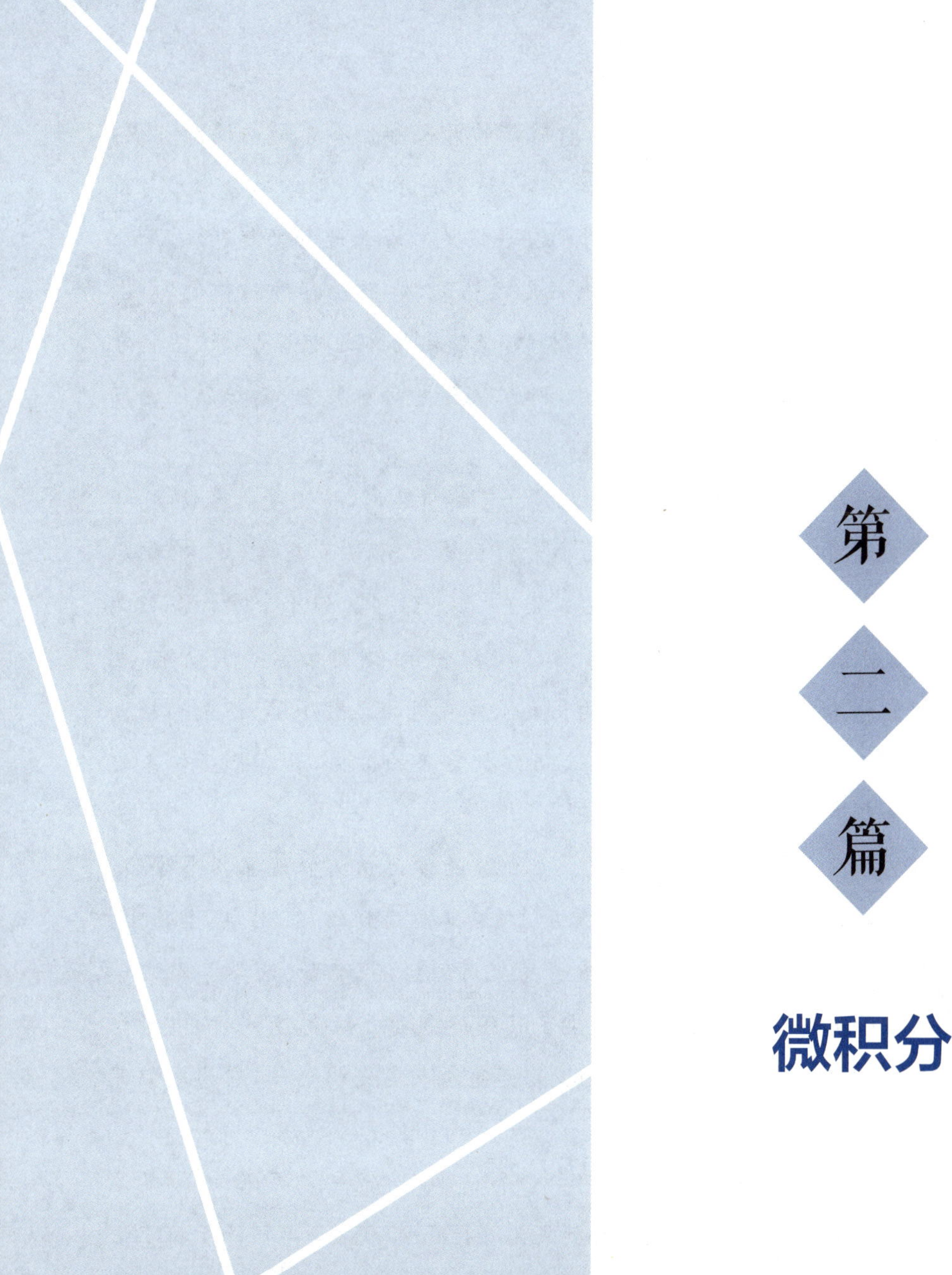

第二篇

微积分

随着15—16世纪由欧洲到东方的新航路的开辟和世界市场的逐渐形成，从17世纪初期开始，欧洲资本主义开始发展，精密科学从当时的社会生产与社会活动中获得巨大的推动力. 资本海外的拓展促使航海业蓬勃兴起，而航海业的发展，则要求有精密的仪器能精确地测定经纬度，能描绘各种船体的曲线、曲面，能计算各种不同形状物体的面积、体积，能确定物体的重心等. 这些科学技术都需要我们今日所谓的微积分理论，所以从历史的发展看，微积分理论应运而生焉.

法国数学家笛卡儿和费马在17世纪建立了解析几何，将变量引入数学，从而使数学从常量研究进入变量研究，为微积分的创立开辟了道路. 17世纪后半叶，英国数学家牛顿和德国数学家莱布尼茨，在总结了历经千余年许多数学家的工作基础上，分别独立地发展并创建了微积分学，这是数学上的创举，也是人类文明的标志. 他们建立微积分的出发点是直观的无穷小量，但是尚缺乏逻辑严密的理论基础. 随后，数学家们又历经数百年的努力，具有严密体系的微积分理论才得以最终建立.

微积分的创立，具有划时代的意义. 微积分的重大意义体现在各个方面：首先，极大地推动了数学自身的发展；其次，广泛地应用到物理、化学、生物学、工程技术等其他学科上，甚至早已经渗透并应用到经济、金融、法学等人文学科中. 微积分对整个人类文化、文明产生了深刻而悠远的影响，有人评价：微积分在任何时候都可能是最伟大、最精巧和最崇高的人类发明之一，它为我们开辟了一个新世界.

微积分学是微分学和积分学的总称. 它是一种数学思想，“无限细分”就是微分，“无限累积”就是积分. 微积分的英文为calculus，而这个单词源于拉丁语calculus，它的原意是小石子，意思是用小石子进行计算、演算，表达这样的运算过程：分而又分(微分)，然后累积起来(积分).

19世纪，我国数学家李善兰根据东汉时期徐岳编撰的《数术记遗》中的“不辨积微之为量，讵晓百亿于大千”，将calculus翻译成“微积分”，实在贴切不过：微是无限细分，积是无限累积. 微积分正好由微分和积分两部分组成，这是我国数学名词翻译中信达雅的一例.

建立严密体系的微积分理论，实际上要从实数、函数与极限等基本概念开始.

第六章　实数系与函数

第一节　实数简介

数学的研究对象是数与形. 在数学史上，数的概念经过几千年的演变、发展以至于完善. 其中最值得一提的是公元前 500 年左右的毕达哥拉斯学派，他们认为宇宙的本质是数，相信任何量都是可公度的，即可以表示成两个整数之比. 他们由研究数的和谐性而知宇宙是和谐的.

有理数系在实践上确实是相当完美的一个数系，对于加、减、乘、除运算封闭，而且具有稠密性. 因此古希腊人曾设想它是同一条无限直线上的点相对应、由小到大连续排列的量的长河. 这种数的几何连续性的设想，呈现了算术与几何自然和谐的美妙图景. 但这种美妙的图景却被毕达哥拉斯学派的一个成员，名叫希帕索斯所打破，因为他发现了正方形的对角线不可公度. 于是，在他们眼中最糟糕的事情出现了，宇宙的和谐性被破坏了. 毕达哥拉斯学派的其他成员声称这是“αλογον”，意思是：这是荒谬的、无理性的、不合理的. 当然这个词也是双关语：这是不可言说的. 这件事史称“希帕索斯悖论”，也导致了希帕索斯本人被学派的其他成员淹死. 希帕索斯的发现，第一次揭示了有理数系的本质缺陷——不连续性. 它告诉我们有理数虽然稠密，但在数轴上同时也有“空隙”，读过实变函数论以后，我们还知道数轴上简直布满了“空隙”. 打个比方，让针尖随机地掉在数轴上，则针尖落在有理数点的概率为零. 这种空隙现在被称为无理数，当这种无理数填充进来以后，就成了连续的实数系.

我们为何要讨论数系的连续性呢？因为现代微积分理论的核心是严密的极限理论，而极限理论则要求数系是连续的. 严格的微积分理论主要是由法国数学家柯西借助于极限概念建立起来的，但是极限的基础需要明确的实数概念，极限的运算需要实数的连续性. 柯西定义实数是有理数序列的极限，按照其定义，所谓有理数有极限，即指预先存在一个确定的数，使它与序列中各数之差愈来愈小. 但这个预先存在之数为何物，从何而来，却不得而知，这就产生概念自身的循环. 因此必须在不依赖于极限的基础上独立地定义实数.

历史上主要有戴德金(Dedekind，1831—1916)用有理数分割方法，康托尔(Cantor，1845—1918)用有理数基本列方法以及魏尔斯特拉斯(Weierstrass，1815—1897)用无穷十进制小数方法来定义实数. 他们的定义形式尽管不同，实质上却是等价的. 这些构造性实数理论都是先从有理数出发去定义无理数，具体地说，数轴上有理点之间的所有空隙，都可以由有理数按一定方式确定，然后证明如此定义的实数具有原先熟知的实数性质，如实数的运算规则、大小关系、阿基米德性质，尤其是连续性.

此外，还有一种非构造性的公理化方法，来自公理化方法的倡导者希尔伯特，将实数应有的基本性质列为一个公理系统，然后将满足公理系统的对象定义为实数. 希尔伯特公理化下的实数理论等价于前述实数理论.

以上是我们开始讲微积分不得不论述的. 因此，实数由有理数与无理数构成，可用分数形式 p/q（p,q 为整数，$q\neq 0$）表示的称为**有理数**. 有理数也可用有限十进制小数或无限十进制循环小数来表示. 无限十进制不循环小数则称为**无理数**.

例 6-1 若 m 是素数，则$\sqrt{m}$是无理数.

证明 反证法. 假设 $\sqrt{m}$ 是有理数，则 $\sqrt{m}=p/q$，即

$$p^2=mq^2.$$

但平方数总有偶数个素因数，上式左边有偶数个素因数，右边有奇数个素因数，这与素因数分解的唯一性矛盾，因此上述等式不能成立. 证毕.

这个例子说明所有素数的平方根都是无理数，根据数论理论，因为素数有无穷多个，所以无理数有无穷多个，但这些无理数在所有无理数里面所占的比例少得可怜，用通俗的话来说，就是似有若无. 其他无理数，我们熟知的便是圆周率 π. 尽管 3000 多年前人们已经开始使用圆周率，但直到 1761 年，圆周率是无理数这个事实才被德国数学家兰伯特证明.

到了微积分出现以后，微积分独立创建者之一的莱布尼茨得到了如下的公式：

$$\frac{\pi}{4}=1-\frac{1}{3}+\frac{1}{5}-\frac{1}{7}+\frac{1}{9}-\frac{1}{11}+\cdots.$$

这个公式的意义是不言自明的. 特别地，它是一个等式，它告诉我们圆周率“是”什么，而不是“如是”什么. 莱布尼茨得到这个公式完全依赖于微积分这个有力工具，而在微积分中，“无穷”进入到运算里面，这是数学史上革命性的工作.

有了莱布尼茨公式以后，计算圆周率出现了许许多多的公式，例如欧拉曾经得到以下两个公式：

$$\sum_{n=1}^{\infty}\frac{1}{n^2}=\frac{\pi^2}{6},\quad \sum_{n=1}^{\infty}\frac{1}{n^4}=\frac{\pi^4}{90}.$$

在这里我们要特别提到印度天才数学家拉马努金，他得到公式：

$$\frac{1}{\pi}=\frac{2\sqrt{2}}{9801}\sum_{k=0}^{\infty}\frac{(4k)!(1103+26390k)}{(k!)^4 396^{4k}}.$$

这实在是一个匪夷所思的公式，然而它对于计算圆周率具有更快的收敛速度，每计算一项可得到 8 位的十进制精度. 1985 年，Gosper 利用这个公式得到圆周率的 17500000 位小数.

另外一个常用的无理数，就是自然底数 e. 把 π 和 e 这两个无理数放在一起，有一个

简洁精妙的公式：

$$e^{i\pi}+1=0.$$

这就是欧拉公式，其中 i 是纯虚数单位，满足 $i^2+1=0$. 这个精妙绝伦的公式被高斯称为数学美学的巅峰.

本节的最后，我们介绍一个有趣的数 $e^{\pi\sqrt{163}}$，它居然是一个整数 262537412640768744，足以令人惊奇吧！不过这个命题只能发布在每年的 4 月 1 日，因为

$$e^{\pi\sqrt{163}}=262537412640768743.99999999999925007259719818568887935\cdots,$$

实际上，这个拉马努金数是一个超越数（无理数基本上都是超越数），不过它确实近乎为一个整数(quasi integer).

第二节　函数的概念

函数是数学的一个基本概念，其概念的形成有较长的历史过程. 在古代数学中函数依赖的思想没有明显地表达出来，而且不是独立的研究对象. 函数概念的雏形在中世纪开始出现于学者的著作中. 1637 年前后，笛卡儿指出了平面上的点与实数对 (x,y) 之间的对应关系，这种相互依赖关系孕育了函数的思想. 在 17 世纪，在费马、笛卡儿、牛顿、莱布尼茨的工作中，函数作为一个独立的概念逐渐定型. 建立微积分的时候，数学家还没有明确函数的一般定义，绝大部分函数是被当作曲线来研究的. 而"函数"一词最早出现在莱布尼茨的著作中，用以表示随曲线上的点变动的量. 1718 年，约翰·伯努利定义函数为"由变量与常量以任何适当方式构成的量"，其中"任何方式"一词，据其自己解说是包括代数式和超越式而言，即如今所说的解析表达式. 1755 年，欧拉在《微分学》中给出函数的定义，即函数都能用解析式表示，这也是当时数学家普遍的看法. 直到 1807 年，傅立叶在研究热解析理论时，用三角级数表示更一般的函数后，函数才与其表达方式逐渐分离. 1837 年，狄利克雷用对应的观点给出了区间上的明确的函数定义，无需函数有解析表达式. 狄利克雷的定义沿用至今，有重要的影响. 函数即映射的定义则由戴德金于 1887 年给出. 19 世纪末，由于康托尔集合论的影响，数学家大多使用集合论语言给出函数概念更为抽象的表述，正如我们现在所采用的. 采用这样定义的好处在于其抽象性，因而得到广泛应用.

定义 6-1　设 X,Y 是两个给定的集合，f 是某个法则，若对集合 X 的任意元素 x，按照 f 总有集合 Y 中唯一确定的元素 y 与之对应，则称在集合 X 上定义一个**函数(映射)**，记为 $y=f(x)$，称为"函数 $y=f(x)$"或"y 是 x 的函数". 元素 x 称为**自变量**，元素 y 称为**因变量**，X 称为**定义域**，$f(X)=\{f(x)\mid x\in X\}$ 称为**值域**.

特别地，当 X,Y 均为实数的子集时，称函数 $y=f(x)$ 为一元实函数. 平面集合 $C=\{(x,y)\mid y=f(x),x\in X\}$ 称为函数 $y=f(x)$ 的图像.

例 6-2　在真空中的自由落体运动中，物体从高度为 h 处自由下落，下落的路程 s 与

下落时间 t 的关系如下：

$$s=\frac{1}{2}gt^2,\quad t\in[0,\sqrt{2h/g}].$$

其中，g 为重力加速度，可视为常量.

例 6-3 符号函数：

$$y=\operatorname{sgn}x=\begin{cases}-1, & x<0,\\ 0, & x=0,\\ 1, & x>0.\end{cases}$$

例 6-4 狄利克雷函数：

$$D(x)=\begin{cases}1, & x\in\mathbf{Q},\\ 0, & x\in\mathbf{R}-\mathbf{Q}.\end{cases}$$

其中，$\mathbf{R}$ 是实数集，$\mathbf{Q}$ 是有理数集.

例 6-5 开普勒方程：

$$y-x-\varepsilon\sin y=0,\quad 0<\varepsilon<1.$$

从天体力学上分析，y 依存于 x 的函数肯定存在，但在数学上写不出它的显式，也称隐函数.

第三节　函数的性质

下面是函数可能具有的某些几何特性，了解这些特性，有利于我们掌握函数的变化规律.

一、单调性

设函数 $y=f(x)$ 在区间 D 上有定义，若对于任意给定的 $x_1,x_2\in D,x_1<x_2$，都有

$$f(x_1)\leqslant f(x_2)(\text{或 } f(x_1)\geqslant f(x_2)),$$

则称函数 $y=f(x)$ 在 D 上**单调增加**（或**单调减少**）；若有

$$f(x_1)<f(x_2)(\text{或 } f(x_1)>f(x_2)),$$

则称函数 $f(x)$ 在 D 上**严格单调增加**（或**严格单调减少**）. 单调增加与单调减少的函数统称为**单调函数**，使函数 $f(x)$ 单调的区间称为单调区间.

二、有界性

设函数 $y=f(x)$ 在区间 D 上有定义，若存在正数 M，使得对于任意给定的 $x\in D$，有

$$|f(x)|\leqslant M,$$

则称函数 $f(x)$ 在 D 上**有界**；否则称函数 $f(x)$ 在 D 上**无界**.

例如，函数 $y=\sin x$ 在 $(-\infty,+\infty)$ 上是有界的；函数 $y=\dfrac{1}{x}$ 在 $(0,1]$ 上是无界的，而在 $(1,+\infty)$ 上则是有界的.

三、奇偶性

设函数 $y=f(x)$ 的定义域 D 为一关于原点对称的数集，对于任意给定的 $x\in D$，有：

(1)若 $f(-x)=f(x)$，则称函数 $f(x)$ 为**偶函数**；

(2)若 $f(-x)=-f(x)$，则称函数 $f(x)$ 为**奇函数**.

偶函数的图像关于 y 轴对称，奇函数的图像关于坐标原点对称. 例如，$y=x^2$ 在 $(-\infty,+\infty)$ 上是偶函数，而 $y=\sin x$ 在 $(-\infty,+\infty)$ 上是奇函数，如图 6-1(a)与图 6-1(b)所示.

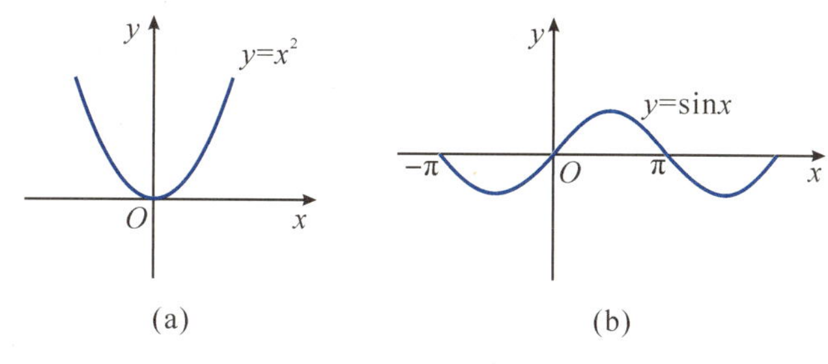

图 6-1

而函数 $y=\sin x+\cos x$ 则为非奇非偶函数. 一般地，定义在实轴上的函数都可以分解成一个偶函数与一个奇函数之和：

$$f(x)=\frac{f(x)+f(-x)}{2}+\frac{f(x)-f(-x)}{2}.$$

四、周期性

设函数 $y=f(x)$ 在区间 D 上有定义，若存在常数 $T>0$，使得对于任意给定的 $x\in D$，有

$$f(x+T)=f(x),$$

则称函数 $f(x)$ 为**周期函数**，T 称为 $f(x)$ 的一个**周期**. 若在 $f(x)$ 的所有周期中有一个最小的周期，则称此最小的周期为 $f(x)$ 的**基本周期**. 通常一个函数的周期就是指它的基本周期.

如 $y=\sin x$，$y=\cos x$ 是周期为 2π 的周期函数，$y=\tan x$ 是周期为 π 的周期函数，$y=\sin\omega x$ 的周期为 $2\pi/\omega$. 函数 $y=\sin^2 x$ 是周期函数，但可以证明 $y=\sin x^2$ 不是周期函数. 并非所有的周期函数都有最小正周期，例如狄利克雷函数、常数函数. 周期函数在长度为周期 T 的两个相邻区间上，函数图像有相同的形状.

例 6-6 设函数 $f(x)$ 是以 T 为周期的周期函数，求 $f(ax+b)$ 的周期，其中 a,b 为

常数，a 为正数.

解 因为

$$f(a(x+T/a)+b)=f(ax+T+b)=f(ax+b),$$

故 T/a 是 $f(ax+b)$ 的周期.

第四节 复合函数与反函数

许多客观事物都存在着复合关系，反映到函数中，则表现为变量间的依赖关系，这种关系抽象为复合函数的概念.

定义 6-2 设 $y=f(u)(u\in U)$，$u=g(x)(x\in X, u=g(x)\in U_1)$，若 $U_1\subset U$，则称 $y=f(g(x))$，$x\in X$ 为 $y=f(u)$ 和 $u=g(x)$ 的**复合函数**，称 u 为中间变量. 通常称 $u=g(x)$ 为内函数，$y=f(u)$ 为外函数，内函数的值域应包含于外函数的定义域中.

例 6-7 设 $y=f(u)=\sqrt{1+u}$，$u=g(x)=x^2-10$，求 $y=f(g(x))$ 及其定义域 X.

解 $y=f(g(x))=\sqrt{1+x^2-10}=\sqrt{x^2-9}$，定义域 X 应满足：$x^2-9\geqslant 0$，即 $x\geqslant 3$ 或 $x\leqslant -3$.

例 6-8 设函数 $f(x)$ 满足：$f(f(x))=x^2-x+1$，求 $f(0)$.

解 据已知条件很难求出函数的解析表达式，但由条件得 $f(f(0))=f(f(1))=1$，有

$$f^2(1)-f(1)+1=f(f(f(1)))=f(1),$$

解此式得 $f(1)=1$，因此

$$f^2(0)-f(0)+1=f(f(f(0)))=f(1)=1,$$

即 $f(0)=0$，或 $f(0)=1$. 但若 $f(0)=0$，则 $f(f(0))=f(0)=0$，矛盾. 所以 $f(0)=1$.

定义 6-3 函数 $y=f(x)$，$x\in X$，$y\in Y$ 作为一个映射，如果其逆映射存在，则称此逆映射为**反函数**，记作 $x=f^{-1}(y)$，$y\in Y$.

习惯上用 x 表示自变量，y 表示因变量，所以常把上述反函数改写成 $y=f^{-1}(x)$. 如函数 $y=\sqrt[3]{x}$ 是 $y=x^3$ 的反函数，$y=\log_a x(a>0, a\neq 1)$ 是 $y=a^x$ 的反函数.

从函数、反函数的定义可知，反函数的定义域是原函数的值域，反函数的值域是原函数的定义域. 从图像上看，函数 $y=f(x)$ 与其反函数 $y=f^{-1}(x)$ 的图像关于直线 $y=x$ 对称. 但请留意，函数 $y=f(x)$ 与反函数 $x=f^{-1}(y)$ 具有相同的图像.

例 6-9 设函数 $y=f(x)=2x+4$，求其反函数.

解 由 $y=2x+4$ 得 $x=\dfrac{y}{2}-2$，因此反函数为 $x=\dfrac{y}{2}-2$. 或者将上式 x, y 互换后得反函数

$$y=f^{-1}(x)=\frac{x}{2}-2.$$

例 6-10 设 $f(x)=\begin{cases}x-1, & x<0,\\ x^2, & x\geqslant 0,\end{cases}$ 求 $f^{-1}(x)$.

解 当 $x<0$ 时,由方程 $y=x-1$ 解得 $x=y+1,y<-1$;当 $x\geqslant 0$ 时,由方程 $y=x^2$ 解得 $x=\sqrt{y},y\geqslant 0$. 即

$$x=f^{-1}(y)=\begin{cases}y+1, & y<-1,\\ \sqrt{y}, & y\geqslant 0.\end{cases}$$

按照习惯记号,将上述 x,y 位置互换即得

$$y=f^{-1}(x)=\begin{cases}x+1, & x<-1,\\ \sqrt{x}, & x\geqslant 0.\end{cases}$$

其图像如图 6-2 所示.

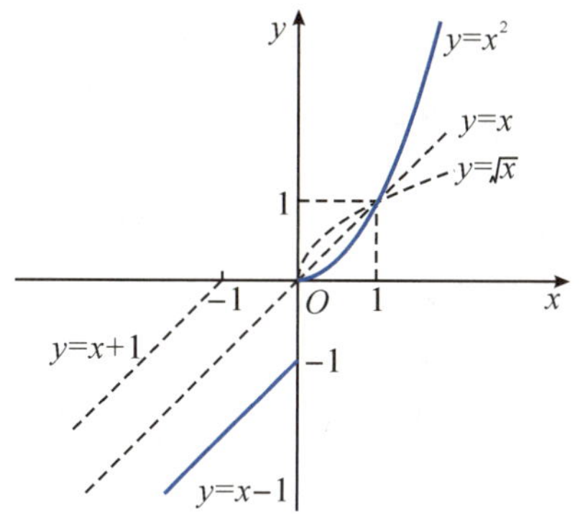

图 6-2

定理 6-1(反函数存在定理) 若函数 $y=f(x)$ 是严格单调增加(减少)的,则其反函数 $x=f^{-1}(y)$ 存在,而且也是严格单调增加(减少)的.

函数 $y=\sin x,x\in\left[-\frac{\pi}{2},\frac{\pi}{2}\right]$是严格单调增加函数,因此有反函数 $x=\arcsin y$,其中 $y\in[-1,1]$,习惯上记为 $y=\arcsin x,x\in[-1,1]$,称为反正弦函数. 同理,我们可以得到反余弦函数,$y=\arccos x,x\in[-1,1]$,以及反正切函数和反余切函数.

第五节 初等函数

我们所研究的函数通常是基于一些最基本的函数,包括常数函数、幂函数、指数函数、对数函数、三角函数和反三角函数等.

(1)常数函数:$y=f(x)=C\quad(C$ 为常数$),\quad x\in\mathbf{R}$.

(2)幂函数:$y=f(x)=x^{\alpha}$,定义域由常数 α 确定,且总包含区间$(0,+\infty)$.

(3)指数函数:$y=f(x)=a^x\quad(a>0,a\neq 1),\quad x\in\mathbf{R}$.

(4)对数函数:$y=f(x)=\log_a x\quad(a>0,a\neq 1),\quad x\in(0,+\infty)$.

(5)三角函数：$y=\sin x,\quad x\in\mathbf{R}$；

$y=\cos x,\quad x\in\mathbf{R}$；

$y=\tan x,\quad x\in\left(k\pi-\frac{\pi}{2},k\pi+\frac{\pi}{2}\right),\quad k\in\mathbf{Z}$；

$y=\cot x,\quad x\in(k\pi,k\pi+\pi),\quad k\in\mathbf{Z}$.

(6)反三角函数：$y=\arcsin x,\quad x\in[-1,1]$；

$y=\arccos x,\quad x\in[-1,1]$；

$y=\arctan x,\quad x\in\mathbf{R}$；

$y=\operatorname{arccot} x,\quad x\in\mathbf{R}$.

以上六类函数统称为**基本初等函数**. 由基本初等函数经过**有限次**四则运算和复合运算所得到的函数统称为**初等函数**,否则称为非初等函数.

一般来说,分段函数不是初等函数,如前面提到的符号函数. 但个别分段函数除外,如绝对值函数 $f(x)=|x|$,它是由 $y=\sqrt{u}$,$u=x^2$ 复合而成的,所以该函数是初等函数.

初等函数乃是拟合自然界万千物质形态、运动,模拟社会与经济量的精密而有效的语言工具. 然而初等函数也具有很大的局限性,因为事实说明,在现代自然科学中,物质的运动状态基本上不能用初等函数来描述,在数学、物理和微分方程中,大量的解不是初等函数可表示的. 因此理解并应用函数即映射这一概念,成为现代数学科学的首要任务.

习题六

1. 判断下列各组函数是否为同一函数：

(1)$y=x$ 与 $y=\sqrt{x^2}$；

(2)$y=x$ 与 $y=\sqrt[3]{x^3}$；

(3)$y=x+3$ 与 $\eta=\xi+3$；

(4)$y=\frac{x^2-1}{x+1}$与 $y=x-1$；

(5) $y=\ln x^2$ 与 $y=2\ln x$；

(6) $y=\sin x^2$ 与 $y=\sin^2 x$.

2. 求下列函数的定义域：

(1)已知 $f(x)=\ln\frac{1-x}{1+x}$；

(2)已知 $f(x)=\sqrt{\ln(x^2-1)}$；

(3) $f(x)=\arcsin(2x-1)$；

(4) $f(x)=\frac{\sqrt{x}}{\sin x}$；

(5) $f(x)=\sqrt{\cos x-1}$；

(6) $f(x)=\sqrt{x^2(x-1)^3}$.

3. 讨论下列函数的值域：

(1) $y=\sqrt{2+x-x^2}$;

(2) $y=\sin(x+\sqrt{2})$;

(3) $y=\dfrac{x^2}{x^2+1}$;

(4) $y=\arccos\dfrac{2x}{1+x^2}$.

4. 求下列复合函数:

(1)已知 $f(x)=\dfrac{1-x}{1+x}$,求 $f(f(x))$,$f\left(\dfrac{1}{f(x)}\right)$;

(2)已知 $f(x)=\dfrac{x}{\sqrt{1+x^2}}$,求 $f(f(x))$.

5. 记 $f_n(x)=f(f(\cdots f(x)))$,若 $f(x)=\dfrac{x}{\sqrt{1+x^2}}$,求 $f_n(x)$.

6. 设 $f\left(x-\dfrac{1}{x}\right)=x^2+x^{-2}+5$,求 $f(x)$.

7. 若 $f(f(x))=\dfrac{1+x}{2+x}$,求 $f(x)$.

8. 求下列函数的反函数:

(1) $y=\sqrt{4-x^2}$, $x\in[0,2]$;

(2) $y=2\sin\dfrac{x}{3}$, $x\in[0,\pi]$;

(3) $y=\begin{cases}x, & x<1,\\ x^2, & 1\leqslant x\leqslant 4,\\ e^x, & x>4;\end{cases}$

(4) $y=(1+x^2)\operatorname{sgn} x$.

9. 若 $f(x)$在其定义域上满足:$f(x)=f(2a-x)$,则称 $f(x)$的图像关于直线 $x=a$ 对称. 证明:若 $f(x)$的图像关于直线 $x=a$,$x=b$ 对称,则 $f(x)$为一周期函数.

10. 证明下列函数不是周期函数:

(1) $y=\sin 2x+\sin \pi x$;

(2) $y=\sin x^2$.

11. 证明函数 $y=\dfrac{x^2}{1+x^2}$ 在整个实轴上有界,并问有无最大、最小值.

12. 设 $x=t^2$,$y=t^3$,请写出 x,y 的函数关系式,并画出图像.

13. 设一个无盖的圆柱形容器的容积为 V,试将其表面积表示为底半径的函数.

14. 拟建一个容积为 V 的长方体水池,设它的底为正方形,如果池底单位面积的造价是四周单位面积造价的 2 倍,试将总造价 y 表示成底边长 x 的函数.

第七章　极限与连续

第一节　极限与存在

极限是在研究变量的变化趋势时所引出的一个非常重要的概念，连续、导数、定积分都建立在极限的基础上，因此极限是微积分学的基石.

早在春秋战国时期，《庄子·天下篇》中载有这样一段话“一尺之棰，日取其半，万世不竭”. 它包含着朴素的极限概念，一尺长的棍子，日取其半，则所剩下的部分为

$$\frac{1}{2},\quad \frac{1}{4},\quad \cdots,\quad \frac{1}{2^n},\quad \cdots.$$

显然，当 n 无限增大时，这一数列尽管永远不会等于 0，但会无限地接近于 0.

三国时代数学家刘徽采取“割圆术”，用正多边形的周长近似圆周长，发现正多边形边数越多，所得圆周率越精确. 南北朝时期的祖冲之在刘徽的基础上，通过计算圆内接正 24576 边形，得到圆周率的值介于 3.1415926 和 3.1415927 之间. 这样的过程一直可以继续，所得圆周率也会越来越精确，但不会是圆周率(极限)本身.

可是历史上严格极限概念的建立要远远地晚于 17 世纪微积分的创立. 17 世纪的微积分理论建立于含糊不清的无穷小概念之上，无穷小在零与非零之间飘忽不定，陷于逻辑矛盾之中. 因为这个缘故，微积分虽然取得巨大成就，却也备受攻击.

当极限没有确切概念的时候，将会出现什么情况？我们举几个例子来说明.

引例 7-1　求 $\sqrt{2+\sqrt{2+\sqrt{2+\cdots}}}$.

解　数学中对于未知的量，常常设未知数来求解方程. 因此可设

$$\sqrt{2+\sqrt{2+\sqrt{2+\cdots}}}=x,$$

两边平方后可得

$$2+\sqrt{2+\sqrt{2+\sqrt{2+\cdots}}}=x^2.$$

根据假设，即得 $2+x=x^2$. 因此 $x=2$.

上例求解过程对于未习高等数学者，可谓巧妙. 但是却存在逻辑漏洞，因为用同样的逻辑演绎，对不同情形可得荒谬结论.

引例 7-2　求 $2\times2\times2\times\cdots\times2\times\cdots$.

解　同样设 $2\times2\times\cdots\times2\times\cdots=x$，则 $2\times(2\times2\times\cdots\times2\times\cdots)=x$，亦即 $2x=x$，因

此 $x=0$. 这当然是极荒谬的结论.

但问题出在哪里呢？其实问题出在假设上，预先假设了这个极限存在，而实际不存在. 因此这里涉及的是极限及其存在性的问题. 以不存在为存在或以存在为不存在都是荒谬的. 所以对于极限，应当建立严格的定义，避免因直观带来的错误.

引例 7-3 已知 $x^{x^{x^{\cdot^{\cdot^{\cdot}}}}}=4$，求正数 x.

解 我们先用上述方法来做，由已知条件我们得 $x^4=4$，因此 $x=\sqrt{2}$. 那么这个得数到底对不对呢？我们不妨再看下面一则相仿的例子.

引例 7-4 已知 $x^{x^{x^{\cdot^{\cdot^{\cdot}}}}}=2$，求正数 x.

解 我们用同样方法得 $x^2=2$，因此 $x=\sqrt{2}$.

由以上引例 7-3 和引例 7-4，我们感觉到一定有某个地方出了问题. 那么到底是哪个地方出了问题呢？其实这都涉及引例 7-1 和引例 7-2 提到的问题，就是极限的存在性问题. 因此，极限究竟是什么就显得既必要又重要.

第二节 数列极限

按照一定顺序排列的可列个数 $a_1,a_2,\cdots,a_n,\cdots$ 称为**数列**，记为 $\{a_n\}$，其中 a_n 称为第 n 项或**通项**，n 称为 a_n 的序号. 本节考虑当 n 无限增大时，数列 $\{a_n\}$ 变化的趋势. 例如，数列 $\left\{\dfrac{1}{2^n}\right\}$，$\left\{1+(-1)^n\dfrac{1}{n}\right\}$ 和 $\left\{\dfrac{2n+1}{n}\right\}$，当 n 无限增大时，其分别趋近于 0，1 和 2.

通俗地，有如下数列极限的定义.

定义 7-1 设 A 为常数，如果当 n 无限增大时，数列 $\{a_n\}$ 的通项 a_n 无限地接近于常数 A，则称该数列**收敛**，A 为其极限，并记为

$$\lim_{n\to\infty}a_n=A \quad 或 \quad a_n\to A(n\to\infty);$$

否则，称数列 $\{a_n\}$ **发散**.

根据极限无穷的思想，让我们先来帮一位富翁解决他的遗产问题.

例 7-1 有一大富翁拥有一枚价值连城的钻戒，临死立下遗嘱，在保留此钻戒的情况下，要将此物完全平均地分给两个儿子. 试问应该如何均分这一稀世之宝？

解 根据遗嘱，不能变卖(否则钻戒将成为他人所有)，更不能打破成两半(否则失去价值). 我们尝试利用极限的思想来解决这一难题. 大富翁去世之后，钻戒第一天由大儿子保管，第二天则转交由小儿子保管，第三天继续由大儿子保管，第四天再由小儿子保管，依次继续，则这枚价值连城的钻戒在两兄弟之间得到了均分.

理由 设 n 天后，大儿子和小儿子在这段时间内所拥有的价值分别为 a_n 和 b_n，则

$$a_n=\frac{\left[\dfrac{n}{2}\right]+\dfrac{1+(-1)^{n+1}}{2}}{n},\quad b_n=\frac{\left[\dfrac{n}{2}\right]}{n}.$$

显然，
$$\lim_{n\to\infty}a_n=\lim_{n\to\infty}b_n=\frac{1}{2}.$$

注 中国古人将这一极限思想智慧地运用到生活实际中．始于宋代的族田制度，就是将设立的族田世代相传，不可私自买卖，使得后裔中穷困潦倒者，亦有所依靠．

例 7-2 求 $\lim\limits_{n\to\infty}(\sqrt{n+1}-\sqrt{n})$．

解 $\lim\limits_{n\to\infty}(\sqrt{n+1}-\sqrt{n})=\lim\limits_{n\to\infty}\dfrac{1}{\sqrt{n+1}+\sqrt{n}}=0.$

上述所举数列的变化趋势是容易观察到的，但是更多数列的变化趋势很难直接观察得到，如 $\{n^{1/n}\}$，$\left\{n\sin\dfrac{1}{n}\right\}$，$\left\{\dfrac{1}{\ln(1+1/n)}+\dfrac{1}{\ln(1-1/n)}\right\}$，考察这些数列的变化趋势就不能仅仅凭借直观的观察．所以，极限定义不能停留在直观上．因为数列极限是趋向无穷时数列的变化趋势，这就涉及对无穷的理解．在哲学、数学历史上对无穷的辩论和理解也是十分有意思的．总体来讲，有实无穷和潜无穷之分．在古希腊哲学中，柏拉图视无穷为实在的存在，而亚里士多德则视无穷为潜在的存在．严格定义的极限概念，就是将实在的存在以潜在的存在形式表述出来，同时给出了一个可定量分析的不等式．

现用“$\varepsilon-N$”语言给出严格定义：

定义 7-2 设 A 为常数，如果对于任意给定的正数 ε，总存在正整数 N，当 $n>N$ 时，有 $|a_n-A|<\varepsilon$，则称数列 $\{a_n\}$ 收敛，且以 A 为**极限**，记作
$$\lim_{n\to\infty}a_n=A \quad 或 \quad a_n\to A(n\to\infty).$$

下面我们从一个例题分析来解释“$\varepsilon-N$”语言，从而加深对这个概念的理解．

设数列 $u_n=1+\dfrac{1}{n}$，不难看出，当 n 无限增大时，u_n 与 1 无限接近．如何刻画这种无限接近呢？

要使得 $|u_n-1|=\dfrac{1}{n}<0.01$，只需找到 $N=100$，当 $n>100$ 时，其后所有的项 u_{101}，u_{102}，u_{103}，…与 1 的距离都小于 0.01；要使得 $|u_n-1|=\dfrac{1}{n}<0.001$，可令 $N=1000$，当 $n>1000$ 时，其后所有的项 u_{1001}，u_{1002}，u_{1003}，…与 1 的距离都小于 0.001．如果仅仅停留于此，我们尚且不能说明 u_n 与 1 无限接近这个事实，所以，我们要一直无休止地说下去．要避免这种状况，定义中这个“任意给定的整数 ε”，就非常关键，它可以替代上述的 0.1，0.01，0.001，0.0001，…．所以，更一般地，对任意给定的 $\varepsilon>0$，要使 $|u_n-1|<\varepsilon$ 成立，也即 $\dfrac{1}{n}<\varepsilon$，只要 $n>\dfrac{1}{\varepsilon}$ 即可．故可取自然数 $N=[1/\varepsilon]$，当 $n>N$ 时，总有 $|u_n-1|<\varepsilon$．于是，按分析定义有 $\lim\limits_{n\to\infty}u_n=1$．

这个极限的定义非常思辨，对于给定小的 ε，就去找对应的 N，而整个极限的无限过程尽在“$\varepsilon-N$”所体现的思辨思想之中．数学需要哲学思想，但又不同于哲学．极限的定

义不仅表达了哲学思辨的思想，同时也给出了定量可分析的工具(此处的不等式)，使得极限这个实在的存在以可数量化的潜在存在的形式表达出来. 下面我们再举一例.

例 7-3 按定义证明 $\lim\limits_{n\to\infty}\sqrt[n]{n}=1$.

证明 显然 $\sqrt[n]{n}>1$，故可令 $\sqrt[n]{n}=1+x_n$， $x_n>0$，因此

$$n=(1+x_n)^n=1+nx_n+\frac{n(n-1)}{2}x_n^2+\cdots+x_n^n>1+\frac{n(n-1)}{2}x_n^2,$$

即得，$x_n<\sqrt{2/n}$. 这样，$\left|\sqrt[n]{n}-1\right|=x_n<\sqrt{2/n}$.

按照定义要求，对于任意给定的正数 ε，要找相应的正整数 N，使得当 $n>N$ 时，$\left|\sqrt[n]{n}-1\right|<\varepsilon$. 因此，通过不等式 $\sqrt{2/n}<\varepsilon$，得 $n>2/\varepsilon^2$. 故取 $N=[2/\varepsilon^2]$，当 $n>N$ 时，$\left|\sqrt[n]{n}-1\right|=x_n<\sqrt{2/n}<\varepsilon$.

一、数列极限的几何解释

若 $\lim\limits_{n\to\infty}u_n=A$，那么对于任意给定的正数 ε，总存在一个自然数 N，使得数列 u_n 中第 $N+1$项后所有项所表示的点，即 $u_{N+1},u_{N+2},u_{N+3},\cdots$都落在点 A 的开区间$(A-\varepsilon,A+\varepsilon)$内，此区间称为 A 的 ε-邻域.

也就是说，若 $\lim\limits_{n\to\infty}u_n=A$，那么在点 A 的 ε-邻域外，只有数列 u_n 的有限项.

二、数列极限的性质

定理 7-1(有界性) 若数列 $\{u_n\}$ 收敛，则一定存在 $M>0$，使得对任意的 n，有 $|u_n|\leqslant M$. 即**收敛数列必有界**.

这是数列收敛的必要条件，如果已知一个数列无界，则它一定不收敛. 如 $\{n^2\}$ 是无界数列，所以它是发散的. 反之不一定成立，即**数列有界，但不一定收敛**. 如数列 $\{1-(-1)^n\}$ 有界但无极限.

定理 7-2(唯一性) 若数列 $\{u_n\}$ 收敛，则其极限值唯一. 即如果 $\lim\limits_{n\to\infty}u_n=A$，$\lim\limits_{n\to\infty}u_n=B$，则 $A=B$.

定理 7-3(保号性) 设 $\lim\limits_{n\to\infty}u_n=A$，$\lim\limits_{n\to\infty}v_n=B$，且 $A>B$，则一定存在自然数 N，当 $n>N$ 时，有不等式 $u_n>v_n$ 恒成立.

定理 7-4(夹逼性) 如果数列 x_n，y_n 及 z_n 满足下列条件：

(1) $x_n\leqslant y_n\leqslant z_n$；

(2) $\lim\limits_{n\to\infty}x_n=a$，$\lim\limits_{n\to\infty}z_n=a$，

那么数列 y_n 的极限存在，且 $\lim\limits_{n\to\infty}y_n=a$.

以上性质可用“$\varepsilon-N$”语言证明，读者可作为练习自行证明.

定理 7-5 **单调有界数列必有极限**,即单调增加有上界(单调减少有下界)数列必有极限.

定理 7-6(极限的四则运算) 设 $\lim\limits_{n\to\infty}u_n = A$,$\lim\limits_{n\to\infty}v_n = B$,$k$ 为常数,则有:

(1) $\lim\limits_{n\to\infty}ku_n = k\lim\limits_{n\to\infty}u_n = kA$;

(2) $\lim\limits_{n\to\infty}(u_n \pm v_n) = \lim\limits_{n\to\infty}u_n \pm \lim\limits_{n\to\infty}v_n = A \pm B$;

(3) $\lim\limits_{n\to\infty}(u_n \cdot v_n) = \lim\limits_{n\to\infty}u_n \cdot \lim\limits_{n\to\infty}v_n = A \cdot B$;

(4) $\lim\limits_{n\to\infty}\dfrac{u_n}{v_n} = \dfrac{\lim\limits_{n\to\infty}u_n}{\lim\limits_{n\to\infty}v_n} = \dfrac{A}{B}\quad (B \neq 0)$.

例 7-4 求下列数列的极限:

$$x_1 = \sqrt{2},\quad x_2 = \sqrt{2\sqrt{2}},\quad x_3 = \sqrt{2\sqrt{2\sqrt{2}}},\quad \cdots.$$

解 一般地,有递推式 $x_{n+1} = \sqrt{2x_n}$. 首先易见,这是一个单调增加数列,其次用数学归纳法可证 $x_n < 2$. 根据定理 7-4,数列极限存在. 对递推式两边取极限,得数列极限为 2.

例 7-5 求 $\lim\limits_{n\to\infty}\left(\dfrac{1}{n^2} + \dfrac{2}{n^2} + \cdots + \dfrac{n}{n^2}\right)$.

解 $\lim\limits_{n\to\infty}\left(\dfrac{1}{n^2} + \dfrac{2}{n^2} + \cdots + \dfrac{n}{n^2}\right) = \lim\limits_{n\to\infty}\dfrac{1+2+3+\cdots+n}{n^2} = \lim\limits_{n\to\infty}\dfrac{(1+n)n}{2n^2} = \dfrac{1}{2}$.

例 7-6 求 $\lim\limits_{n\to\infty}\left(\dfrac{1}{\sqrt{n^2+1}} + \dfrac{1}{\sqrt{n^2+2}} + \cdots + \dfrac{1}{\sqrt{n^2+n}}\right)$.

解 因为

$$\frac{n}{\sqrt{n^2+n}} < \frac{1}{\sqrt{n^2+1}} + \cdots + \frac{1}{\sqrt{n^2+n}} < \frac{n}{\sqrt{n^2+1}},$$

由夹逼性定理,

$$\lim_{n\to\infty}\left(\frac{1}{\sqrt{n^2+1}} + \frac{1}{\sqrt{n^2+2}} + \cdots + \frac{1}{\sqrt{n^2+n}}\right) = 1.$$

例 7-7 求 $\lim\limits_{n\to\infty}\left(\dfrac{\sqrt{1\cdot 2}}{n^2+1} + \dfrac{\sqrt{2\cdot 3}}{n^2+2} + \cdots + \dfrac{\sqrt{n\cdot(n+1)}}{n^2+n}\right)$.

解 一方面,

$$\frac{\sqrt{1\cdot 2}}{n^2+1} + \frac{\sqrt{2\cdot 3}}{n^2+2} + \cdots + \frac{\sqrt{n\cdot(n+1)}}{n^2+n} < \frac{2+3+\cdots+(n+1)}{n^2+1} \to \frac{1}{2},$$

另一方面,

$$\frac{\sqrt{1\cdot 2}}{n^2+1} + \frac{\sqrt{2\cdot 3}}{n^2+2} + \cdots + \frac{\sqrt{n\cdot(n+1)}}{n^2+n} > \frac{1+2+3+\cdots+n}{n^2+n} \to \frac{1}{2},$$

因此,由夹逼性定理,

$$\lim_{n\to\infty}\left(\frac{\sqrt{1\cdot 2}}{n^2+1} + \frac{\sqrt{2\cdot 3}}{n^2+2} + \cdots + \frac{\sqrt{n\cdot(n+1)}}{n^2+n}\right) = \frac{1}{2}.$$

例 7-8 求 $\lim\limits_{n\to\infty}\sqrt{n}(\sqrt{n+1}-\sqrt{n})$.

解 $\lim\limits_{n\to\infty}\sqrt{n}(\sqrt{n+1}-\sqrt{n})=\lim\limits_{n\to\infty}\dfrac{\sqrt{n}}{\sqrt{n+1}+\sqrt{n}}=\lim\limits_{n\to\infty}\dfrac{1}{1+\sqrt{1+1/n}}=\dfrac{1}{2}$.

第三节　函数极限

一、函数极限的概念

直观地，函数 $f(x)=1/x$，当 $x\to\infty$ 时，$1/x$ 会无限地趋近于 0，我们称 0 为函数 $f(x)=1/x$ 当 $x\to\infty$ 时的极限. 一般地，有如下定义.

定义 7-3 设 A 为常数，当自变量 x 无限增大时，函数值 $f(x)$ 无限地接近 A，则称 A 为 $f(x)$ 当 x 趋于正无穷时的极限，记作

$$\lim_{x\to+\infty}f(x)=A \quad 或 \quad f(x)\to A(x\to+\infty).$$

相应地，当 $-x$ 无限增大时，函数值 $f(x)$ 无限地接近 A，则称 A 为 $f(x)$ 当 x 趋于负无穷时的极限，记作

$$\lim_{x\to-\infty}f(x)=A \quad 或 \quad f(x)\to A(x\to-\infty).$$

当 $|x|$ 无限增大时，函数值 $f(x)$ 无限地接近 A，则称 A 为 $f(x)$ 当 x 趋于无穷时的极限，记作

$$\lim_{x\to\infty}f(x)=A \quad 或 \quad f(x)\to A(x\to\infty).$$

例如，$\lim\limits_{x\to+\infty}\arctan x=\dfrac{\pi}{2}$，$\lim\limits_{x\to-\infty}\arctan x=-\dfrac{\pi}{2}$，但 $\lim\limits_{x\to\infty}\arctan x$ 不存在.

定义 7-4 设 A 为常数，若对任意的 $\varepsilon>0$，存在正数 M，当 $|x|>M$ 时，$|f(x)-A|<\varepsilon$，则称函数 $f(x)$ 当自变量 x 趋于无穷大时以 A 为极限，记作

$$\lim_{x\to\infty}f(x)=A \quad 或 \quad f(x)\to A(x\to\infty).$$

类似地，可定义 $\lim\limits_{x\to+\infty}f(x)=A$ 和 $\lim\limits_{x\to-\infty}f(x)=A$.

设 x_0 为有限点，称点集 $\{x|0<|x-x_0|<\delta\}$ 为点 x_0 的 δ-去心邻域，记为 $\mathring{U}(x_0,\delta)$. 当 $x\to x_0$ 时函数 $f(x)$ 的极限，我们用"$\varepsilon-\delta$"语言定义如下.

定义 7-5 设函数 $f(x)$ 在点 x_0 的某个去心邻域内有定义，A 为常数，如果对于任意给定的 $\varepsilon>0$，总存在 $\delta>0$，使得当 $x\in\mathring{U}(x_0,\delta)$ 时，都有 $|f(x)-A|<\varepsilon$，则称函数 $f(x)$ 当 x 趋于 x_0 时以 A 为极限，记作

$$\lim_{x\to x_0}f(x)=A \quad 或 \quad f(x)\to A(x\to x_0).$$

例 7-9 按极限定义证明 $\lim\limits_{x\to1}\dfrac{\sqrt{x}-1}{x-1}=\dfrac{1}{2}$.

证明 首先，$\left|\frac{\sqrt{x}-1}{x-1}-\frac{1}{2}\right|=\left|\frac{x-1}{2(\sqrt{x}+1)^2}\right|$. 其次，由于 $x\to1$，故不妨限定 $x\in(0,2)$，此时 $(\sqrt{x}+1)^2>1$，从而 $\left|\frac{\sqrt{x}-1}{x-1}-\frac{1}{2}\right|<\left|\frac{x-1}{2}\right|$. 于是对于任意给定的 $\varepsilon>0$，欲使 $\left|\frac{\sqrt{x}-1}{x-1}-\frac{1}{2}\right|<\varepsilon$，仅需 $\left|\frac{x-1}{2}\right|<\varepsilon$. 因此只需取 $\delta=2\varepsilon$ 即可，得证.

由定义知，函数 $f(x)$ 在点 x_0 的极限只关心 $f(x)$ 在 x_0 点附近的变化趋势等性质，而与 $f(x)$ 在 x_0 点处是否有定义无关. 其几何意义见图 7-1，即当 $x\in\mathring{U}(x_0,\delta)$ 时，$f(x)$ 的图像都在 $y=A-\varepsilon$ 与 $y=A+\varepsilon$ 之间的横条区域内.

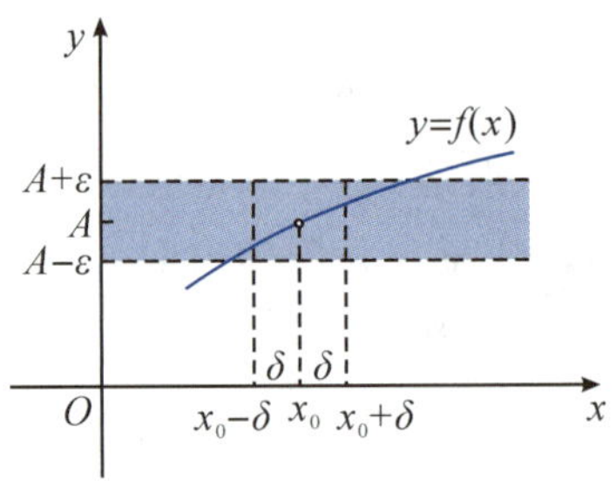

图 7-1

函数 $f(x)$ 在点 x_0 的极限存在，要求 x 从点 x_0 的左、右两侧趋于 x_0 时，函数 $f(x)$ 都趋向于同一个常数 A. 但有时还需考虑仅从点 x_0 的一侧趋于 x_0 时函数的极限，如函数 $y=\sqrt{x}$ 在 $x_0=0$ 处，只能考虑当 $x>0$ 而趋于 0 时的极限. 一般地，若当 x 从点 x_0 的右侧趋于 x_0 时，函数 $f(x)$ 趋向于常数 A，则称 A 为 $f(x)$ 当 x 趋于 x_0 时的**右极限**，记作

$$\lim_{x\to x_0^+}f(x)=A \quad 或 \quad f(x)\to A(x\to x_0^+).$$

同样地，若当 x 从点 x_0 的左侧趋于 x_0 时，函数 $f(x)$ 趋向于常数 A，则称 A 为 $f(x)$ 当 x 趋于 x_0 时的**左极限**，记作

$$\lim_{x\to x_0^-}f(x)=A \quad 或 \quad f(x)\to A(x\to x_0^-).$$

读者不难用"$\varepsilon-\delta$"语言给出上述左、右极限的严格数学定义. 显然，函数 $f(x)$ 在点 x_0 的极限存在的充分必要条件是函数 $f(x)$ 在点 x_0 的左、右极限都存在而且相等.

例 7-10 讨论符号函数 $f(x)=\operatorname{sgn}x$ 在点 $x=0$ 处的极限.

解 根据左、右极限定义，$\lim\limits_{x\to0^+}f(x)=1$，$\lim\limits_{x\to0^-}f(x)=-1$. 因为在点 $x=0$ 处的左、右极限不相等，所以 $f(x)$ 在点 $x=0$ 处极限不存在.

二、函数极限的性质与运算

定理 7-7(唯一性) 若 $\lim\limits_{x\to x_0}f(x)=A$，$\lim\limits_{x\to x_0}f(x)=B$，则 $A=B$.

定理 7-8(局部有界性) 若 $\lim\limits_{x\to x_0}f(x)=A$，则存在 x_0 的去心邻域 $\mathring{U}(x_0,\delta)$ 和 $M>0$，

使得对任意给定的 $x \in \mathring{U}(x_0, \delta)$，有 $|f(x)| \leqslant M$.

定理 7-9(保号性) 若 $\lim\limits_{x \to x_0} f(x) = A$，且 $A > 0$(或 $A < 0$)，则存在 $\delta > 0$，使得对任意给定的 $x \in \mathring{U}(x_0, \delta)$，有 $f(x) > 0$(或 $f(x) < 0$).

推论 7-1 若在 x_0 某去心邻域 $\mathring{U}(x_0, \delta)$ 内，有 $f(x) \geqslant 0$(或 $f(x) \leqslant 0$)，且 $\lim\limits_{x \to x_0} f(x) = A$，则 $A \geqslant 0$(或 $A \leqslant 0$).

定理 7-10(夹逼定理) 设 $f(x), g(x), h(x)$ 在去心邻域 $\mathring{U}(x_0, \delta)$ 内有定义，且满足：

(1)对任意给定的 $x \in \mathring{U}(x_0, \delta)$，有 $g(x) \leqslant f(x) \leqslant h(x)$；

(2) $\lim\limits_{x \to x_0} g(x) = \lim\limits_{x \to x_0} h(x) = A$，

则
$$\lim_{x \to x_0} f(x) = A.$$

定理 7-11(四则运算法则) 若 $\lim\limits_{x \to x_0} f(x) = A, \lim\limits_{x \to x_0} g(x) = B$，则

(1) $\lim\limits_{x \to x_0} [f(x) \pm g(x)] = \lim\limits_{x \to x_0} f(x) \pm \lim\limits_{x \to x_0} g(x) = A \pm B$；

(2) $\lim\limits_{x \to x_0} [f(x) \cdot g(x)] = \lim\limits_{x \to x_0} f(x) \cdot \lim\limits_{x \to x_0} g(x) = A \cdot B$；

(3) $\lim\limits_{x \to x_0} \dfrac{f(x)}{g(x)} = \dfrac{\lim\limits_{x \to x_0} f(x)}{\lim\limits_{x \to x_0} g(x)} = \dfrac{A}{B} \quad (B \neq 0)$.

注 以上性质我们只以 $x \to x_0$ 的方式给出，实际上对任何其他方式，如：$x \to x_0^+$，$x \to x_0^-$，$x \to \infty$，$x \to +\infty$ 以上性质都成立.

推论 7-2 若 $\lim\limits_{x \to x_0} f(x) = A$，$c$ 为常数，则 $\lim\limits_{x \to x_0} cf(x) = c \lim\limits_{x \to x_0} f(x) = cA$.

推论 7-3 若 $\lim\limits_{x \to x_0} f(x) = A, n \in \mathbf{N}$，则 $\lim\limits_{x \to x_0} (f(x))^n = (\lim\limits_{x \to x_0} f(x))^n = A^n$.

例 7-11 求 $\lim\limits_{x \to \infty} \dfrac{x^2 + 2x - 3}{x^2 - 1}$.

解 首先将分子分母的 x 的最高次幂提出，再进行运算.

$$\lim_{x \to \infty} \frac{x^2 + 2x - 3}{x^2 - 1} = \lim_{x \to \infty} \frac{x^2\left(1 + \dfrac{2}{x} - \dfrac{3}{x^2}\right)}{x^2\left(1 - \dfrac{1}{x^2}\right)} = 1.$$

一般地，有如下结论：

$$\lim_{x \to \infty} \frac{a_n x^n + a_{n-1} x^{n-1} + \cdots + a_1 x + a_0}{b_m x^m + b_{m-1} x^{m-1} + \cdots + b_1 x + b_0} = \begin{cases} 0, & n < m, \\ \dfrac{a_n}{b_m}, & n = m, \\ \infty, & n > m. \end{cases}$$

定理 7-12 设函数 $f(\varphi(x))$是由函数 $y = f(u), u = \varphi(x)$复合而成的，如果 $\lim\limits_{x \to x_0} \varphi(x)$

$=u_0$，且在 x_0 的一个去心邻域 $\mathring{U}(x_0,\delta_0)$ 内 $\varphi(x)\neq u_0$，又 $\lim\limits_{u\to u_0}f(u)=A$，则

$$\lim_{x\to x_0}f(\varphi(x))=A.$$

证明 我们对本定理给出证明，借此熟悉极限的数学定义. 因为 $\lim\limits_{u\to u_0}f(u)=A$，所以对于任意给定的 $\varepsilon>0$，存在 $\eta>0$，使得当 $0<|u-u_0|<\eta$ 时，$|f(u)-A|<\varepsilon$；又因 $\lim\limits_{x\to x_0}\varphi(x)=u_0$，故对于上述 $\eta>0$，存在 $\delta_1>0$，使得当 $x\in\mathring{U}(x_0,\delta_1)$时，都有 $|\varphi(x)-u_0|<\eta$. 根据定理 7-12 的条件，在 $\mathring{U}(x_0,\delta_0)$ 内 $\varphi(x)\neq u_0$，所以取 $\delta=\min\{\delta_0,\delta_1\}$，当 $x\in\mathring{U}(x_0,\delta)$ 时，$0<|\varphi(x)-u_0|<\eta$，因此，$|f(\varphi(x))-A|<\varepsilon$. 根据定义，有

$$\lim_{x\to x_0}f(\varphi(x))=A.$$

注 定理 7-12 中条件 $\varphi(x)\neq u_0$ 很重要，若无此条件结论可能不成立.

例 7-12 函数 $g(x)=0$，$f(u)=\begin{cases}1, & u=0,\\ 0, & u\neq 0,\end{cases}$ 求 $\lim\limits_{x\to 0}f(g(x))$.

解 因为 $\lim\limits_{u\to 0}f(u)=0$，又因为 $f(g(x))\equiv 1$，所以

$$\lim_{x\to 0}f(g(x))=1.$$

例 7-13 求 $\lim\limits_{x\to\infty}\arcsin\dfrac{1+x}{1-2x}$.

解 因为 $\lim\limits_{x\to\infty}\dfrac{1+x}{1-2x}=-\dfrac{1}{2}$，由复合函数求极限原理，

$$\lim_{x\to\infty}\arcsin\frac{1+x}{1-2x}=-\frac{\pi}{6}.$$

例 7-14 求 $\lim\limits_{x\to 2}\left(\dfrac{1+x}{x-1}\right)^{\frac{1}{x}}$.

解 因为 $\left(\dfrac{1+x}{x-1}\right)^{\frac{1}{x}}=\mathrm{e}^{\frac{1}{x}\ln\frac{x+1}{x-1}}$，由复合函数求极限原理，

$$\lim_{x\to 2}\left(\frac{1+x}{x-1}\right)^{\frac{1}{x}}=\sqrt{3}.$$

例 7-15 求 $\lim\limits_{x\to 1}\dfrac{x^2+2x-3}{x^2-1}$.

解 由于分子、分母在 $x=1$ 点的函数值都为 0，说明分子、分母都含有因式 $x-1$. 注意到，函数在某一点的极限值与函数在这一点的函数值无关. 因此，可先消去因式 $x-1$，然后运用极限的运算法则进行计算：

$$\lim_{x\to 1}\frac{x^2+2x-3}{x^2-1}=\lim_{x\to 1}\frac{(x-1)(x+3)}{(x-1)(x+1)}=\lim_{x\to 1}\frac{x+3}{x+1}=\frac{1+3}{1+1}=2.$$

例 7-16 求 $\lim\limits_{x\to\infty}(\sqrt{x^2+1}-\sqrt{x^2-1})$.

解 先将分子有理化,再进行运算:

$$\begin{aligned}\lim_{x\to\infty}(\sqrt{x^2+1}-\sqrt{x^2-1}) &= \lim_{x\to\infty}\frac{(\sqrt{x^2+1}-\sqrt{x^2-1})(\sqrt{x^2+1}+\sqrt{x^2-1})}{\sqrt{x^2+1}+\sqrt{x^2-1}}\\ &= \lim_{x\to\infty}\frac{2}{\sqrt{x^2+1}+\sqrt{x^2-1}}=0.\end{aligned}$$

例 7-17 设函数 $f(x)=\begin{cases}2x^2+1, & x>0,\\ x+b, & x\leqslant 0,\end{cases}$ 当 b 取什么值时,$\lim\limits_{x\to 0}f(x)$ 存在?

解 当函数 $f(x)$在 $x=0$ 点左、右两侧的表达式不同时,要考察 x 从 0 的两侧趋于 0 时相应的函数值的变化情况,因此要分别求 $f(x)$在 $x=0$ 这点的左、右极限:

$$\lim_{x\to 0^-}f(x)=\lim_{x\to 0^-}(x+b)=b,$$

$$\lim_{x\to 0^+}f(x)=\lim_{x\to 0^+}(2x^2+1)=1,$$

因为 $\lim\limits_{x\to 0}f(x)=A$ 存在的充分必要条件是左、右极限相等,所以当 $b=1$ 时,$\lim\limits_{x\to 0}f(x)$ 存在.

第四节　无穷小量与无穷大量

定义 7-6 若 $\lim\limits_{x\to x_0}f(x)=0$,则称 $f(x)$ 为当 $x\to x_0$ 时的**无穷小量**(或无穷小).

特别地,零本身可看作无穷小量. 此定义中可以将自变量的趋向换成其他任何一种情形($x\to x_0^-$,$x\to x_0^+$,$x\to x_0$,$x\to\infty$,$x\to-\infty$或 $x\to+\infty$),结论同样成立. 以后不再说明.

例 7-18 指出自变量 x 在怎样的趋向下,下列函数为无穷小量:

(1) $y=\dfrac{1}{x+1}$;　　(2) $y=x^2-1$;　　(3) $y=a^x(a>0,a\neq 1)$.

解 (1)因为 $\lim\limits_{x\to\infty}\dfrac{1}{x+1}=0$,所以当 $x\to\infty$ 时,函数 $y=\dfrac{1}{x+1}$ 是一个无穷小量.

(2)当 $x\to 1$ 或 $x\to -1$ 时,函数 $y=x^2-1$ 为无穷小量.

(3)对于 $a>1$,因为 $\lim\limits_{x\to-\infty}a^x=0$,所以当 $x\to-\infty$ 时,$y=a^x$ 为一个无穷小量;而对于 $0<a<1$,因为 $\lim\limits_{x\to+\infty}a^x=0$,所以当 $x\to+\infty$ 时,$y=a^x$ 为一个无穷小量.

一、函数的极限与无穷小量之间的关系

定理 7-13 $\lim\limits_{x\to x_0}f(x)=A$ 的充分必要条件是 $f(x)=A+\alpha(x)$,其中,当 $x\to x_0$ 时,$\alpha(x)$是一个无穷小量.

定理 7-14 若 $\lim\limits_{x\to x_0}f(x)=0$,$\lim\limits_{x\to x_0}g(x)=0$,$c$ 为常数,则有:

(1) $\lim\limits_{x\to x_0} cf(x) = c\lim\limits_{x\to x_0} f(x) = 0$；

(2) $\lim\limits_{x\to x_0}[f(x)\pm g(x)] = \lim\limits_{x\to x_0} f(x) \pm \lim\limits_{x\to x_0} g(x) = 0$；

(3)若 $h(x)$ 在 $\mathring{U}(x_0,\delta)$ 内是有界函数，则 $\lim\limits_{x\to x_0}[f(x)\cdot h(x)] = 0$；

(4) $\lim\limits_{x\to x_0}[f(x)\cdot g(x)] = \lim\limits_{x\to x_0} f(x)\cdot\lim\limits_{x\to x_0} g(x) = 0$（两个无穷小量的乘积仍为无穷小量）.

由正弦函数的有界性可知，当 $x\to 0$ 时，函数 $x\sin\dfrac{1}{x}$ 是无穷小量.

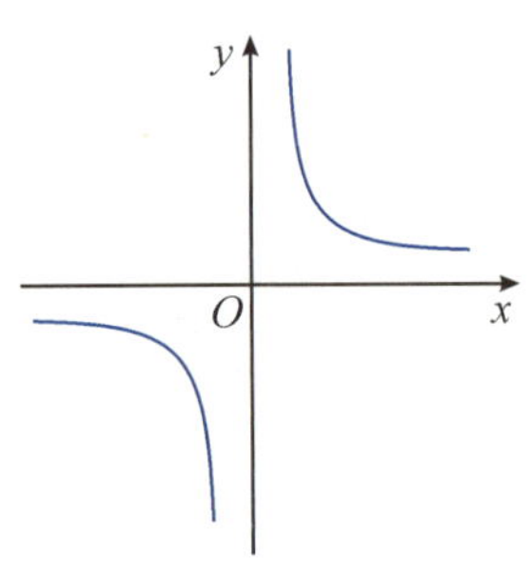

图 7-2

现在考察当 $x\to 0$ 时，函数 $f(x)=\dfrac{1}{x}$ 的变化情况(见图 7-2). 在自变量无限趋近于 0 时，函数值的绝对值 $\left|\dfrac{1}{x}\right|$ 无限增大，或者说 $\left|\dfrac{1}{x}\right|$ 是当 $x\to 0$ 时的一个无穷大量.

一般地，有如下定义.

定义 7-7 设函数 $f(x)$ 在 x_0 点的去心邻域 $\mathring{U}(x_0,\delta)$ 内有定义，对于任意给定的正数 G，总存在一个正数 δ，当 $0<|x-x_0|<\delta$ 时，恒有 $|f(x)|>G$，则称函数 $f(x)$在 x 趋近于 x_0 时为一个**无穷大量**.

若相应的函数值 $f(x)$(或 $-f(x)$)无限增大，则称函数$f(x)$在 x 趋近于 x_0 时为一个正(或负)无穷大量. 分别记为 $\lim\limits_{x\to x_0} f(x)=\infty$，$\lim\limits_{x\to x_0} f(x)=+\infty$，$\lim\limits_{x\to x_0} f(x)=-\infty$ 等.

易知 $\lim\limits_{x\to 1^+}\dfrac{1}{x-1}=+\infty$，$\lim\limits_{x\to 1^-}\dfrac{1}{x-1}=-\infty$，$\lim\limits_{x\to 1}\dfrac{1}{x-1}=\infty$.

无穷大量描述的是一个函数在自变量的某一趋向下，$|f(x)|$无限增大. 同一个函数在自变量的不同趋向下，相应的函数值有不同的变化趋势. 如函数 $y=\dfrac{1}{x}$，当 $x\to 0$ 时，它为无穷大量；当 $x\to 1$ 时，它以 1 为极限. 因此称一个函数为无穷大量时，必须明确指出其自变量的变化趋向，否则毫无意义.

作为本段的结尾，让我们来欣赏一下唐朝诗人王之涣所作一首诗里面所蕴含的无穷概念：

白日依山尽，黄河入海流.
欲穷千里目，更上一层楼.

诗中后两句用潜在的存在表述了无穷的概念，诗歌的意境与数学无穷的概念相映成趣，短短两句，朗朗上口，言简意赅，意境融彻，出音声之外，大得无穷超然之真味. 这便是唐诗独特的魅力.

二、无穷大量与无穷小量之间的关系

定理 7-15 (1)若 $\lim\limits_{x\to x_0} f(x)=0$，且对于任意给定的 $x\in \mathring{U}(x_0,\delta)$，$f(x)\neq 0$，则

$$\lim_{x\to x_0}\frac{1}{f(x)}=\infty;$$

(2)若 $\lim\limits_{x\to x_0} f(x)=\infty$，则

$$\lim_{x\to x_0}\frac{1}{f(x)}=0.$$

定理 7-16 $\lim\limits_{x\to x_0} f(x)=A(A\neq 0)$ 且 $\lim\limits_{x\to x_0} g(x)=\infty$，则

$$\lim_{x\to x_0} f(x)g(x)=\infty.$$

例 7-19 指出自变量 x 在怎样的趋向下，下列函数为无穷大量：

(1) $y=\dfrac{1}{x-2}$； (2) $y=\log_a x \quad (a>0, a\neq 1)$.

解 (1)因为 $\lim\limits_{x\to 2}(x-2)=0$，根据无穷小量与无穷大量之间的关系有

$$\lim_{x\to 2}\frac{1}{x-2}=\infty.$$

(2)若 $0<a<1$，因为当 $x\to 0^+$ 时，$\log_a x\to+\infty$；当 $x\to+\infty$ 时，$\log_a x\to-\infty$.
若 $a>1$，因为当 $x\to 0^+$ 时，$\log_a x\to-\infty$；当 $x\to+\infty$ 时，$\log_a x\to+\infty$.

第五节 两个重要极限

定理 7-17(第一重要极限) $\lim\limits_{x\to 0}\dfrac{\sin x}{x}=1$.

证明 因为函数 $y=\dfrac{\sin x}{x}$ 是偶函数，所以只需证明 $\lim\limits_{x\to 0^+}\dfrac{\sin x}{x}=1$ 的情形.

考虑 $0<x<\dfrac{\pi}{2}$. 如图 7-3 所示，在单位圆中，$\triangle OAB$ 的面积<扇形 OAB 的面积<$\triangle OAE$ 的面积，所以

$$\frac{1}{2}\sin x<\frac{1}{2}x<\frac{1}{2}\tan x,$$

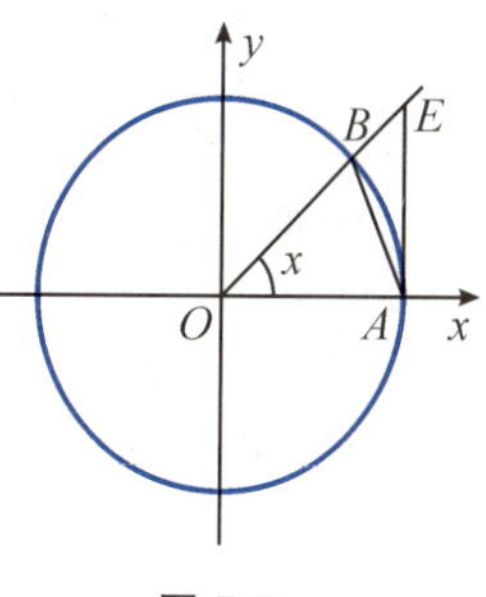

图 7-3

从而有

$$\cos x<\frac{\sin x}{x}<1,$$

$\lim\limits_{x\to 0}\dfrac{\sin x}{x}$可视化证明

又因为 $\lim\limits_{x\to 0^+}\cos x=1$，根据夹逼定理，有 $\lim\limits_{x\to 0^+}\dfrac{\sin x}{x}=1$，所以

$$\lim_{x\to 0}\frac{\sin x}{x}=1.$$

例 7-20 求 $\lim\limits_{x\to 0}\dfrac{\sin 3x}{x}$.

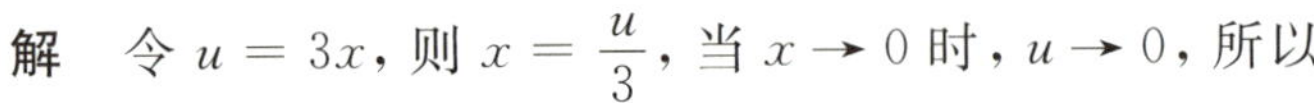

解 令 $u=3x$，则 $x=\dfrac{u}{3}$，当 $x\to 0$ 时，$u\to 0$，所以

$$\lim_{x\to 0}\frac{\sin 3x}{x}=\lim_{u\to 0}\frac{\sin u}{u/3}=3\lim_{u\to 0}\frac{\sin u}{u}=3.$$

例 7-21 求 $\lim\limits_{x\to\pi}\dfrac{\sin x}{\pi-x}$.

解 通过变量代换，令 $t=\pi-x$，则 $x=\pi-t$，因此

$$\lim_{x\to\pi}\frac{\sin x}{\pi-x}=\lim_{t\to 0}\frac{\sin(\pi-t)}{t}=\lim_{t\to 0}\frac{\sin t}{t}=1.$$

例 7-22 求 $\lim\limits_{x\to 0}\dfrac{1-\cos x}{x^2}$.

解 $\lim\limits_{x\to 0}\dfrac{1-\cos x}{x^2}=\lim\limits_{x\to 0}\dfrac{2\sin^2\left(\dfrac{x}{2}\right)}{x^2}=\lim\limits_{x\to 0}\dfrac{1}{2}\cdot\left(\dfrac{\sin x/2}{x/2}\right)^2=\dfrac{1}{2}$.

例 7-23 求 $\lim\limits_{x\to 0}\dfrac{\arctan kx}{x}$（$k$ 为非零常数）.

解 令 $\arctan kx=u$，则 $kx=\tan u$，因此

$$\lim_{x\to 0}\frac{\arctan kx}{x}=\lim_{u\to 0}\frac{ku}{\tan u}=\lim_{u\to 0}\left(\frac{ku}{\sin u}\cdot\cos u\right)=k.$$

例 7-24 求 $\lim\limits_{x\to\infty}x\sin\dfrac{1}{2x}$.

解 $\lim\limits_{x\to\infty}x\sin\dfrac{1}{2x}=\lim\limits_{x\to\infty}\dfrac{1}{2}\dfrac{\sin\dfrac{1}{2x}}{\dfrac{1}{2x}}=\dfrac{1}{2}$.

定理 7-18（第二重要极限） $\lim\limits_{x\to\infty}\left(1+\dfrac{1}{x}\right)^x=\mathrm{e}$.

证明从略.

这个极限的另一形式为

$$\lim_{t\to 0}(1+t)^{\frac{1}{t}}=\mathrm{e}.$$

例 7-25 求 $\lim\limits_{x\to\infty}\left(1+\dfrac{1}{x}\right)^{kx}$.

解 $\lim\limits_{x\to\infty}\left(1+\dfrac{1}{x}\right)^{kx}=\left[\lim\limits_{x\to\infty}\left(1+\dfrac{1}{x}\right)^x\right]^k=\mathrm{e}^k$.

例 7-26 求 $\lim\limits_{x\to\infty}\left(\dfrac{2x+1}{2x-1}\right)^{x}$.

解 $\lim\limits_{x\to\infty}\left(\dfrac{2x+1}{2x-1}\right)^{x}=\lim\limits_{x\to\infty}\left(1+\dfrac{2}{2x-1}\right)^{x}$，令 $u=\dfrac{2}{2x-1}$，则 $x=\dfrac{u+2}{2u}$；当 $x\to\infty$ 时，$u\to 0$. 所以

$$\lim_{x\to\infty}\left(\frac{2x+1}{2x-1}\right)^{x}=\lim_{u\to 0}(1+u)^{\frac{u+2}{2u}}=\lim_{u\to 0}(1+u)^{\frac{1}{2}}(1+u)^{\frac{1}{u}}=\mathrm{e}.$$

例 7-27（**连续复利问题**） 设有本金 P_0，计息期的利率为 r，计息期数为 t，如果每期结算一次，则 t 期后的本利和为 $A_t=P_0(1+r)^t$. 如果每期结算 m 次，每期的利率为 r/m，则原 t 期后的本利和为 $A_m=P_0\left(1+\dfrac{r}{m}\right)^{mt}$. 如果利息随时计入本金，即立即存入、立即结算（称为连续复利），此时 $m\to\infty$. 于是 t 期后的本利和应为

$$\lim_{m\to\infty}P_0\left(1+\frac{r}{m}\right)^{mt}=P_0\left[\lim_{m\to\infty}\left(1+\frac{r}{m}\right)^{\frac{m}{r}}\right]^{rt}=P_0\mathrm{e}^{rt}.$$

现实世界中的很多现象的数学模型类似于连续复利问题的数学模型，如人口增长、细菌繁殖、物体冷却、放射性元素的衰变问题等.

第六节　函数的连续性

客观世界的万千现象、运动变化既有渐变又有突变. 描述物质的运动状态可以用函数. 表征运动状态的渐变与突变，就是函数的连续与间断. 直观上，延绵不断的曲线所对应的函数就是连续函数，若在某点“断裂”，则表现为间断的. 因此，连续性应是函数的局部性质.

定义 7-8 如果 $\lim\limits_{x\to x_0}f(x)=f(x_0)$，则称函数 $f(x)$ 在点 x_0 处**连续**，点 x_0 称为 $f(x)$ 的**连续点**；否则称函数 $f(x)$ 在点 x_0 处不连续或**间断**，称点 x_0 为 $f(x)$ 的**间断点**.

从上述定义，可知函数 $f(x)$ 在点 x_0 处连续需满足三个条件：

(1) $f(x)$ 在点 x_0 处有定义；

(2)当 $x\to x_0$ 时，$f(x)$ 有极限；

(3)此极限值等于 $f(x_0)$.

若上述三个条件中任一个不满足，则 $f(x)$ 在该点一定是间断的. 例如：

$$f(x)=\frac{1}{x},\quad g(x)=\operatorname{sgn}x,\quad h(x)=\begin{cases}1, & x\neq 0,\\ 0, & x=0,\end{cases}$$

在 $x_0=0$ 处都是间断的，如图 7-4(a)，(b)，(c)所示.

其中 $f(x)$在点 $x_0=0$ 处没有定义，$g(x)$在 $x_0=0$ 处没有极限，$h(x)$在 $x_0=0$ 处的极限值不等于 $h(x_0)$.

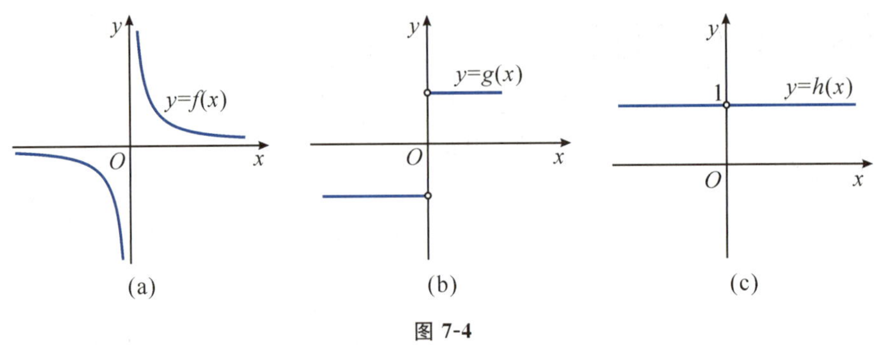

图 7-4

定义 7-9 若函数 $f(x)$在开区间(a,b)内的每一点处都连续，则称 $f(x)$在开区间(a,b)内是连续的；若 $f(x)$在开区间(a,b)内连续，且在区间的左端点 a 处是右连续（即$\lim\limits_{x\to a^+}f(x)=f(a)$），在区间的右端点 b 处是左连续（即$\lim\limits_{x\to b^-}f(x)=f(b)$），则称 $f(x)$ 在闭区间 $[a,b]$ 上是连续的.

例 7-28 试讨论函数

$$f(x)=\begin{cases} x\sin\dfrac{1}{x}, & x\neq 0, \\ 0, & x=0 \end{cases}$$

的连续性.

解 显然只需讨论 $f(x)$在点 $x=0$ 处的连续性. 因为 $\lim\limits_{x\to 0}f(x)=0=f(0)$，所以 $f(x)$ 在 $x=0$ 点处连续. 因此函数在实轴上连续.

例 7-29 讨论 $f(x)=\lim\limits_{n\to\infty}\dfrac{1-x^{2n}}{1+x^{2n}}\cdot x$ 的连续性.

解 求极限不难知道

$$f(x)=\begin{cases} x, & |x|<1, \\ 0, & |x|=1, \\ -x, & |x|>1, \end{cases}$$

所以当 $x=\pm 1$ 时，$f(x)$间断，在其他点都连续.

关于函数的连续性质，我们有如下定理.

定理 7-19 若 $f(x)$与 $g(x)$在点 $x=x_0$ 处连续，则 $f(x)\pm g(x)$，$f(x)\cdot g(x)$，$\dfrac{f(x)}{g(x)}$ $(g(x_0)\neq 0)$在点 $x=x_0$ 处也是连续的.

定理 7-20（复合函数的连续性） 若函数 $y=f(u)$在点 u_0 处连续，函数 $u=g(x)$在点$x=x_0$处连续，且 $u_0=g(x_0)$，则复合函数 $y=f(g(x))$在点 $x=x_0$ 处连续.

基本初等函数在其定义域内都是连续的，所以**初等函数在其定义域区间内都是连续的**. 根据初等函数的连续性，我们可以比较方便地计算其极限.

例 7-30 求 $\lim\limits_{x\to 1}\arcsin(2x-1)$.

解 $\lim\limits_{x\to 1}\arcsin(2x-1)=\arcsin\lim\limits_{x\to 1}(2x-1)=\arcsin 1=\dfrac{\pi}{2}$.

例 7-31 证明 $\lim\limits_{x\to 0}\dfrac{\ln(1+x)}{x}=1$.

证明 $\lim\limits_{x\to 0}\dfrac{\ln(1+x)}{x}=\lim\limits_{x\to 0}\ln(1+x)^{\frac{1}{x}}=\ln\lim\limits_{x\to 0}(1+x)^{\frac{1}{x}}=\ln \mathrm{e}=1$.

例 7-32 求 $\lim\limits_{x\to 0}\dfrac{a^x-a^{-x}}{x}$ $(a>0$ 且 $a\neq 1)$.

解 $\lim\limits_{x\to 0}\dfrac{a^x-a^{-x}}{x}=\lim\limits_{x\to 0}\dfrac{a^{2x}-1}{x\cdot a^x}=\lim\limits_{x\to 0}\dfrac{a^{2x}-1}{x}\cdot\lim\limits_{x\to 0}\dfrac{1}{a^x}=\lim\limits_{x\to 0}\dfrac{a^{2x}-1}{x}$,

令 $u=a^{2x}-1$，则当 $x\to 0$ 时，$u\to 0$，

$$\lim_{x\to 0}\frac{a^x-a^{-x}}{x}=\lim_{u\to 0}\frac{2u\ln a}{\ln(1+u)}=2\ln a.$$

定理 7-21（反函数连续性） 严格单调的连续函数必有严格单调的连续反函数.

在许多实际问题中，经常会遇到求函数的最大、最小值问题和求方程的零点问题，下面我们给出闭区间上连续函数的两个重要性质.

定理 7-22（最大最小值定理） 闭区间上的连续函数一定存在最大值和最小值. 即若函数 $f(x)$ 在 $[a,b]$ 上连续，则存在 $x_1,x_2\in[a,b]$，使得对任意 $x\in[a,b]$ 有

$$f(x)\leqslant f(x_1),\quad f(x)\geqslant f(x_2),$$

$f(x_1)$ 和 $f(x_2)$ 分别称为 $f(x)$ 的**最大值**和**最小值**，x_1 和 x_2 分别称为 $f(x)$ 的**最大值点**和**最小值点**，如图 7-5 所示.

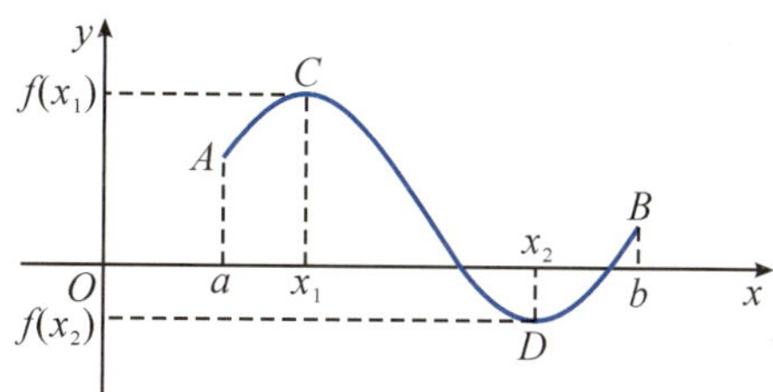

图 7-5

定理 7-23（介值定理） 若函数 $f(x)$ 在 $[a,b]$ 上连续，且 $f(a)\neq f(b)$，η 为介于 $f(a)$ 与 $f(b)$ 之间的任意一个值，则至少存在一点 $\xi\in[a,b]$，使得 $f(\xi)=\eta$.

其几何意义如图 7-6 所示.

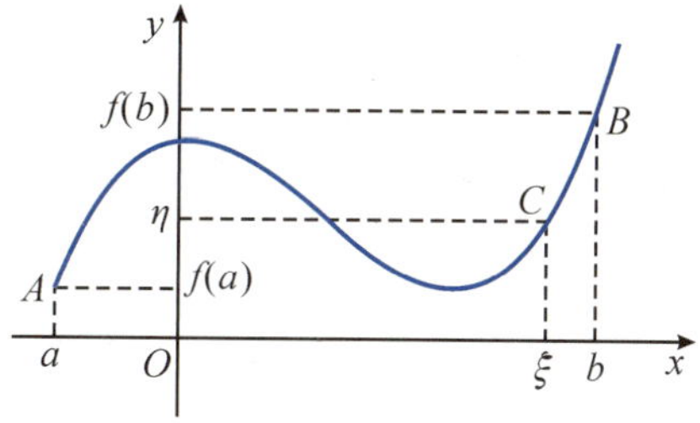

图 7-6

特别地,当 $f(a)$ 与 $f(b)$ 异号时,取 $\eta=0$,就有下面的推论:

推论 7-4(零点存在定理) 若函数 $f(x)$ 在 $[a,b]$ 上连续,且 $f(a)$ 与 $f(b)$ 异号(即 $f(a)\cdot f(b)<0$),则至少存在一点 $\xi\in[a,b]$,使得 $f(\xi)=0$.

例 7-33 证明方程 $x^3-3x=1$ 在 $(1,2)$ 内至少有一个实根.

证明 设函数 $f(x)=x^3-3x-1$,显然函数连续,且 $f(1)=-3<0$,$f(2)=1>0$,因此,由零点存在定理可知,存在 $x_0\in(1,2)$,使得 $f(x_0)=0$,即得证明.

例 7-34 证明一元三次方程 $ax^3+bx^2+cx+d=0$ 至少有一个实根.

证明 方程等价于 $f(x)=x^3+b_1x^2+c_1x+d_1=0$,于是可知

$$f(-\infty)=-\infty,\quad f(+\infty)=+\infty.$$

从而存在 $\alpha<0,\beta>0$,使得 $f(\alpha)<0,f(\beta)>0$. 由零点存在定理可知,在 (α,β) 内至少有一个 ξ,使得 $f(\xi)=0$.

习题七

1. 设 $\{a_n\}$ 和 $\{b_n\}$ 的极限都不存在,能否断定 $\{a_n+b_n\}$ 和 $\{a_n\cdot b_n\}$ 的极限一定不存在?

2. 设 $\{a_n\}$ 的极限不存在,而 $\{b_n\}$ 的极限存在,能否断定 $\{a_n+b_n\}$ 的极限一定不存在?

3. 试求极限:

(1) $\lim\limits_{n\to\infty}\dfrac{2n^6+100n^5}{n^6+2n+10^{100}}$;

(2) $\lim\limits_{n\to\infty}(\sqrt{n+1}-\sqrt{n-1})$;

(3) $\lim\limits_{n\to\infty}\sqrt[n]{1+\ln n}$;

(4) $\lim\limits_{n\to\infty}\dfrac{(-2)^n+5^n}{(-2)^{n+1}+5^{n+1}}$;

(5) $\lim\limits_{n\to\infty}\sqrt[n]{a^n+b^n}\quad(0<a<b)$;

(6) $\lim\limits_{x\to0}\dfrac{\sqrt{x^2+1}-1}{x}$;

(7) $\lim\limits_{x\to\infty}(x+\sqrt[3]{1-x^3})$;

(8) $\lim\limits_{x\to1}\dfrac{\sqrt{x+3}-2}{\sqrt{x}-1}$;

(9) $\lim\limits_{\Delta x\to0}\dfrac{\sqrt{x+\Delta x}-\sqrt{x}}{\Delta x}$;

(10) $\lim\limits_{x\to0}x\cdot\left(\dfrac{1}{x}\right)$;

(11) $\lim\limits_{x\to0}\dfrac{\sin 2x}{\tan 4x}$;

(12) $\lim\limits_{x\to\infty}\left(x\cdot\sin\dfrac{1}{x}+\dfrac{1}{x}\sin 2x\right)$;

(13) $\lim\limits_{x\to a}\dfrac{\sin x-\sin a}{x-a}$;

(14) $\lim\limits_{x\to0}\dfrac{\ln(1+2x)}{\arcsin 3x}$;

(15) $\lim\limits_{x\to\infty}\left(\dfrac{x}{1+x}\right)^x$;

(16) $\lim\limits_{x\to0}\dfrac{e^{2x}-1}{x}$;

(17) $\lim\limits_{x\to0}\dfrac{\tan(\sin x)}{\arctan 2x}$;

(18) $\lim\limits_{x\to0}\left(\dfrac{a^x+b^x+c^x}{3}\right)^{\frac{1}{x}}\quad(a,b,c>0)$;

(19) $\lim\limits_{n\to\infty}[(1+x)(1+x^2)(1+x^4)\cdots(1+x^{2^n})]$ (其中 $|x|<1$).

4. 有一大富翁拥有一稀世之宝，临死立下遗嘱，要将此物完全平均地分给三个儿子，试问：应该如何均分这一稀世之宝？

5. 证明：狄利克雷函数处处没有极限.

6. 证明：若 $f(x)$ 在 x_0 处连续，则 $|f(x)|$ 在 x_0 处连续，反之不必.

7. 讨论下列函数在点 $x=0$ 处的连续性：

(1) $y=\dfrac{1}{x}$；

(2) $y=\begin{cases}x^2+1, & x\geqslant 0,\\ 0, & x<0;\end{cases}$

(3) $y=\begin{cases}\dfrac{\sin x}{x}, & x\neq 0,\\ 1, & x=0.\end{cases}$

8. 证明：方程 $e^x-3x=0$ 在 $(1,2)$ 内至少有一个实根.

9. 证明：方程 $\tan x-3x=0$ 有无限多个实根.

10. 设 $f(x)$ 在 $[a,b]$ 上连续，$x_1,x_2,\cdots,x_n\in[a,b]$，若有一组正数 $\lambda_1,\lambda_2,\cdots,\lambda_n$，使得 $\sum\limits_{i=1}^{n}\lambda_i=1$，证明：存在 $\xi\in[a,b]$，使得 $f(\xi)=\sum\limits_{i=1}^{n}\lambda_i f(x_i)$.

11. (1)一银行账户，以 5% 的利率按连续复利方式盈利，一对父母打算给孩子攒学费，若要在 10 年内攒够 100000 元，问这对父母必须每年存入多少元？

(2)若这对父母现改为一次存够一总数，用这一总数加上它的盈利作为孩子的将来学费，那么问在 10 年后获得 100000 元的学费，现在必须一次存入多少元？

第八章　导数与微分

本章和下一章都属于微分学内容，微分学主要研究导数、微分及其应用. 本章首先对导数概念的形成作一个简要的历史回顾；然后给出导数的定义、几何意义和简单函数的导数计算，讨论导数的四则运算、复合函数和反函数的求导法则、隐函数的求导法则，介绍高阶导数的概念和基本求解方法；最后给出微分的一种比较新颖的概念，讨论微分与导数的关系，介绍微分运算法则，以及导数和微分的简单应用——一阶近似计算.

第一节　导数历史简介

早在古希腊时期，就有求曲线切线的问题，最简单的当然是圆周上的切线. 关于曲线概念的认识和演绎经历了一个漫长的过程. 例如，古希腊学者阿基米德在《论螺线》中给出了确定螺线在给定点处的切线的方法. 亚历山大学派的另一位代表人物阿波罗尼奥斯一生最主要的贡献在于写出了一部《圆锥曲线论》，在高中数学里常见的椭圆、双曲线、抛物线等就是首次出现在这部著作里面. 阿波罗尼奥斯给出的圆锥曲线概念是纯几何的，他也用纯几何的方法研究了圆锥曲线的切线、中心、渐近线以及焦点等，这种纯几何的方法得到了差不多两千年以后解析几何的主要结果.

无论是阿基米德还是阿波罗尼奥斯，他们对于切线的论述都是基于**静态**的，即把切线定义为与曲线只在一点接触且位于曲线一边的直线. 这样的切线定义，对于椭圆、圆等曲线是适用的，但对于较为复杂的曲线就不适用了.

切线的动态定义出现在数学上有了变量概念以后. 笛卡儿借着坐标系建立起来的解析几何对数学产生了深刻悠远的影响，解析几何不仅将代数方法应用于几何，同时也将变量(运动的概念)引进到数学中，从而为微积分的创立开辟了道路.

在笛卡儿时代，代数还是一门新兴科学，根本不可与几何学相提并论，几何学的思维还在数学家们的头脑中占有统治地位. 在笛卡儿之前，几何学与代数学是数学中两个不同的研究领域. 笛卡儿认为希腊人的几何学过于依赖图形，是感性的、不可靠的，同时也大大地束缚了人们的想象力. 这确实得益于笛卡儿深邃、敏锐的洞察力，否则我们至今仍难以讨论高维几何学，更不必说流形. 对于当时流行的代数学，他觉得它完全从属于法则和公式. 最大的优点就是运算，而运算是理性的、可信赖的. 因此他要把可信赖的代数植入几何，建立一种“真正的数学”. 笛卡儿的思想核心是：把几何学的问题归结成代数形式的问题，用代数学的方法进行计算、证明，从而达到最终解决几何问题的目的.

依照这种思想，笛卡儿创立了“解析几何学”.

在解析几何里面，有了函数概念，就可以探讨函数的变化率问题，亦即导数问题，在几何上就是曲线的切线问题. 这些问题在17世纪就曾被许多数学家探索过. 对这一类问题作系统阐述的代表人物是牛顿和莱布尼茨，他们分别从瞬时速度和曲线切线的斜率引出导数的概念. 但历史上，费马早在1636年左右就成功地求出函数曲线的斜率. 以求函数 $y=f(x)=x^2$ 的斜率为例，费马首先引进“无穷小 E”，计算比率

$$\frac{f(x+E)-f(x)}{E}=\frac{(x+E)^2-x^2}{E}=2x+E,$$

然后丢掉无穷小 E，即得曲线 $y=x^2$ 的斜率为 $2x$. 费马还曾用同样的方法得到光的折射定律. 但是分析费马方法的过程我们知道“无穷小 E”变幻莫测，在第一个等式运算中不为零，得最后结果时又为零，这至少在逻辑上是不通的. 此后在牛顿和莱布尼茨的微积分里也有同样的问题. 需要知道的是，在微积分创建之初，对极限概念的认识是模糊的，还没有像我们教材里边第七章这样极限的概念. 我们仅以牛顿的“流数术”为例. 牛顿为解决运动问题，在1665年创立了与物理概念直接联系的数学理论，即流数术(methodus fluxionum). 在流数术中，牛顿认为时间是均匀流逝的，所谓“流量”(fluent)就是随时间而变化的变量，如 x,y,z,u 等，“流数”(fluxion)就是流量的改变速度即变化率，分别以字母上加一点来表示，如 $\dot{x},\dot{y}$ 等. 设 o 为时间的无穷小区间段，则 $\dot{x}o,\dot{y}o$ 分别为流量 x,y 的无穷小增量. 设两流量有关系式 $y=x^n$，则 $y+\dot{y}o=(x+\dot{x}o)^n$. 两式相减，利用二项式定理，再两边同除以 o 得

$$\dot{y}=\mathrm{C}_n^1x^{n-1}\dot{x}+\mathrm{C}_n^2x^{n-2}\dot{x}^2o+\cdots+\mathrm{C}_n^n\dot{x}^no^{n-1}.$$

又考虑到 o 是无穷小，最后忽略无穷小部分，结果就得到 $\dot{y}=nx^{n-1}\dot{x}$. 这就是牛顿的流数计算.

1695年，荷兰物理学家纽汶蒂在其著作《无穷小分析》中指责牛顿的流数术叙述模糊不清，法国数学家罗尔亦对微积分表示怀疑. 然而对微积分抨击最力者当属英国贝克莱主教. 1734年，贝克莱在其发表的一本小册子上说，上述的推理是不公正和不正确的. 因为在推理中，先取一个非零的量 o，并用它进行计算，然而最终又让这个量 o 消失，所以，这个捉摸不透的量 o 前后矛盾，整个运算过程同时为非零又为零，是分明的“诡辩”. 对于消失的量，贝克莱讥讽地问道：“这些消失的量究竟是什么呢？它们既不是有限量，也不是无穷小，又不是零，难道我们不能称之为消失量的幽灵吗？”客观说来，贝克莱对微积分基础的批评是一针见血、切中要害的，揭示了当时微积分基础的逻辑缺陷，由此在数学界引起了一场轩然大波. 贝克莱所阐述的问题被称为贝克莱悖论，史称第二次数学危机.

第一个为补救第二次数学危机提出真正有见地的意见的是法国数学家达朗贝尔. 他在1754年指出，必须用更可靠的理论去代替当时使用的、粗糙的极限理论. 但是他本人未能提供这样的理论. 最早使微积分严格化的是拉格朗日. 为了避免使用无穷小推理和当时还不明确的极限概念，拉格朗日曾试图把整个微积分建立在泰勒公式的基础

上. 但是,这样一来,考虑的函数范围太窄了,而且不用极限概念也无法讨论无穷级数的收敛问题,所以,拉格朗日的以幂级数为工具的代数方法也未能解决微积分的奠基问题. "导数"这一称呼也始于1797年拉格朗日在《解析函数论》的工作. 整个18世纪,包括大数学家欧拉在内,数学家们都试图为微积分找到合乎逻辑的理论基础,但都没有成功.

从19世纪20年代开始,法国大数学家柯西致力于分析的严格化. 1823年,柯西在其著作《分析教程》中首先认识到函数不一定要有解析表达式;然后他抓住极限的概念,指出无穷小量和无穷大量都不是固定的量而是变量,无穷小量是以零为极限的变量,并且定义了导数和积分,成功地用现代极限理论来说明导数的本质. 不过,柯西的极限理论同样存在着某些漏洞. 他对于极限作如此定义:"当一个变量相继取的值无限接近一个固定值,最终与此固定值之差要多小就有多小,该值就称为所有其他值的极限." 我们注意到,柯西的定义仍然是一种模糊的直觉描述语言,缺乏我们在第二章中所提及的思辨性与量化的清晰表达.

这样,我们在第七章所论的极限就显为必要,为微积分立下严格的基础. 极限的严格定义最后是由被称为"现代分析之父"的德国数学家魏尔斯特拉斯所建立,所用的就是"$\varepsilon-\delta$"的逻辑语言. 第七章在数学史上晚于下面各章,但在逻辑上应该放在前面,因为这是微积分奠基性的基础.

第二节　导数——变量或函数的变化率

从15世纪初到17世纪,欧洲文艺复兴以后,资本主义开始发展,欧洲生产力得到了很大的发展,同时向自然科学提出了很多新的课题,譬如采矿冶炼、机械制造、枪炮制造、远洋航海、商业交往、天文观测等大量实际问题,这些都对数学提出了前所未有的亟待解决的新课题,在解决这些问题的同时数学自身也得到了很大的发展. 下列三类问题对微分学的产生起到了重要作用:

(1)求变速运动物体的瞬时速度;

(2)求曲线上一点处的切线;

(3)求函数的极大值与极小值.

这三类问题在数学上都可归结为求函数的变化率问题,亦即导数问题.

引例 8-1　变速直线运动的瞬时速度问题:

设某物体做变速直线运动,其运动路程 s 是时间 t 的函数,$s=s(t)$. 现考察物体在运动过程中 t_0 时刻的瞬时速度 $v(t_0)$. 从 t_0 时刻到 $t_0+\Delta t$ 时刻,路程亦从 $s(t_0)$ 变化到 $s(t_0+\Delta t)$,路程的改变量为 $\Delta s=s(t_0+\Delta t)-s(t_0)$,则在时段 $[t_0,t_0+\Delta t]$ 内物体运动的平均速度为

$$\bar{v}=\frac{\Delta s}{\Delta t}=\frac{s(t_0+\Delta t)-s(t_0)}{\Delta t}.$$

直观上，Δt 越小，则上述平均速度越接近于 t_0 时刻的瞬时速度 $v(t_0)$，由极限概念，即有

$$v(t_0)=\lim_{\Delta t\to 0}\frac{\Delta s}{\Delta t}=\lim_{\Delta t\to 0}\frac{s(t_0+\Delta t)-s(t_0)}{\Delta t}.$$

引例 8-2 平面曲线的切线斜率问题.

分析 如图 8-1 所示，我们可作一思想实验，在曲线上定点 M_0 之外另取一点 M，则可作一割线 M_0M，当动点 M 沿曲线向定点 M_0 移动时，割线越来越稳定于某一直线位置，此直线的位置即为切线所在. 换言之，割线的斜率越来越接近于切线的斜率. 因此，用极限表示，即有

$$k=\lim_{\Delta x\to 0}\frac{f(x_0+\Delta x)-f(x_0)}{\Delta x}.$$

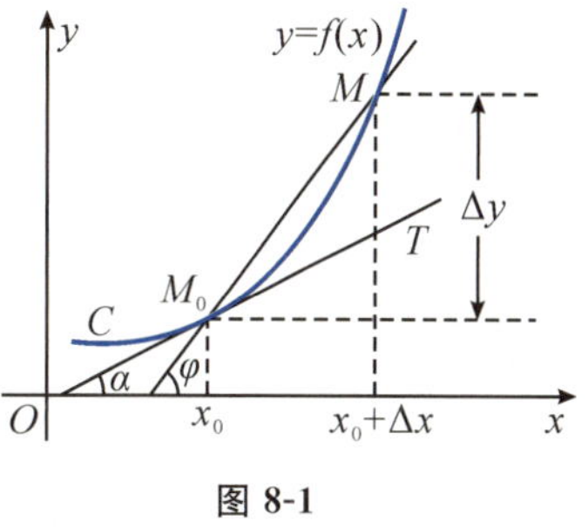

图 8-1

注 引例 8-2 思想实验中的直观，当然须接受实际计算的检验：到底动割线的位置是否真正越来越稳定于某一位置？我们需要计算上述极限是否存在. 这是因为感性直观须受理性(运算)的检验.

上述两则引例虽实际背景各不相同，但有其共性：求一个变量对于另一变量的变化率，即当自变量改变量趋于 0 时，函数改变量与自变量改变量之比的极限. 诸如此类的问题，我们可以抽象为一统一的概念——**导数**，亦即函数的变化率.

定义 8-1 设函数 $y=f(x)$在点 x_0 的某一邻域内有定义，当自变量 x 在 x_0 处有增量 Δx 且 $x_0+\Delta x$ 亦在此邻域内时，如果极限

$$\lim_{\Delta x\to 0}\frac{\Delta y}{\Delta x}=\lim_{\Delta x\to 0}\frac{f(x_0+\Delta x)-f(x_0)}{\Delta x} \tag{8-1}$$

存在，则称函数 $y=f(x)$ 在点 x_0 处**可导**，称此极限为函数 $f(x)$ 在点 x_0 处的**导数**，记作

$$f'(x_0),\quad y'\big|_{x=x_0},\quad \frac{\mathrm{d}y}{\mathrm{d}x}\bigg|_{x=x_0}\quad 或\quad \frac{\mathrm{d}f}{\mathrm{d}x}\bigg|_{x=x_0}.$$

导数的几何意义

否则，称函数 $f(x)$ 在点 x_0 处**不可导**. 如果 $\lim\limits_{\Delta x\to 0}\frac{\Delta y}{\Delta x}=\infty$，表明 $f(x)$在点 x_0 处不可导，但为叙述方便，我们也称 $f(x)$在点 x_0 处的导数为无穷大. 函数 f 通常是一个由 x 组成的具体表达式，当 $\Delta x\to 0$ 时，可将导数改写为下列等价的形式：

$$f'(x_0)=\lim_{x\to x_0}\frac{f(x)-f(x_0)}{x-x_0} \tag{8-2}$$

例 8-1 设函数 $f(x)=x^2$，试用定义求 $f'(x_0)$.

解 根据导数定义，

$$f'(x_0)=\lim_{\Delta x\to 0}\frac{f(x_0+\Delta x)-f(x_0)}{\Delta x}=\lim_{x\to x_0}\frac{(x_0+\Delta x)^2-x_0^2}{\Delta x}=\lim_{x\to x_0}(2x_0+\Delta x)=2x_0.$$

例 8-2 设 $f(x)=\begin{cases}x^2\sin\dfrac{1}{x}, & x\neq 0,\\ 0, & x=0,\end{cases}$ 求 $f'(0)$.

解 根据定义，

$$f'(0)=\lim_{\Delta x\to 0}\frac{f(\Delta x)-f(0)}{\Delta x}=\lim_{\Delta x\to 0}(\Delta x)^2\sin\frac{1}{\Delta x}=0.$$

定理 8-1 函数 $y=f(x)$在点 x_0 处有导数 A 的充分必要条件是

$$\Delta y=A\cdot\Delta x+o(\Delta x). \tag{8-3}$$

证明 必要性：设 $y=f(x)$在点 x_0 处有导数 A，即 $\lim\limits_{\Delta x\to 0}\dfrac{\Delta y}{\Delta x}=A$，则由极限与无穷小量的关系，可知

$$\frac{\Delta y}{\Delta x}=A+\alpha,$$

其中，$\lim\limits_{\Delta x\to 0}\alpha=0$. 于是

$$\Delta y=A\cdot\Delta x+\alpha\cdot\Delta x=A\cdot\Delta x+o(\Delta x).$$

充分性：设函数 $y=f(x)$ 在点 x_0 处满足 $\Delta y=A\cdot\Delta x+o(\Delta x)$，其中 A 是一个仅与 x_0 有关而与 Δx 无关的常数. 两边同除以 Δx，得

$$\frac{\Delta y}{\Delta x}=A+\frac{o(\Delta x)}{\Delta x},$$

令 $\Delta x\to 0$，对上式两边取极限得 $\lim\limits_{\Delta x\to 0}\dfrac{\Delta y}{\Delta x}=A$. 由导数定义知，函数 $y=f(x)$在点 x_0 可导，且 $f'(x_0)=A$.

定理 8-1 告诉我们，可导函数的本质在于它局部地近乎线性，或增量之间的变化关系近乎按比例. 如同前面关于运动的讨论，对于变速运动，Δs 并非 Δt 的线性函数，但是却有近乎线性的关系，以后我们可以看到，在微分的概念下，$\mathrm{d}s$ 与 $\mathrm{d}t$ 有线性关系，这正是微分的关键所在：(可导)函数可局部线性(平直)化. 我们知道，平面上的直线方程是 x 和 y 的一次函数，也称为线性函数. 线性函数是最简单、最容易处理的函数. 对于复杂的函数，数学上常采用线性化的办法，使其简化. 定理 8-1 同时给我们提供了线性近似公式.

设函数 $y=f(x)$在点 x_0 处可导，则当$|\Delta x|$很小时，有

$$f(x_0+\Delta x)\approx f(x_0)+f'(x_0)\Delta x, \tag{8-4}$$

若记 $x=x_0+\Delta x$，则式(8-4)可写为

$$f(x)\approx f(x_0)+f'(x_0)(x-x_0). \tag{8-5}$$

特别地，当 $x_0=0$ 时，有

$$f(x)\approx f(0)+f'(0)x. \tag{8-6}$$

由式(8-6)可得如下近似公式：

(1) $\sin x\approx x$；

(2) $\arctan x\approx x$；

(3) $\ln(1+x)\approx x$；

(4) $\sqrt[n]{1+x}\approx 1+\dfrac{1}{n}x$；

(5) $e^x \approx 1+x$.

既然导数是一种极限,则由单侧极限的定义,我们可得单侧导数的概念.

定义 8-2 如果极限

$$\lim_{\Delta x\to 0^+}\frac{\Delta y}{\Delta x}=\lim_{x\to x_0^+}\frac{f(x)-f(x_0)}{x-x_0}\quad\left(\text{或}\lim_{\Delta x\to 0^-}\frac{\Delta y}{\Delta x}=\lim_{x\to x_0^-}\frac{f(x)-f(x_0)}{x-x_0}\right)$$

存在,则称函数 $y=f(x)$ 在点 x_0 处右可导(或左可导),其极限值称为函数 $f(x)$ 在点 x_0 处的**右导数**(或**左导数**),记为 $f'_+(x_0)$(或 $f'_-(x_0)$),右导数与左导数统称为**单侧导数**.

根据函数极限的性质,我们有如下定理.

定理 8-2 函数 $y=f(x)$ 在点 x_0 处可导的充分必要条件是函数 $y=f(x)$ 在点 x_0 处的左、右导数都存在且相等.

例 8-3 判定函数 $f(x)=|x|$ 在点 $x=0$ 处的可导性,如图 8-2 所示.

解 经过简单计算,$f'_+(0)=\lim\limits_{x\to 0^+}\dfrac{\Delta y}{\Delta x}=1$, $f'_-(0)=\lim\limits_{x\to 0^-}\dfrac{\Delta y}{\Delta x}=-1$.

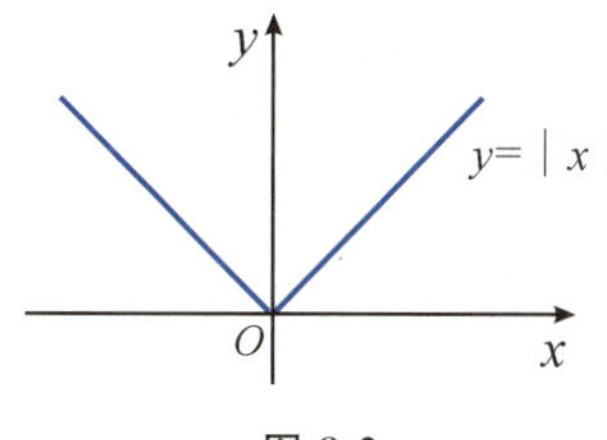

图 8-2

由定理 8-2 知,$f(x)=|x|$ 在点 $x=0$ 处不可导.

如果函数 $y=f(x)$ 在开区间 (a,b) 内每一点都可导,则称函数 $f(x)$ 在开区间 (a,b) 内可导;如果 $f(x)$ 在开区间 (a,b) 内可导,且 $f'_+(a)$ 与 $f'_-(b)$ 都存在,则称 $f(x)$ 在闭区间 $[a,b]$ 上可导. 若函数 $y=f(x)$ 在区间 I 上可导,则对 I 内每一点 x 都有一个确定的导数值 $f'(x)$ 与之对应,从而定义了一个新函数,称其为 $f(x)$ 的**导函数**,简称导数. 显然,函数 $y=f(x)$ 在点 x_0 处的导数 $f'(x_0)$,就是导函数 $f'(x)$ 在 $x=x_0$ 处的函数值,即

$$f'(x_0)=f'(x)\big|_{x=x_0}.$$

例 8-4 求函数 $y=f(x)=x^n$(n 为正整数)的导函数.

解 因为 $\Delta y=f(x+\Delta x)-f(x)=(x+\Delta x)^n-x^n$

$$=nx^{n-1}\Delta x+C_n^2x^{n-2}(\Delta x)^2+\cdots+(\Delta x)^n=nx^{n-1}\Delta x+o(\Delta x).$$

故由定理 8-1,可知

$$\lim_{\Delta x\to 0}\frac{\Delta y}{\Delta x}=nx^{n-1}.$$

更一般地,当 α 为任意实数时,

$$(x^\alpha)'=\alpha x^{\alpha-1}$$

仍成立.

例 8-5 求函数 $y=\sin x$,$y=\cos x$ 的导函数.

解 因为 $\Delta y=\sin(x+\Delta x)-\sin x=2\cos\left(x+\dfrac{\Delta x}{2}\right)\sin\dfrac{\Delta x}{2}$，故

$$\lim_{\Delta x\to 0}\frac{\Delta y}{\Delta x}=\lim_{\Delta x\to 0}\cos\left(x+\frac{\Delta x}{2}\right)\lim_{\Delta x\to 0}\frac{\sin\dfrac{\Delta x}{2}}{\dfrac{\Delta x}{2}}=\cos x,$$

即

$$(\sin x)'=\cos x.$$

同理可得

$$(\cos x)'=-\sin x.$$

例 8-6 求指数函数 $y=f(x)=a^x\ (a>0,a\neq 1)$ 的导数.

解 因为 $\Delta y=a^{x+\Delta x}-a^x=a^x(a^{\Delta x}-1)$，

则

$$\frac{\Delta y}{\Delta x}=a^x\frac{a^{\Delta x}-1}{\Delta x}.$$

利用变量代换及第二重要极限可得 $\lim\limits_{\Delta x\to 0}\dfrac{a^{\Delta x}-1}{\Delta x}=\ln a$，从而有

$$\lim_{\Delta x\to 0}\frac{\Delta y}{\Delta x}=\lim_{\Delta x\to 0}a^x\frac{a^{\Delta x}-1}{\Delta x}=a^x\lim_{\Delta x\to 0}\frac{a^{\Delta x}-1}{\Delta x}=a^x\ln a.$$

e的由来及应用

特别地，当 $a=\mathrm{e}$ 时，有

$$(\mathrm{e}^x)'=\mathrm{e}^x.$$

由定理 8-1 和例 8-3，我们可以得知可导与连续的关系.

定理 8-3 若函数 $y=f(x)$ 在点 x_0 处可导，则它在点 x_0 处连续；反之未必.

此定理可以简单地表述为：**可导必连续，反之未必**.

导数的物理和几何意义：变化率问题也反映在物体的运动中，运动的剧烈程度乃是路程相对于时间的关系. 最简单的运动是匀速直线运动，即任何时刻物体行经距离与所需时间之比 $\Delta s/\Delta t$ 恒为常量，此常量称为速度 v. 而对于变速直线运动 $s(t)$，我们尽管不能像匀速运动那样有一恒量速度，但是也需要找到一个恰当量来刻画运动在每一时刻的不同剧烈程度. 比较容易理解的概念是平均速度，即在 t_0 时刻，时间有增量 Δt，时间 t 从 t_0 变到 $t_0+\Delta t$，相应的路程从 $s(t_0)$ 变到 $s(t_0+\Delta t)$，从而得到了路程增量 $\Delta s=s(t_0+\Delta t)-s(t_0)$，进一步可得这一时间段内的平均速度 $\Delta s/\Delta t$. 然而，由于 Δt 的任意性，我们不知道究竟用哪一个作为 t_0 时刻“速度”的代表. 不过经验（实验）告诉我们，当 $\Delta t\to 0$ 时平均速度“越来越”稳定于某个量，这就启发我们用数学的极限概念去定义瞬时速度. 若极限 $\lim\limits_{\Delta t\to 0}\dfrac{\Delta s}{\Delta t}$ 存在，就称此为 t_0 时刻的瞬时速度，记为 $v(t_0)$. 因此瞬时速度的概念尽管受经验的启发，但是其定义却是超越经验、纯理性的.

另外，从导数的定义可见，函数 $y=f(x)$ 在点 x_0 处的导数 $f'(x_0)$ 在几何上表示曲线 $y=f(x)$ 在点 $M_0(x_0,y_0)$（其中 $y_0=f(x_0)$）处的切线斜率 k. 如果 α 表示这条切线与 x 轴正向的夹角（见图 8-1），则

$$k = \tan \alpha = f'(x_0).$$

从而，$f'(x_0)>0$ 意味着切线与 x 轴正向的夹角为锐角；$f'(x_0)<0$ 意味着切线与 x 轴正向的夹角为钝角；$f'(x_0)=0$ 表示切线与 x 轴平行.

如果 $y=f(x)$在点 x_0 处的导数为无穷大，这时曲线 $y=f(x)$的割线以垂直于 x 轴的直线 $x=x_0$ 为极限位置，即曲线 $y=f(x)$在点 $M_0(x_0,y_0)$处具有垂直于 x 轴的切线 $x=x_0$. 于是，由直线的点斜式方程，可知曲线 $y=f(x)$在点 $M_0(x_0,y_0)$处不垂直于 x 轴的切线方程为

$$y-y_0=f'(x_0)(x-x_0) \tag{8-7}$$

过点 M_0 且与切线垂直的直线叫作曲线 $y=f(x)$在点 M_0 处的**法线**. 如果 $f'(x_0)\neq 0$，则此法线的方程为

$$y-y_0=-\frac{1}{f'(x_0)}(x-x_0). \tag{8-8}$$

例 8-7 求曲线 $y=\frac{1}{x}$ 在点$\left(\frac{1}{2},2\right)$处的切线斜率，并写出在该点处的切线方程和法线方程.

解

$$y'=-\frac{1}{x^2},\quad k=-\frac{1}{x^2}\bigg|_{x=\frac{1}{2}}=-4.$$

因此所求切线方程为

$$y-2=-4\left(x-\frac{1}{2}\right) \quad 或 \quad 4x+y-4=0.$$

法线方程为

$$y-2=\frac{1}{4}\left(x-\frac{1}{2}\right) \quad 或 \quad 2x-8y+15=0.$$

由以上切线的定义，我们知道导数是从动态观点出发去理解的. 我们对于具体切线的认知上有何不同呢？下面举一个一条曲线与其切线有无穷多交点的例子.

例 8-8 设函数 $y=f(x)=\begin{cases}\sin x, & x\geqslant 0,\\ x, & x<0,\end{cases}$ 求此函数曲线在原点处的切线方程.

解 $f'_+(0)=\lim\limits_{\Delta x\to 0^+}\dfrac{\sin \Delta x-0}{\Delta x}=1,\quad f'_-(0)=\lim\limits_{\Delta x\to 0^-}\dfrac{\Delta x-0}{\Delta x}=1,$

因此函数曲线在原点处的切线方程为 $y=x$，与曲线有多个交点.

此外，需要说明的是，虽然函数在某一点的导数不存在，但是切线仍然可能存在.

例 8-9 求曲线 $y=f(x)=\sqrt[3]{x}$ 在原点处的切线.

解 不难知道，曲线在点 $x=0$ 处的导数不存在，但为无穷大. 根据切线的定义，曲线 $y=\sqrt[3]{x}$ 在原点具有垂直于 x 轴的切线(见图 8-3).

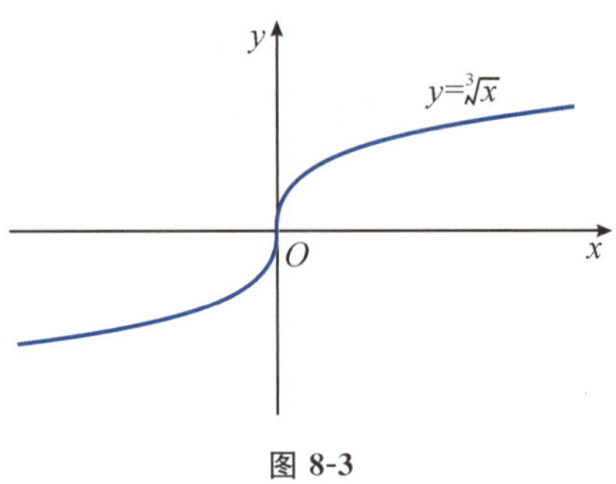

图 8-3

第三节 求导法则

对于一般函数的导数，通常直接用定义来求较为烦琐. 本节的目的在于在按定义求导的基础上进一步提高求导能力，逐步扩充求导公式、法则，以便简便地解决初等函数的求导问题.

一、导数的四则运算法则

定理 8-4 设函数 $u=u(x)$ 和 $v=v(x)$ 在点 x 处都可导，则它们的和、差、积、商（$v=v(x)\neq0$）在该点处也分别可导，且其导数运算分别满足以下法则：

(1) $(u\pm v)'=u'\pm v'$； (8-9)

(2) $(uv)'=u'v+uv'$； (8-10)

(3) $\left(\dfrac{u}{v}\right)'=\dfrac{u'v-uv'}{v^2}\quad(v\neq0)$. (8-11)

乘积型导数运算

在此仅证明法则(2).

证明 令 $y=u(x)v(x)$，当 x 有增量 Δx 时，得乘积函数的增量

$$\begin{aligned}\Delta y&=u(x+\Delta x)v(x+\Delta x)-u(x)v(x)\\&=u(x+\Delta x)v(x+\Delta x)-u(x)v(x+\Delta x)+u(x)v(x+\Delta x)-u(x)v(x)\\&=[u(x+\Delta x)-u(x)]v(x+\Delta x)+u(x)[v(x+\Delta x)-v(x)]\\&=v(x+\Delta x)\Delta u+u(x)\Delta v,\end{aligned}\tag{8-12}$$

从而增量比为

$$\frac{\Delta y}{\Delta x}=\frac{\Delta u}{\Delta x}v(x+\Delta x)+u(x)\frac{\Delta v}{\Delta x}.$$

由于 $u(x)$，$v(x)$ 在点 x 处可导，则由极限的四则运算法则及可导必连续这一性质，有

$$\begin{aligned}\lim_{\Delta x\to0}\frac{\Delta y}{\Delta x}&=\lim_{\Delta x\to0}\left[\frac{\Delta u}{\Delta x}v(x+\Delta x)+u(x)\frac{\Delta v}{\Delta x}\right]\\&=\lim_{\Delta x\to0}\frac{\Delta u}{\Delta x}\cdot\lim_{\Delta x\to0}v(x+\Delta x)+\lim_{\Delta x\to0}u(x)\cdot\lim_{\Delta x\to0}\frac{\Delta v}{\Delta x}\end{aligned}$$

$$= u'(x)v(x) + u(x)v'(x),$$

这就证明了函数 $y=u(x)v(x)$ 在点 x 处是可导的，且有

$$(uv)' = u'v + uv'.$$

例 8-10 求 $y = 2x^3 + \cos x - \frac{1}{x} + 5$ 的导数.

解 $y' = (2x^3)' + (\cos x)' - \left(\frac{1}{x}\right)' + (5)'$

$$= 6x^2 - \sin x + \frac{1}{x^2}.$$

例 8-11 求证 $(\tan x)' = \sec^2 x$.

证明 令 $y = \tan x$，则

$$y' = \left(\frac{\sin x}{\cos x}\right)' = \frac{(\sin x)'\cos x - \sin x(\cos x)'}{\cos^2 x}$$

$$= \frac{\cos^2 x + \sin^2 x}{\cos^2 x} = \frac{1}{\cos^2 x} = \sec^2 x,$$

即

$$(\tan x)' = \sec^2 x.$$

同理可证

$$(\cot x)' = \left(\frac{\sin x}{\cos x}\right)' = -\frac{1}{\sin^2 x} = -\csc^2 x.$$

二、复合函数求导法则

定理 8-5 设 $y=f(\varphi(x))$ 是由函数 $y=f(u)$ 及 $u=\varphi(x)$ 复合而成的函数，并设函数 $u=\varphi(x)$ 在点 x 处可导，$y=f(u)$ 在对应的点 $u=\varphi(x)$ 处也可导，则复合函数 $y=f(\varphi(x))$ 在点 x 处可导，且有

$$\frac{dy}{dx} = \frac{dy}{du} \cdot \frac{du}{dx}. \tag{8-13}$$

式(8-13)也可写为

$$y'_x = y'_u \cdot u'_x, \tag{8-14}$$

或

$$y'_x = f'(u) \cdot \varphi'(x), \tag{8-15}$$

其中，y'_x 表示 y 对自变量 x 的导数，y'_u（或 $f'(u)$）表示 y 对中间变量 u 的导数，而 u'_x（或 $\varphi'(x)$）表示中间变量 u 对自变量 x 的导数.

证明从略.

复合函数的求导公式，好像是一个环环相扣的链条，因此常被形象地称为“链式法则”.

例 8-12 求 $y = \sin(x^2 + x + 1)$ 的导数.

解 令 $y = \sin u, u = x^2 + x + 1$. 因为

$$\frac{\mathrm{d}y}{\mathrm{d}u}=(\sin u)'_u=\cos u, \quad \frac{\mathrm{d}u}{\mathrm{d}x}=(x^2+x+1)'=2x+1,$$

所以

$$\frac{\mathrm{d}y}{\mathrm{d}x}=\frac{\mathrm{d}y}{\mathrm{d}u}\cdot\frac{\mathrm{d}u}{\mathrm{d}x}=\cos u\cdot(2x+1),$$

将中间变量 u 代回，即在上式右端用 $u=x^2+x+1$ 代入，得

$$\frac{\mathrm{d}y}{\mathrm{d}x}=(2x+1)\cos(x^2+x+1).$$

例 8-13 求 $y=(x^2-\cos x+7)^{100}$ 的导数.

解 令 $y=u^{100}$，$u=x^2-\cos x+7$. 因为

$$y'_u=100u^{99}, \quad u'_x=2x+\sin x,$$

所以

$$y'=100u^{99}\cdot(2x+\sin x)=100(2x+\sin x)(x^2-\cos x+7)^{99}.$$

例 8-14 设 α 为实数，求幂函数 $y=x^\alpha \quad (x>0)$ 的导数.

解 因为 $y=x^\alpha=\mathrm{e}^{\alpha\ln x} \quad (x>0)$，可将其看作 $y=\mathrm{e}^u$ 与 $u=\alpha\ln x$ 的复合函数，则由复合函数求导法，得

$$y'=(\mathrm{e}^{\alpha\ln x})'=\mathrm{e}^{\alpha\ln x}\cdot\frac{\alpha}{x}=x^\alpha\cdot\frac{\alpha}{x}=\alpha x^{\alpha-1}.$$

有时复合函数的中间变量有两个或两个以上，复合函数求导的链式法则仍成立. 以两个中间变量为例，设 $y=f(u)$，$u=\varphi(v)$，$v=\psi(x)$，则复合函数 $y=f(\varphi(\psi(x)))$ 的导数为

$$\frac{\mathrm{d}y}{\mathrm{d}x}=\frac{\mathrm{d}y}{\mathrm{d}u}\cdot\frac{\mathrm{d}u}{\mathrm{d}v}\cdot\frac{\mathrm{d}v}{\mathrm{d}x} \quad 或 \quad y'_x=y'_u\cdot u'_v\cdot v'_x.$$

三、反函数求导法则

定理 8-6 若函数 $y=f(x)$ 在某区间 I_x 内严格单调、可导，且 $f'(x)\neq 0$，则其反函数 $x=\varphi(y)$ 在相应的区间 I_y 内也可导，且

$$\varphi'(y)=\frac{1}{f'(x)}, \tag{8-16}$$

或写成

$$\frac{\mathrm{d}x}{\mathrm{d}y}=1\Big/\frac{\mathrm{d}y}{\mathrm{d}x}. \tag{8-17}$$

证明 由于 $y=f(x)$ 严格单调且可导，则不难证明，反函数 $x=\varphi(y)$ 也严格单调且连续. 因此，当 $\Delta y\neq 0$ 时，$\Delta x\neq 0$，且当 $\Delta y\to 0$ 时，$\Delta x\to 0$. 于是反函数 $x=\varphi(y)$ 对 y 的导数为

$$\varphi'(y)=\lim_{\Delta y\to 0}\frac{\Delta x}{\Delta y}=\lim_{\Delta x\to 0}\frac{1}{\frac{\Delta y}{\Delta x}}=\frac{1}{f'(x)}.$$

例 8-15 求 $y=\arcsin x \quad (-1<x<1)$ 的导数.

解 由定理 8-6 可知,当 $x\in(-1,1)$时,y'_x也存在,且 $y'_x=\dfrac{1}{x'_y}$,因此

$$(\arcsin x)'=\frac{1}{(\sin y)'}=\frac{1}{\cos y}=\frac{1}{\sqrt{1-\sin^2 y}}=\frac{1}{\sqrt{1-x^2}},$$

即

$$(\arcsin x)'=\frac{1}{\sqrt{1-x^2}} \quad (-1<x<1).$$

同理可得

$$(\arccos x)'=-\frac{1}{\sqrt{1-x^2}} \quad (-1<x<1);$$

$$(\arctan x)'=\frac{1}{1+x^2} \quad (-\infty<x<+\infty).$$

例 8-16 求 $y=\log_a x \quad (a>0,a\neq 1)$ 的导数.

解 因为 $y=\log_a x \quad (a>0,a\neq 1,x>0)$ 的反函数 $x=a^y \quad (a>0,a\neq 1)$ 在$(-\infty,+\infty)$内严格单调可导,且 $(a^y)'=a^y\ln a\neq 0$,所以在对应的区间$(0,+\infty)$内,有

$$(\log_a x)'=\frac{1}{(a^y)'}=\frac{1}{a^y\ln a}=\frac{1}{x\ln a}.$$

即

$$(\log_a x)'=\frac{1}{x\ln a}.$$

特别地,当 $a=\mathrm{e}$ 时,有

$$(\ln x)'=\frac{1}{x}.$$

例 8-17 求 $y=\ln|x|$ 的导数.

解 $y=\ln|x|=\begin{cases}\ln x, & x>0,\\ \ln(-x), & x<0,\end{cases}$

这是个分段函数,因此当 $x>0$ 时,

$$y'=(\ln x)'=\frac{1}{x};$$

当 $x<0$ 时,

$$y'=(\ln(-x))'=\frac{1}{-x}(-x)'=\frac{1}{x}.$$

综合以上,

$$y'=(\ln|x|)'=\frac{1}{x} \quad (x\neq 0).$$

为便于查阅,列基本初等函数的导数如下:

(1)$(C)'=0$ (C 为常数);　　(2)$(x^\alpha)'=\alpha x^{\alpha-1}$;

(3) $(\sin x)' = \cos x$；

(4) $(\cos x)' = -\sin x$；

(5) $(\tan x)' = \sec^2 x$；

(6) $(\cot x)' = -\csc^2 x$；

(7) $(\sec x)' = \sec x\tan x$；

(8) $(\csc x)' = -\csc x\cot x$；

(9) $(a^x)' = a^x\ln a$；

(10) $(e^x)' = e^x$；

(11) $(\log_a x)' = \dfrac{1}{x\ln a}$；

(12) $(\ln x)' = \dfrac{1}{x}$；

(13) $(\arcsin x)' = \dfrac{1}{\sqrt{1-x^2}}$；

(14) $(\arccos x)' = -\dfrac{1}{\sqrt{1-x^2}}$；

(15) $(\arctan x)' = \dfrac{1}{1+x^2}$；

(16) $(\text{arccot}\, x)' = -\dfrac{1}{1+x^2}$.

四、隐函数求导法和对数求导法

变量 y 与 x 的对应规则是由二元方程 $F(x,y)=0$ 来确定的，我们称这种形式表示的函数为**隐函数**. 由于隐函数 $y(x)$ 满足恒等式 $F(x,y(x))\equiv 0$，故可对恒等式关于 x 求导. 例如对方程 $e^{xy}+y^2-4x=0$ 求导，可得 $e^{xy}(y+xy')+2yy'-4=0$，从而解出

$$\frac{dy}{dx}=\frac{-ye^{xy}+4}{xe^{xy}+2y}.$$

例 8-18 求由方程 $x^2+xy+y^2-4=0$ 所确定的曲线 $y=y(x)$ 在点 $M(2,-2)$ 处的切线方程.

解 将方程两边对 x 求导，得 $2x+y+xy'+2yy'=0$，即

$$y'=-\frac{2x+y}{x+2y}.$$

于是

$$y'\big|_{M(2,-2)}=-\frac{2x+y}{x+2y}\bigg|_{\substack{x=2\\y=-2}}=1,$$

故曲线过点 $M(2,-2)$ 的切线方程为 $y=x-4$.

例 8-19 求 $y=x^{\cos x}\quad(x>0)$ 的导数 y'.

解 首先，对函数式两边取自然对数，使之成为隐函数：

$$\ln y=\cos x\ln x.$$

然后，按隐函数求导法，对上式两边关于 x 求导，并注意 y 是 x 的函数，有

$$\frac{y'}{y}=-\sin x\ln x+\frac{\cos x}{x}.$$

整理后，得

$$y'=y\left(\frac{\cos x}{x}-\sin x\ln x\right).$$

最后，把 $y=x^{\cos x}$ 代入，得

$$y'=x^{\cos x}\left(\frac{\cos x}{x}-\sin x\ln x\right).$$

第四节　高阶导数

设物体运动方程为 $s=s(t)$，则物体运动速度为 $v(t)=s'(t)$，速度在时刻 t_0 的变化率为

$$\lim_{\Delta t\to 0}\frac{v(t_0+\Delta t)-v(t_0)}{\Delta t}=\lim_{t\to t_0}\frac{v(t)-v(t_0)}{t-t_0},$$

此为物体在时刻 t_0 的加速度．因此，加速度是速度函数的导数，也就是路程函数 $s(t)$ 的导函数的导数，这就产生了高阶导数的概念．

定义 8-3　如果函数 $y=f(x)$ 的导函数 $f'(x)$ 在点 x_0 处可导，那么称 $f'(x)$ 在点 x_0 处的导数为 $f(x)$ 在点 x_0 处的二阶导数，记作 $f''(x_0)$，即

$$\lim_{\Delta x\to 0}\frac{f'(x_0+\Delta x)-f'(x_0)}{\Delta x}=f''(x_0),$$

同时称 $f(x)$ 在点 x_0 为二阶可导．

若 $y=f(x)$ 在区间 I 上的每一点都二阶可导，则得到区间上的二阶导数，记作

$$f''(x),\quad y'',\quad \text{或}\quad \frac{\mathrm{d}^2 y}{\mathrm{d}x},\quad x\in I.$$

一般地，可由 $y=f(x)$ 的 $n-1$ 阶导函数定义 $f(x)$ 的 n 阶导函数(或简称 n 阶导数)．

二阶及二阶以上的导数称为**高阶导数**，相应地，把 $f'(x)$ 称为一阶导数；为叙述方便，$f(x)$ 称为零阶导数，并记为 $f^{(0)}(x)$．函数 $y=f(x)$ 在点 x_0 处的 n 阶导数，记作

$$f^{(n)}(x_0),\quad y^{(n)}\big|_{x=x_0},\quad \text{或}\quad \left.\frac{\mathrm{d}^n y}{\mathrm{d}x^n}\right|_{x=x_0}.$$

相应地，n 阶导函数记作

$$f^{(n)}(x),\quad y^{(n)},\quad \text{或}\quad \frac{\mathrm{d}^n y}{\mathrm{d}x^n}.$$

例 8-20　求幂函数 $y=x^n$　(n 为正整数)的各阶导数．

解　$y'=nx^{n-1},\quad y''=n(n-1)x^{n-2},\quad \cdots,$

$y^{(n)}=n!,\quad y^{(n+1)}=y^{(n+2)}=\cdots=0.$

例 8-21　求 $y=\sin x$ 的 n 阶导数．

解　$y'=\cos x,\quad y''=-\sin x,\quad y'''=-\cos x,$

一般地，可得

$$y^{(n)}=\sin^{(n)}x=\sin\left(x+\frac{n\pi}{2}\right).$$

同理可得

$$\cos^{(n)}x=\cos\left(x+\frac{n\pi}{2}\right).$$

例 8-22　设 $y=y(x)$ 是由方程 $xy+\mathrm{e}^y-1=0$ 所确定的隐函数，求 y'' 及 $y''\big|_{x=0}$．

解 用隐函数求导法，方程两端对 x 求导，并注意 y 是 x 的函数，得

$$y+xy'+\mathrm{e}^y\cdot y'=0, \tag{①}$$

式①两端再对 x 求导，并注意 y,y' 均是 x 的函数，得

$$y'+y'+xy''+\mathrm{e}^y(y')^2+\mathrm{e}^y y''=0, \tag{②}$$

解出

$$y''=-\frac{y'(2+\mathrm{e}^y y')}{x+\mathrm{e}^y}, \tag{③}$$

由式①解出 $y'=-\dfrac{y}{x+\mathrm{e}^y}$，代入式③得

$$y''=-\frac{y(2x+2\mathrm{e}^y-y\mathrm{e}^y)}{(x+\mathrm{e}^y)^3}. \tag{④}$$

当 $x=0$ 时，由原方程得 $y=0$，将它们代入式④，得

$$y''\big|_{x=0}=-\frac{y(2x+2\mathrm{e}^y-y\mathrm{e}^y)}{(x+\mathrm{e}^y)^3}\bigg|_{\substack{x=0\\y=0}}=0.$$

第五节　微分——变化的意向

我们先对运动作一些思辨探索.要问物体之所以能运动，我们认为是因为物体有运动的意向(趋势)，也许反过来说更明白，物体若无运动意向，则不会运动. 当然我们说运动意向时，绝非要表达物体有自我意识. 运动意向具有不同程度，这种程度与时间的流逝意向相比较才有意义. 若记运动意向为 $\mathrm{d}s$，时间流逝意向为 $\mathrm{d}t$，则 $\mathrm{d}s$ 与 $\mathrm{d}t$ 分别通过 Δs 与 Δt 来表示，运动的变化率 $v(t)$ 是运动意向与时间流逝意向的比较. 意向是先验的，必须通过后验的增量 Δs 与 Δt 的比较而得到. 先验是后验的基础，而后验是先验的表述. 因此，$v(t)=\mathrm{d}s/\mathrm{d}t=\lim\limits_{\Delta t\to 0}\Delta s/\Delta t$. 故此，$\mathrm{d}s$ 与 $\mathrm{d}t$ 也可写成线性的形式：$\mathrm{d}s=v(t)\mathrm{d}t$.

定义 8-4 设函数 $y=f(x)$ 在点 x_0 的某邻域 $U(x_0)$ 内有定义. 对于 x_0 处任意一个增量 Δx，相应地，$\Delta y=f(x_0+\Delta x)-f(x_0)$. 如果 $\Delta y=A\Delta x+o(\Delta x)$，其中 A 为只与 x_0 有关而与 Δx 无关的常数，则称函数 $f(x)$ 在点 x_0 处**可微**.

根据上述所论，此时“变化意向”$\mathrm{d}y,\mathrm{d}x$ 呈线性关系，即 $\mathrm{d}y=A\mathrm{d}x=f'(x_0)\mathrm{d}x$，我们也称 $\mathrm{d}x$ 为**自变量的微分**，称 $\mathrm{d}y$ 为**因变量的微分**. 在莱布尼茨看来，$\mathrm{d}x$ 是一个任意量(an arbitrary quantity)，而 $\mathrm{d}y$ 则是一个相对于 $\mathrm{d}x$ 的量，其比值为纵坐标与次切距之比. 我们对微分所作上述之定义，在逻辑上是清晰的，也比较符合莱布尼茨之原意，且具有数学对称之美. 而通常微分定义为 $\mathrm{d}y=A\Delta x$，忽视了微分作为“变化意向”与有限增量 Δx 之间的质素上的差异.

由定理 8-1 可知，可导与可微分对于一元实函数是等价的. 若 $y=f(x)$ 可微分，则

$$\mathrm{d}y=f'(x)\mathrm{d}x.$$

例 8-23 设 $y=x^2\sin(x^3-1)$，求 $\mathrm{d}y$.

解 因为 $y' = 2x\sin(x^3-1) + 3x^4\cos(x^3-1)$，则

$$dy = y'dx = [2x\sin(x^3-1) + 3x^4\cos(x^3-1)]dx.$$

由于可微与可导的等价性，函数微分公式实则为求导公式，列举如下：

(1) $d(C)=0$ （C 为常数）； (2) $d(x^\alpha) = \alpha x^{\alpha-1}dx$；

(3) $d(\sin x) = \cos x dx$； (4) $d(\cos x) = -\sin x dx$；

(5) $d(\tan x) = \sec^2 x dx$； (6) $d(\cot x) = -\csc^2 x dx$；

(7) $d(\sec x)dx = \sec x\tan x dx$； (8) $d(\csc x) = -\csc x\cot x dx$；

(9) $d(a^x) = a^x\ln a dx$； (10) $d(e^x) = e^x dx$；

(11) $d(\log_a x) = \dfrac{1}{x\ln a}dx$； (12) $d(\ln x) = \dfrac{1}{x}dx$；

(13) $d(\arcsin x) = \dfrac{1}{\sqrt{1-x^2}}dx$； (14) $d(\arccos x) = -\dfrac{1}{\sqrt{1-x^2}}dx$；

(15) $d(\arctan x) = \dfrac{1}{1+x^2}dx$； (16) $d(\text{arccot}\, x) = -\dfrac{1}{1+x^2}dx$.

一、微分的四则运算法则

(1) $d(u \pm v) = du \pm dv$； (2) $d(Cu)=Cdu$ （C 为常数）；

(3) $d(uv) = vdu + udv$； (4) $d\left(\dfrac{u}{v}\right) = \dfrac{vdu - udv}{v^2}$ $(v \neq 0)$.

二、一阶微分形式的不变性

设 $y=f(u)$，$u=\varphi(x)$. 现在我们进一步来推导复合函数 $y=f(\varphi(x))$ 的微分法. 如果 $y=f(u)$，$u=\varphi(x)$ 都可微，则 $y=f(\varphi(x))$ 的微分为

$$dy = y'_x dx = f'(u) \cdot \varphi'(x)dx.$$

由于 $\varphi'(x)dx = du$，故 $y = f(\varphi(x))$ 的微分公式也可写成

$$dy = f'(u)du \quad 或 \quad dy = y'_u du.$$

由此可见，无论 u 是自变量 $(u=x)$ 还是复合函数的中间变量 $(u=\varphi(x))$，函数 $y=f(u)$ 的一阶微分形式总是不变的，即有

$$dy = f'(u)du.$$

这一性质称为微分形式的不变性.

例 8-24 求由方程 $e^{xy} + x^2y - 1 = 0$ 所确定的隐函数 $y = y(x)$ 的微分.

解 对方程 $e^{xy} + x^2y - 1 = 0$ 两边求微分. 在对方程左端求微分时利用微分形式的不变性，其中有

$$d(e^{xy}) = e^{xy}d(xy) = e^{xy}(xdy + ydx),$$

$$d(x^2y) = 2xydx + x^2dy,$$

于是得到

$$(e^{xy}+x)x\mathrm{d}y+(e^{xy}+2x)y\mathrm{d}x=0,$$

从而有

$$\mathrm{d}y=-\frac{(e^{xy}+2x)y}{(e^{xy}+x)x}\mathrm{d}x.$$

三、导数、微分的应用

我们可以利用一阶微分近似公式

$$f(x)\approx f(x_0)+f'(x_0)(x-x_0)$$

作近似计算.

例 8-25 设钟摆的周期是 1 s,在冬季摆长至多缩短 0.01 mm,试问此钟摆每天至多快几秒?

解 由物理学知,周期 T 与摆长 l 有如下公式:

$$T=2\pi\sqrt{\frac{l}{g}},$$

已知钟摆周期为 1 s,故原摆长

$$l_0=\frac{g}{(2\pi)^2}.$$

当摆长的增量 $\Delta l=-0.01\ \mathrm{mm}=-0.00001\ \mathrm{m}$ 时,引起周期增量

$$\Delta T\approx\left.\frac{\mathrm{d}T}{\mathrm{d}l}\right|_{l=l_0}\cdot\Delta l=\frac{\pi}{\sqrt{g}}\cdot\frac{1}{\sqrt{l_0}}\Delta l=\frac{2\pi^2}{g}\Delta l\approx-0.00002\ (\mathrm{s}),$$

即每摆周期加快约 0.00002 s,因此每天加快约 $60\times60\times24\times0.00002=1.73(\mathrm{s})$.

例 8-26 求 $\tan 31^\circ$的近似值.

解 本题需要注意的是,要将角度制首先转化为弧度制. 令 $f(x)=\tan x$,取 $x_0=\frac{\pi}{6}$,$x=\frac{\pi}{6}+\frac{\pi}{180}$,$x-x_0=\frac{\pi}{180}$,又 $f'(x)=\sec^2 x$,$f'(x_0)=\sec^2\frac{\pi}{6}=\frac{4}{3}$,由一阶微分近似公式,有

$$\tan 31^\circ=\tan\left(\frac{\pi}{6}+\frac{\pi}{180}\right)\approx\tan\frac{\pi}{6}+\sec^2\frac{\pi}{6}\cdot\frac{\pi}{180}.$$

已知 $\tan\frac{\pi}{6}=\frac{1}{\sqrt{3}}\approx0.57735$,$\sec^2\frac{\pi}{6}\cdot\frac{\pi}{180}=\frac{4}{3}\cdot\frac{\pi}{180}\approx0.02327$,从而有

$$\tan 31^\circ\approx0.57735+0.02327=0.60062.$$

查三角函数表得,$\tan 31^\circ=0.60086$,两者误差仅为 0.00024.

例 8-27 利用近似公式求$\sqrt{2}$高精度的近似值.

解 我们先考虑 $f(x)=\sqrt{1+x}$,则利用近似公式可以得到

$$\sqrt{1+x}\approx1+\frac{1}{2}x.$$

若简单地表示$\sqrt{2}=\sqrt{1+1}$，则$\sqrt{2}=\sqrt{1+1}\approx 1+\frac{1}{2}=1.5$，显然这样的近似值极其粗糙. 所以，应当注意近似公式的应用原则：当 x 越小的时候，近似值越精确. 因此

$$\begin{aligned}\sqrt{2}&=\sqrt{1.4^2+0.04}=1.4\sqrt{1+\frac{0.04}{1.4^2}}\\&\approx 1.4\left(1+\frac{1}{2}\times\frac{0.04}{1.4^2}\right)\approx 1.414285714285714.\end{aligned}$$

这已经是相当精确的近似值，因为 $1.414285714285714^2\approx 2.000204081632652$. 但我们可以按照近似公式继续求得更精确的数据. 为方便，我们近似地取$\sqrt{2}\approx 1.414286$，而

$$\begin{aligned}\sqrt{2}&=\sqrt{1.414286^2-0.000204889796}\\&=1.414286\sqrt{1-\frac{0.000204889796}{1.414286^2}}\\&\approx 1.414286\left(1-\frac{1}{2}\times\frac{0.000204889796}{1.414286^2}\right)\\&\approx 1.414286-\frac{0.000204889796}{1.414286}\\&\approx 1.414213564.\end{aligned}$$

经过简单平方计算 $1.414213564^2\approx 2.0000000046$. 可见，通过二次应用近似公式，就已经达到很高的精度. 这个过程可以继续，得到越来越精确的数据.

习题八

1. 根据导数定义求下列函数的导数：

(1) $y=3x^2-5$；　　(2) $y=\sqrt{x}$；　　(3) $y=\dfrac{1}{1+x}$.

2. 设物体绕定轴旋转，在时间间隔$[0,t]$$(t>0)$转过角度 θ. 求物体在 $t=t_0$ 这一瞬时的角速度？

3. 设 $f(x)$在 $x=3$ 处连续，且 $\lim\limits_{x\to 3}\dfrac{f(x)}{x-3}=\dfrac{1}{2}$，求 $f'(3)$.

4. 在抛物线 $y=x^2$ 上取两点：$M_1(1,1)$及 $M_2(3,9)$，过此两点作割线 M_1M_2. 问：抛物线上哪一点的切线平行于割线 M_1M_2？

5. 讨论下列函数在 $x=0$ 处的连续性和可导性：

(1) $y=x|x|$；　　(2) $\begin{cases}x\sin\dfrac{1}{x}, & x\neq 0,\\ 0, & x=0;\end{cases}$　　(3) $y=\begin{cases}x^2, & x\leqslant 0,\\ \sqrt{x}, & x>0.\end{cases}$

6. 构造一个仅在一点处可导的函数.

7. 求下列函数在指定点的导数：

(1)设 $f(x)=3x^4+2x^3+5$，求 $f'(0),f'(1)$；

(2)设 $f(x)=\dfrac{x}{\cos x}$，求 $f'(0),f'(\pi)$.

8. 求下列函数的导数：

(1) $y=(x+1)(x+2)(x+3)$；

(2) $y=\dfrac{\tan x}{e^x}$；

(3) $y=x^2\ln x$；

(4) $y=e^{-x}\sin 2x$；

(5) $y=\dfrac{1-\ln x}{1+\ln x}$；

(6) $y=(\sqrt{x}+1)\arctan x$；

(7) $y=(x^2-x+1)^{2012}$；

(8) $y=\ln(\sin(x^2+x+1))$；

(9) $y=\left(\dfrac{x}{1+x}\right)^x$；

(10) $y=\sqrt{\dfrac{x^2-x+1}{\sqrt{x^2+4}}}$；

(11) $y=\sqrt{x^2+1}\cdot e^{x^2}$；

(12) $y=\ln\dfrac{\sqrt{x}-1}{\sqrt{x}+1}$；

(13) $y=x\sqrt{1-x^2}+\arcsin x$；

(14) $y=\sin(e^{2\sqrt{x+1}}+x+1)$.

9. 求下列隐函数 $y=y(x)$ 的导数：

(1) $(2x+y)^3=x+5$；

(2) $xy-e^x+e^y=0$；

(3) $y=x+\ln y$；

(4) $y-x-\varepsilon\sin y=0$.

10. 求下列参数方程所确定的函数 $y=y(x)$ 的导数：

(1) $\begin{cases}x=a\cos t,\\ y=a\sin t;\end{cases}$

(2) $\begin{cases}x=\sin t,\\ y=\cos 2t;\end{cases}$

(3) $\begin{cases}x=\dfrac{t}{1+t},\\ y=\dfrac{1-t}{1+t};\end{cases}$

(4) $\begin{cases}x=\cos^4 t,\\ y=\sin^4 t.\end{cases}$

11. 已知 $y=f(\sin^2 x)+f(\cos^2 x)$，求 $y'\left(\dfrac{\pi}{2}\right)$.

12. 求下列函数的微分：

(1) $y=\sqrt{1-x^2}$；

(2) $y=\ln(x+\sqrt{x^2-a^2})$；

(3) $y=e^{\cos(x^3+x+1)}$；

(4) $y=\dfrac{x^2+1}{x+1}$；

(5) $y=\arcsin\sqrt{x+1}$；

(6) $xy=a^2$.

13. 求由下列方程所确定的隐函数 $y=y(x)$ 的微分：

(1) $y-x-\ln y=0$；

(2) $xe^y-y+1=0$；

(3) $x^2+y^2+xy-4=0$；

(4) $e^y-xy=0$.

14. 计算下列近似值：

(1) $\sqrt[3]{1.03}$；

(2) $e^{0.05}$；

(3) $\cos 60°20'$.

15. 求下列函数的二阶导数：

(1) $y = x^3 + 5x^2 - 2x + 7$；

(2) $y = \dfrac{x^2}{\sqrt{1+x}}$；

(3) $y = x^5 \ln x$；

(4) $y = x^2 e^{5x}$；

(5) $e^y = xy$；

(6) $y = e^{-x^2} \arcsin x$；

(7) $y^3 + y^2 - 2x = 0$；

(8) $x + y - \tan(x + y) = 0$.

16. 求下列函数的 n 阶导数 $y^{(n)}$：

(1) $y = \dfrac{1}{x}$；

(2) $y = xe^x$；

(3) $y = \ln(1 + x)$.

17. 正午 12 点，甲船以 6 km/h 的速度向东行驶，乙船在甲船的北面 16 km 处以 8 km/h 的速度向南行驶，求下午 1 点整两船距离的变化速度.

第九章　微分中值定理及其应用

导数作为函数的变化率，在研究函数的性态（包括函数的单调性、凹凸性、极值问题和最值问题）中有着十分重要的意义．因此，导数在自然科学、工程技术以及经济等领域中有着非常广泛的应用，而微分中值定理正是导数应用的理论基础．本章先介绍微分中值定理，再应用导数求未定型的函数极限、研究函数及其图像的某些性态，并应用导数解决自然界、工程技术和实际生活中的一些最优化问题．最后我们介绍导数在经济学中的应用，推导出经济学里面的一些基本命题．

第一节　微分中值定理

函数的极值性质、函数曲线的几何形态以及复杂的函数极限计算都有赖于微分学的一些基本定理，即本章所谓的微分中值定理．

定义 9-1　设在点 x_0 的 δ 邻域，恒有 $f(x_0)\leqslant f(x)$（或 $f(x_0)\geqslant f(x)$），则称 $f(x_0)$ 为函数 $f(x)$ 的**极小值**（或**极大值**），称点 x_0 为**极小值点**（或**极大值点**）．极大值与极小值统称为**极值**，极大值点与极小值点统称为**极值点**．

定理 9-1（费马定理）　设 x_0 是函数 $f(x)$ 的一个极值点，且 $f(x)$ 在点 x_0 处可导，则 $f'(x_0)=0$．

证明　仅就极大值情况证明．如图 9-1 所示，由左、右导数定义，有

$$f'_-(x_0)=\lim_{x\to x_0^-}\frac{f(x)-f(x_0)}{x-x_0},$$

$$f'_+(x_0)=\lim_{x\to x_0^+}\frac{f(x)-f(x_0)}{x-x_0}.$$

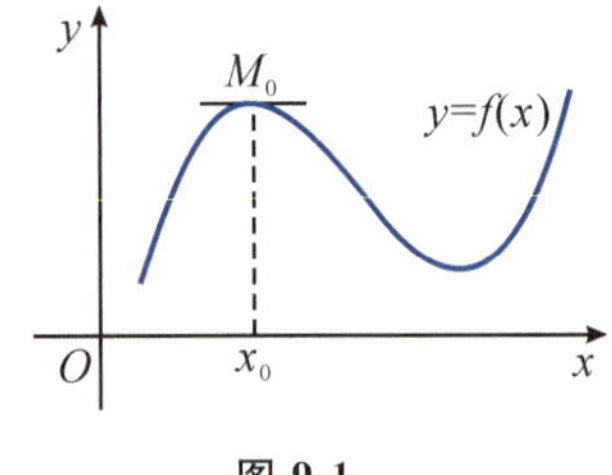

图 9-1

由于 x_0 是函数 $f(x)$ 的一个极大值点，因此在点 x_0 的 δ 邻域，均有 $f(x_0)\geqslant f(x)$．所以 $f'_-(x_0)\geqslant 0$，$f'_+(x_0)\leqslant 0$．又因为 $f(x)$ 在点 x_0 处可导，故

$$f'(x_0)=f'_-(x_0)=f'_+(x_0)=0.$$

导函数 $f'(x)$ 为零的点称为函数 $f(x)$ 的**驻点**或**稳定点**．

定理 9-2（罗尔定理）　若函数 $f(x)$ 满足下列条件：

（1）在闭区间 $[a,b]$ 上连续；

（2）在开区间 (a,b) 内可导；

(3) $f(a)=f(b)$，
则在(a,b)内至少存在一点 ξ，使得 $f'(\xi)=0$.

证明 据假设 $f(x)$在闭区间$[a,b]$上连续，因此在闭区间$[a,b]$上必达最小值 m 与最大值 M. 不妨设 $m<M$，否则，$f(x)$在闭区间上将是恒值函数. 那么，m 与 M 中至少有一个与端点值不等，不妨假设 $M\neq f(a)=f(b)$. 于是存在 $\xi\in(a,b)$，使得 $f(\xi)=M$. 又据假设条件(2)，函数在开区间(a,b)内可导，因此 ξ 必为极大值点，由费马定理，$f'(\xi)=0$.

罗尔定理的几何意义：在定理所设的条件下，必有 $\xi\in(a,b)$，使曲线 $y=f(x)$在点$(\xi,f(\xi))$处的切线与 x 轴平行，即与曲线两个端点 $A(a,f(a))$与 $B(b,f(b))$的连线 AB 平行. 当然，满足条件的 ξ 可能不止一个(见图 9-2).

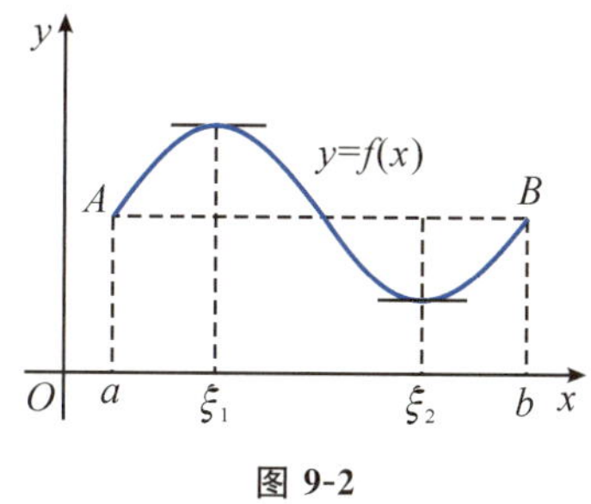

图 9-2

定理 9-3(拉格朗日中值定理) 若函数满足下列条件：

(1)在闭区间$[a,b]$上连续；

(2)在开区间(a,b)内可导，

则在(a,b)内至少存在一点 ξ，使得

$$f'(\xi)=\frac{f(b)-f(a)}{b-a}. \tag{9-1}$$

证明 构造辅助函数

$$F(x)=f(x)-\frac{f(b)-f(a)}{b-a}(x-a)-f(a),$$

则易验证 $F(x)$满足罗尔定理的条件，于是由罗尔定理可知，存在 $\xi\in(a,b)$，使 $F'(\xi)=0$，如图 9-3 所示. 又因为

$$F'(x)=f'(x)-\frac{f(b)-f(a)}{b-a},\quad x\in(a,b),$$

所以

$$f'(\xi)=\frac{f(b)-f(a)}{b-a}.$$

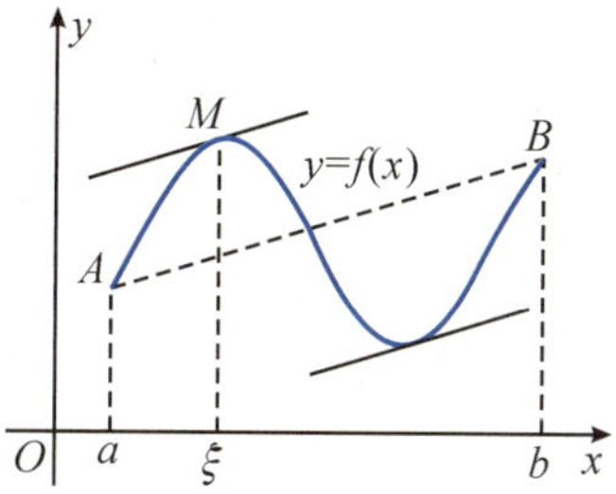

图 9-3

定理 9-3 的结论也可写为

$$f(b)-f(a)=f'(\xi)(b-a),\quad \xi\in(a,b) \tag{9-2}$$

式(9-1)、式(9-2)式一般称为拉格朗日公式. 由于 ξ 是介于 a 与 b 之间的某一定数，所以拉格朗日公式又称**拉格朗日中值公式**. 由于 $\xi\in(a,b)$，因而总可找到某个 $\theta\in(0,1)$，

使得

$$\xi = a + \theta(b-a),$$

所以拉格朗日公式也可写成

$$f(b) - f(a) = f'(a+\theta(b-a))(b-a) \quad (0<\theta<1), \tag{9-3}$$

若记 a 为 x,$b-a$ 为 Δx,则式(9-3)又可表示为

$$f(x+\Delta x) - f(x) = f'(x+\theta\Delta x)\Delta x \quad (0<\theta<1). \tag{9-4}$$

推论 9-1 设 $f(x)$在(a,b)内可导,且 $f'(x)\equiv 0$,则在(a,b)内 $f(x)$恒为常数.

证明 任取 $x_1,x_2\in(a,b)$,由拉格朗日中值定理,存在介于 x_1 与 x_2 之间的点 ξ,使

$$f(x_2) - f(x_1) = f'(\xi)(x_2 - x_1) = 0,$$

所以 $f(x_2)=f(x_1)$,即 $f(x)$在任意两点的函数值都相等,所以 $f(x)$在(a,b)内恒为常数.

推论 9-2 设 $f(x)$,$g(x)$在(a,b)内可导,且 $f'(x)\equiv g'(x)$,则在(a,b)内 $f(x)$与 $g(x)$至多相差一常数.

例 9-1 证明:$\cos^4 x+\sin^4 x=\dfrac{\cos 4x}{4}+\dfrac{3}{4}$.

证明 容易验证等式两边的导数相等,因此

$$\cos^4 x + \sin^4 x = \frac{\cos 4x}{4} + C,$$

将 $x=0$ 代入上式即得 $C=\dfrac{3}{4}$.

定理 9-4(柯西定理) 设函数 $f(x)$,$g(x)$满足如下条件:

(1)在闭区间$[a,b]$上连续;

(2)在开区间(a,b)内可导,且 $g'(x)\neq 0$,

则至少存在一点 $\xi\in(a,b)$,使

$$\frac{f(b)-f(a)}{g(b)-g(a)} = \frac{f'(\xi)}{g'(\xi)}. \tag{9-5}$$

证明 显然 $g(b)\neq g(a)$,否则 $g(x)$在$[a,b]$上将满足罗尔定理的三个条件,从而存在 $\eta\in(a,b)$,使 $g'(\eta)=0$. 这与 $g'(x)\neq 0$ 相矛盾.

类似于拉格朗日中值定理的证明,构造辅助函数

$$\varphi(x) = f(x) - \frac{f(b)-f(a)}{g(b)-g(a)}(g(x)-g(a)) - f(a), \quad x\in[a,b],$$

容易验证,$\varphi(x)$在$[a,b]$上满足罗尔定理的三个条件,则必有 $\xi\in(a,b)$,使 $\varphi'(\xi)=0$. 从而有

$$\varphi'(\xi) = f'(\xi) - \frac{f(b)-f(a)}{g(b)-g(a)}g'(\xi) = 0.$$

即得定理结论:

$$\frac{f(b)-f(a)}{g(b)-g(a)} = \frac{f'(\xi)}{g'(\xi)}.$$

显然，当 $g(x)=x$ 时，式(9-5)即为拉格朗日公式．所以拉格朗日中值定理是柯西定理当 $g(x)=x$ 时的特例；而柯西定理是拉格朗日中值定理的推广．

第二节　函数的多项式局部拟合——泰勒公式

多项式是由加法、减法和乘法运算构造出来的最简单的一种函数，为人们所熟知．因此用多项式来逼近一个函数，是很自然的想法．当函数 $f(x)$ 在点 x_0 处可微时，$f(x)$ 有以下一次近似公式

$$f(x)\approx f(x_0)+f'(x_0)(x-x_0).\tag{9-6}$$

当 $x\to x_0$ 时，其误差为 $(x-x_0)$ 的高阶无穷小量．但是当 $|x-x_0|$ 并不很小时，误差会较大．我们希望找到更精确的近似公式，于是将余量 $f(x)-[f(x_0)+f'(x_0)(x-x_0)]$ 与 $(x-x_0)^2$ 再做比较，得

$$\lim_{x\to x_0}\frac{f(x)-[f(x_0)+f'(x_0)(x-x_0)]}{(x-x_0)^2}=\lim_{x\to x_0}\frac{f'(x)-f'(x_0)}{2(x-x_0)}=\frac{1}{2}f''(x_0).$$

这说明 $\dfrac{f(x)-[f(x_0)+f'(x_0)(x-x_0)]}{(x-x_0)^2}-\dfrac{1}{2}f''(x_0)$ 乃是一无穷小量，因此

$$f(x)-[f(x_0)+f'(x_0)(x-x_0)]-\frac{1}{2}f''(x_0)(x-x_0)^2=o((x-x_0)^2).$$

由以上等式得 $f(x)$ 的二次近似公式

$$f(x)\approx f(x_0)+f'(x_0)(x-x_0)+\frac{1}{2}f''(x_0)(x-x_0)^2,\tag{9-7}$$

误差为 $o((x-x_0)^2)$．倘使 $f(x)$ 有足够的光滑性，这个过程可持续进行，因此可得到越来越精确的近似公式．

一、带有佩亚诺余项的泰勒公式

Taylor 级数展开式

定理 9-5　若函数 $f(x)$ 在点 x_0 处存在直至 n 阶导数，则存在点 x_0 的某个邻域，对于任意 x 有

$$f(x)=f(x_0)+f'(x_0)(x-x_0)+\frac{f''(x_0)}{2!}(x-x_0)^2+\cdots+\frac{f^{(n)}(x_0)}{n!}(x-x_0)^n+o((x-x_0)^n).\tag{9-8}$$

证明从略．

式(9-8)称为函数 $f(x)$ 在点 x_0 处的 **n 阶泰勒公式**，$R_n(x)=o((x-x_0)^n)$ 称为**佩亚诺余项**．所以式(9-8)又称为带有佩亚诺余项的 n 阶泰勒公式．

若在式(9-8)中取 $x_0=0$，则有

$$f(x)=f(0)+f'(0)x+\frac{f''(0)}{2!}x^2+\cdots+\frac{f^{(n)}(0)}{n!}x^n+o((x^n)).\tag{9-9}$$

式(9-9)也常称为(带有佩亚诺余项的)n阶麦克劳林(Maclaurin)公式.

据定理9-5,可写出下述基本公式:

(1)$e^x=1+x+\frac{x^2}{2!}+\cdots+\frac{x^n}{n!}+o(x^n)$;

(2)$\sin x=x-\frac{x^3}{3!}+\frac{x^5}{5!}-\cdots+(-1)^{n-1}\frac{x^{2n-1}}{(2n-1)!}+o(x^{2n})$;

(3)$\cos x=1-\frac{x^2}{2!}+\frac{x^4}{4!}-\cdots+(-1)^n\frac{x^{2n}}{(2n)!}+o(x^{2n+1})$;

(4)$\ln(1+x)=x-\frac{x^2}{2}+\frac{x^3}{3}-\cdots+(-1)^{n-1}\frac{x^n}{n}+o(x^n)$;

(5)$(1+x)^\alpha=1+\alpha x+\frac{\alpha(\alpha-1)}{2!}x^2+\cdots+\frac{\alpha(\alpha-1)\cdots(\alpha-n+1)}{n!}x^n+o(x^n)$.

二、带有拉格朗日余项的泰勒公式

定理9-6(泰勒定理) 若函数$f(x)$在$[a,b]$上存在直至n阶连续导函数,在(a,b)内存在$n+1$阶导函数,则对任意给定的$x,x_0\in[a,b]$,至少存在介于x与x_0之间的一点ξ,使得

$$f(x)=f(x_0)+f'(x_0)(x-x_0)+\cdots+\frac{f^{(n)}(x_0)}{n!}(x-x_0)^n+\frac{f^{(n+1)}(\xi)}{(n+1)!}(x-x_0)^{n+1}. \tag{9-10}$$

证明从略.

式(9-10)同样称为n阶泰勒公式,它的余项为

$$R_n=\frac{f^{(n+1)}(\xi)}{(n+1)!}(x-x_0)^{n+1}, \tag{9-11}$$

其中,ξ介于x与x_0之间,或$\xi=x_0+\theta(x-x_0)$ $(0<\theta<1)$称为拉格朗日余项. 所以式(9-10)又称为带有拉格朗日余项的泰勒公式.

当$x_0=0$时,泰勒公式(9-10)为

$$f(x)=f(0)+f'(0)x+\frac{f''(0)}{2!}x^2+\cdots+\frac{f^{(n)}(0)}{n!}x^n+\frac{f^{(n+1)}(\theta x)}{(n+1)!}x^{n+1}\quad(0<\theta<1). \tag{9-12}$$

式(9-12)也称为(带有拉格朗日余项的)n阶麦克劳林公式.

据定理9-6,我们又有如下带有拉格朗日余项的基本公式:

(1) $e^x=1+x+\frac{x^2}{2!}+\cdots+\frac{x^n}{n!}+\frac{e^{\theta x}}{(n+1)!}x^{n+1}$;

(2) $\sin x=x-\frac{x^3}{3!}+\frac{x^5}{5!}-\cdots+(-1)^{n-1}\frac{x^{2n-1}}{(2n-1)!}+(-1)^n\frac{\cos\theta x}{(2n+1)!}x^{2n+1}$;

(3) $\cos x=1-\frac{x^2}{2!}+\frac{x^4}{4!}-\cdots+(-1)^n\frac{x^{2n}}{(2n)!}+(-1)^{n+1}\frac{\cos\theta x}{(2n+2)!}x^{2n+2}$;

(4) $\ln(1+x)=x-\dfrac{x^2}{2}+\dfrac{x^3}{3}-\cdots+(-1)^{n-1}\dfrac{x^n}{n}+(-1)^n\dfrac{x^{n+1}}{(n+1)(1+\theta x)^{n+1}}$;

(5) $(1+x)^\alpha=1+\alpha x+\dfrac{\alpha(\alpha-1)}{2!}x^2+\cdots+\dfrac{\alpha(\alpha-1)\cdots(\alpha-n+1)}{n!}x^n+$

$$\frac{\alpha(\alpha-1)\cdots(\alpha-n)}{(n+1)!}(1+\theta x)^{\alpha-n-1}x^{n+1}.$$

例 9-2 求 $\lim\limits_{x\to0}\dfrac{\sin x-\ln(1+x)}{x^2}$.

解 由函数 $\sin x$ 及 e^x 的麦克劳林公式,有

$$\sin x=x+o(x^2),\quad \ln(1+x)=x-\frac{x^2}{2}+o(x^2),$$

从而

$$\lim_{x\to0}\frac{\sin x-\ln(1+x)}{x^2}=\lim_{x\to0}\frac{\frac{x^2}{2}+o(x^2)}{x^2}=\frac{1}{2}.$$

例 9-3 计算 e 的值,使其误差不超过 10^{-6}.

解 由 e^x 的泰勒公式,当取 $x=1$ 时,有

$$e=1+1+\frac{1}{2!}+\frac{1}{3!}+\cdots+\frac{1}{n!}+\frac{e^\theta}{(n+1)!}\quad(0<\theta<1). \tag{①}$$

余项 $|R_n(1)|=R_n(1)=\dfrac{e^\theta}{(n+1)!}<\dfrac{3}{(n+1)!}$,当 $n=9$ 时,便有

$$|R_9(1)|=\frac{3}{10!}<\frac{3}{3628800}<10^{-6},$$

因此,在式①中取 $n=9$,略去 $R_9(1)$,得 e 的近似值,其误差超过 10^{-6},即

$$e\approx1+1+\frac{1}{2!}+\frac{1}{3!}+\cdots+\frac{1}{9!}\approx2.718285.$$

第三节 洛必达法则与未定型极限

在无穷小(大)量阶的比较时,遇到过无穷小(大)量之比的极限. 此类极限可能存在,也可能不存在. 我们将这种类型的极限通称为**未定型极限**,分别记为$\dfrac{0}{0}$型,或$\dfrac{\infty}{\infty}$型. 现以导数、微分中值定理为工具研究未定型极限,这种方法称为洛必达法则.

一、$\dfrac{0}{0}$型的洛必达法则

洛必达法则及应用

定理 9-7 设函数 $f(x)$ 和 $g(x)$ 满足:

(1) $\lim\limits_{x\to x_0}f(x)=\lim\limits_{x\to x_0}g(x)=0$;

(2)在点 x_0 的某个空心邻域 $\mathring{U}(x_0)$ 内两者都可导,且 $g'(x)\neq 0$;

(3) $\lim\limits_{x\to x_0}\dfrac{f'(x)}{g'(x)}=A\quad$(或$\infty$),

则
$$\lim_{x\to x_0}\frac{f(x)}{g(x)}=\lim_{x\to x_0}\frac{f'(x)}{g'(x)}=A\quad(\text{或}\infty).$$

证明 补充定义 $f(x_0)=g(x_0)=0$,使得 $f(x)$和 $g(x)$在点 x_0 处连续.

任取 $x\in\mathring{U}(x_0)$,在区间$[x_0,x]$(或区间$[x,x_0]$)上应用柯西定理,存在 $\xi\in(x_0,x)$(或 $\xi\in(x,x_0)$),有
$$\frac{f(x)}{g(x)}=\frac{f(x)-f(x_0)}{g(x)-g(x_0)}=\frac{f'(\xi)}{g'(\xi)}.$$
当令 $x\to x_0$ 时,$\xi\to x_0$. 对上式两边取极限,
$$\lim_{x\to x_0}\frac{f(x)}{g(x)}=\lim_{\xi\to x_0}\frac{f'(\xi)}{g'(\xi)}=A\quad(\text{或}\infty),$$
改 ξ 为 x,即得
$$\lim_{x\to x_0}\frac{f(x)}{g(x)}=\lim_{x\to x_0}\frac{f'(x)}{g'(x)}=A\quad(\text{或}\infty).$$

注 若将定理 9-7 中的 $x\to x_0$ 换成 $x\to x_0^+$,$x\to x_0^-$,$x\to\pm\infty$,$x\to\infty$,只要相应地修正条件(2)中的邻域,也可得到与定理 9-7 同样的结论.

例 9-4 求 $\lim\limits_{x\to 0}\dfrac{\mathrm{e}^x-(1+2x)^{\frac{1}{2}}}{\ln(1+x^2)}$.

解 首先利用 $\ln(1+x^2)\sim x^2$,得
$$\lim_{x\to 0}\frac{\mathrm{e}^x-(1+2x)^{\frac{1}{2}}}{\ln(1+x^2)}=\lim_{x\to 0}\frac{\mathrm{e}^x-(1+2x)^{\frac{1}{2}}}{x^2}=\lim_{x\to 0}\frac{\mathrm{e}^x-(1+2x)^{-\frac{1}{2}}}{2x}$$
$$=\lim_{x\to 0}\frac{\mathrm{e}^x+(1+2x)^{-\frac{3}{2}}}{2}=\frac{2}{2}=1.$$

例 9-5 求 $\lim\limits_{x\to+\infty}\dfrac{\pi-2\arctan x}{\sin\dfrac{1}{x}}$.

解 这是$\dfrac{0}{0}$型,用洛必达法则,得
$$\lim_{x\to+\infty}\frac{\pi-2\arctan x}{\sin\dfrac{1}{x}}=\lim_{x\to+\infty}\frac{-\dfrac{2}{1+x^2}}{\cos\dfrac{1}{x}\left(-\dfrac{1}{x^2}\right)}=\lim_{x\to+\infty}\frac{2x^2}{1+x^2}\cdot\lim_{x\to+\infty}\sec\frac{1}{x}=2.$$

二、$\frac{\infty}{\infty}$型的洛必达法则

定理 9-8 设 $f(x)$ 和 $g(x)$ 满足：

(1) $\lim\limits_{x\to x_0}f(x)=\lim\limits_{x\to x_0}g(x)=\infty$；

(2)在点 x_0 的某空心领域 $\mathring{U}(x_0)$ 内两者都可导，且 $g'(x)\neq 0$；

(3) $\lim\limits_{x\to x_0}\dfrac{f'(x)}{g'(x)}=A\quad$（或$\infty$），

则
$$\lim_{x\to x_0}\frac{f(x)}{g(x)}=\lim_{x\to x_0}\frac{f'(x)}{g'(x)}=A\quad(\text{或}\infty).$$

证明从略.

例 9-6 求 $\lim\limits_{x\to+\infty}\dfrac{e^x}{x^{100}}$.

解 $\lim\limits_{x\to+\infty}\dfrac{e^x}{x^{100}}=\lim\limits_{x\to+\infty}\dfrac{e^x}{100x^{99}}=\cdots=\lim\limits_{x\to+\infty}\dfrac{e^x}{100!}=+\infty$.

三、可化为$\frac{0}{0}$型或$\frac{\infty}{\infty}$型的极限

$\frac{0}{0}$型或$\frac{\infty}{\infty}$型称为基本的未定型，其余未定型如 $0\cdot\infty$型、$\infty-\infty$型、∞^0 型、1^∞ 型、0^0 型，都可以化为$\frac{0}{0}$型或$\frac{\infty}{\infty}$型.

1. $0\cdot\infty$型

$0\cdot\infty$型可化成$\frac{1}{\infty}\cdot\infty$型$\left(\text{即}\frac{\infty}{\infty}\text{型}\right)$，也可化为 $0\cdot\frac{1}{0}$型$\left(\text{即}\frac{0}{0}\text{型}\right)$.

例 9-7 求 $\lim\limits_{x\to 0^+}x\ln x$.

解 这是 $0\cdot\infty$型，可以等价地改写为 $\lim\limits_{x\to 0^+}x\ln x=\lim\limits_{x\to 0^+}\dfrac{\ln x}{\frac{1}{x}}\quad\left(\frac{\infty}{\infty}\text{型}\right)$，由洛比达法则，

$$\lim_{x\to 0^+}\frac{\ln x}{\frac{1}{x}}=\lim_{x\to 0^+}\frac{\frac{1}{x}}{-\frac{1}{x^2}}=\lim_{x\to 0^+}(-x)=0.$$

2. $\infty-\infty$型

$\infty-\infty$型可视为$\frac{1}{0}-\frac{1}{0}$型，再通分化成$\frac{0}{0}$型.

例 9-8 求 $\lim\limits_{x\to 1}\left(\frac{1}{\ln x}-\frac{1}{x-1}\right)$.

解 这是$\infty-\infty$型,先经过通分化为$\frac{0}{0}$型.

$$\lim_{x\to 1}\left(\frac{1}{\ln x}-\frac{1}{x-1}\right)=\lim_{x\to 1}\frac{x-1-\ln x}{(x-1)\ln x}\quad\left(\frac{0}{0}\text{型}\right)$$

$$=\lim_{x\to 1}\frac{1-\frac{1}{x}}{\ln x+1-\frac{1}{x}}=\lim_{x\to 1}\frac{x-1}{x\ln x+x-1}=\lim_{x\to 1}\frac{1}{\ln x+2}=\frac{1}{2}.$$

3. ∞^0 型、1^∞ 型、0^0 型

这三类均为幂指函数的极限，它们也都可经过适当变换化为$\frac{0}{0}$型或$\frac{\infty}{\infty}$型.

例 9-9 求 $\lim\limits_{x\to 0^+}(\sin x)^{\frac{3}{1+\ln x}}$.

解 这是 0^0 型不定式,作恒等变形 $(\sin x)^{\frac{3}{1+\ln x}}=\mathrm{e}^{\frac{3\ln\sin x}{1+\ln x}}$,因为

$$\lim_{x\to 0^+}\frac{3\ln\sin x}{1+\ln x}=\lim_{x\to 0^+}\frac{\frac{3\cos x}{\sin x}}{\frac{1}{x}}=\lim_{x\to 0^+}3\cos x\frac{x}{\sin x}=3,$$

所以

$$\lim_{x\to 0^+}(\sin x)^{\frac{3}{1+\ln x}}=\mathrm{e}^3.$$

例 9-10 求 $\lim\limits_{x\to+\infty}\frac{4x+\cos x}{2x}$.

解 本例是$\frac{\infty}{\infty}$型,当 $x\to+\infty$时,$\frac{(4x+\cos x)'}{(2x)'}=\frac{4-\sin x}{2}$的极限不存在. 但不能由此得出原极限不存在的结论. 事实上,原极限是存在的:

$$\lim_{x\to+\infty}\frac{4x+\cos x}{2x}=2+\lim_{x\to+\infty}\frac{\cos x}{2x}=2.$$

第四节 利用导数研究函数的性质

定理 9-9 设函数 $y=f(x)$在$[a,b]$上连续,在(a,b)内可导,则函数 $f(x)$在$[a,b]$上单调增加(或单调减少)的充分必要条件是:

$$f'(x)\geqslant 0(\text{或 } f'(x)\leqslant 0),\quad x\in(a,b).$$

证明 我们仅就单调增加的情况加以证明.

必要性:设 $f(x)$在$[a,b]$上单调增加. 对于任意给定的 $x\in(a,b)$,取 $x+\Delta x\in$

$[a,b]$,则当 $\Delta x>0$ 时,$f(x+\Delta x)-f(x)\geqslant 0$;当 $\Delta x<0$ 时,$f(x+\Delta x)-f(x)\leqslant 0$. 从而不论 $\Delta x>0$ 或 $\Delta x<0$,均有

$$\frac{f(x+\Delta x)-f(x)}{\Delta x}\geqslant 0.$$

由于 $f(x)$在 x 处可导,则由极限的保号性,有

$$f'(x)=\lim_{\Delta x\to 0}\frac{f(x+\Delta x)-f(x)}{\Delta x}\geqslant 0.$$

充分性:设 $f'(x)\geqslant 0, x\in(a,b)$,对于任意给定的 $x_1,x_2\in[a,b]$,且 $x_1<x_2$,则对函数 $f(x)$在$[x_1,x_2]$上应用拉格朗日中值定理,有 $\xi\in(x_1,x_2)\subset(a,b)$,使

$$f(x_2)-f(x_1)=f'(\xi)(x_2-x_1)\geqslant 0,$$

故 $f(x_2)\geqslant f(x_1)$,即 $f(x)$在$[a,b]$上单调增加.

推论 9-3 设函数 $f(x)$在$[a,b]$上连续,(a,b)内可导. 如果

$$f'(x)>0(\text{或 } f'(x)<0),\quad x\in(a,b),$$

则 $f(x)$在$[a,b]$上严格单调增加(或严格单调减少).

注 推论 9-3 中的 $f'(x)>0$(或 $f'(x)<0$), $x\in(a,b)$,是函数在$[a,b]$上严格单调增加(或严格单调减少)的充分条件,而不是必要条件. 如果在(a,b)内,$f'(x)\geqslant 0$(或 $f'(x)\leqslant 0$),等号只在有限多个点处成立,则 $f(x)$在$[a,b]$上仍严格单调增加(或严格单调减少).

设函数 $f(x)$的定义域为 D,若 $f(x)$在区间 $I(I\subset D)$上单调增加(或单调减少),则区间 I 称为函数的单调增加(或单调减少)区间;单调增加区间与单调减少区间统称为**单调区间**.

例 9-11 讨论函数 $f(x)=\mathrm{e}^x-x+2$ 的单调性.

解 函数 $f(x)$在其定义域$(-\infty,+\infty)$内有连续导数 $f'(x)=\mathrm{e}^x-1$,因此有:

当 $x\in(-\infty,0)$时,$f'(x)<0$,则 $f(x)$在$(-\infty,0]$上(严格)单调减少;

当 $x\in(0,+\infty)$时,$f'(x)>0$,则 $f(x)$在$[0,+\infty)$上(严格)单调增加.

一般地,如果函数 $f(x)$在定义域上连续,除去有限个导数不存在的点外导数存在且连续,那么只要用驻点及导数不存在的点把函数 $f(x)$的定义域划分成若干个子区间,那么就能保证 $f(x)$在每个子区间上单调.

例 9-12 确定函数 $f(x)=3x-x^3$ 的单调区间.

解 $f(x)$的定义域是$(-\infty,+\infty)$,且 $f(x)$在$(-\infty,+\infty)$内具有连续导数

$$f'(x)=3-3x^2.$$

令 $f'(x)=3(1+x)(1-x)=0$,得两个驻点:$x_1=-1$ 及 $x_2=1$. 驻点 $x_1=-1$ 及 $x_2=1$ 把 $f(x)$的定义域$(-\infty,+\infty)$分成三个子区间:$(-\infty,-1)$,$(-1,1)$及$(1,+\infty)$.

于是得函数 $f(x)$的单调区间,如表 9-1 所示;$f(x)$的图像,如图 9-4 所示.

表 9-1

x	$(-\infty,-1)$	-1	$(-1,1)$	1	$(1,+\infty)$
$f'(x)$	$-$	0	$+$	0	$-$
$f(x)$	↘	-2	↗	2	↘

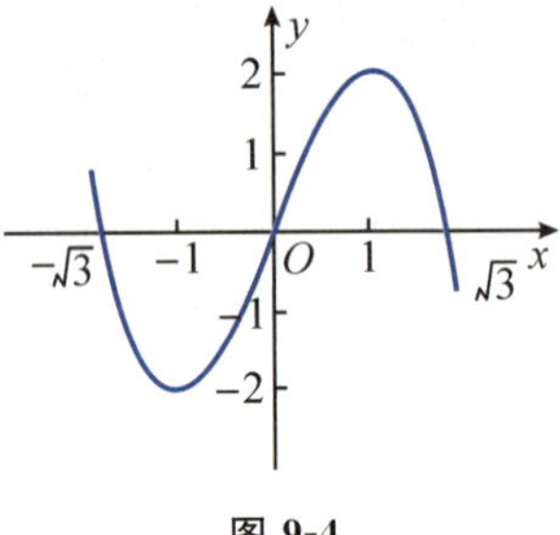

图 9-4

第五节　函数的极值

函数的极值是函数的一种局部性质，它只是和极值点两侧的函数值相比较而言，并不意味着它是函数在整个定义域内的最大值或最小值.

除了用定义外，我们还能如何判定函数的极值？

一、极值点的必要条件

费马定理告诉我们，可导函数的极值点必是驻点. 此外，函数在它的导数不存在的点处，也可能取得极值. 如函数 $f(x)=|x|$，在点 $x=0$ 处取极小值.

定理 9-10（极值点的必要条件）　函数的极值点必为函数的驻点或不可导的点.

我们常把 $f(x)$的驻点及不可导的点统称为 $f(x)$的**极值可疑点**. 显然，极值可疑点未必是极值点. 例如，对于 $f(x)=x^3$ 来说，$x=0$ 是驻点，但不是极值点.

二、极值点的充分条件

定理 9-11（第一充分条件）　设函数 $f(x)$在 $U(x_0,\delta)$内连续，在 $\mathring{U}(x_0,\delta)$内可导.

(1)若当 $x\in(x_0-\delta,x_0)$时，$f'(x)>0$，而当 $x\in(x_0,x_0+\delta)$时，$f'(x)<0$（即 $f'(x)$由"+"变"−"），则函数 $f(x)$在点 x_0 处取极大值；

(2)若当 $x\in(x_0-\delta,x_0)$时，$f'(x)<0$，而当 $x\in(x_0,x_0+\delta)$时，$f'(x)>0$（即 $f'(x)$由"−"变"+"），则函数 $f(x)$在点 x_0 处取极小值；

(3)若当 $x\in\mathring{U}(x_0,\delta)$时，恒有 $f'(x)>0$ 或 $f'(x)<0$（即 $f'(x)$不变号），则函数$f(x)$在点 x_0 处无极值.

证明　我们仅对(1)给予证明，其余请读者自行证明.

当 $x\in(x_0-\delta,x_0)$时，$f'(x)>0$，则 $f(x)$在$(x_0-\delta,x_0)$内（严格）单调增加，而 $f(x)$

在点 x_0 处连续，所以 $x\in(x_0-\delta,x_0)$ 时，有 $f(x_0)>f(x)$.

同理可知，当 $x\in(x_0,x_0+\delta)$ 时，有 $f(x_0)>f(x)$. 因此，对于任意给定的 $x\in U(x_0,\delta)$，总有 $f(x_0)\geqslant f(x)$，即 $f(x_0)$ 为 $f(x)$ 极大值.

本定理不要求 $f(x)$ 在点 x_0 处可导，只要求在点 x_0 处连续，在点 x_0 的两侧可导. 当然，若 $f(x)$ 在点 x_0 处取极值，则 x_0 必须是 $f(x)$ 的驻点或不可导点.

例 9-13 求函数 $f(x)=x^3-3x^2-9x+5$ 的极值.

解 (1) $f(x)$ 的定义域为 $(-\infty,+\infty)$，且

$$f'(x)=3x^2-6x-9=3(x+1)(x-3).$$

(2)令 $f'(x)=0$，得驻点：$x_1=-1$，$x_2=3$.

(3)将驻点 $x_1=-1$，$x_2=3$ 从小到大插入定义域 $(-\infty,+\infty)$ 内，列表讨论 $f'(x)$ 在各子区间内的符号，再根据定理 9-11 确定极值点和极值(见表 9-2).

表 9-2

x	$(-\infty,-1)$	-1	$(-1,3)$	3	$(3,+\infty)$
$f'(x)$	$+$	0	$-$	0	$+$
$f(x)$	↗	极大值	↘	极小值	↗

(4)由表 9-2 可知，

$$极大值\ f(-1)=10,\quad 极小值\ f(3)=-22.$$

例 9-14 求函数 $f(x)=1-(x-1)^{\frac{2}{3}}$ 的极值.

解 $f'(x)=-\dfrac{2}{3}(x-1)^{-\frac{1}{3}}$，$x\neq 1$. $x=1$ 是函数的不可导点. 当 $x<1$ 时，$f'(x)>0$；当 $x>1$ 时，$f'(x)<0$. 因此，$x=1$ 是函数的极大值点，极大值 $f(1)=1$.

例 9-15 求函数 $f(x)=x-\dfrac{3}{2}x^{\frac{2}{3}}$ 的极值.

解 $f'(x)=1-\dfrac{1}{\sqrt[3]{x}}$，得 $x_1=0$ 为不可导点，$x_2=1$ 为驻点.

据此可得表 9-3.

表 9-3

x	$(-\infty,0)$	0	$(0,1)$	1	$(1,+\infty)$
$f'(x)$	$+$	无	$-$	0	$+$
$f(x)$	↗	极大值	↘	极小值	↗

由表 9-3 可知，

$$极大值\ f(0)=0,\quad 极小值\ f(1)=-\frac{1}{2}.$$

用定理 9-11 判定函数的极值点时，必须确定导数 $f'(x)$ 在某一点 x_0 左、右两侧的符

号，有时比较麻烦．当函数在驻点处的二阶导数存在时，有如下极值点的另一判据．

定理 9-12（第二充分条件） 设函数在点 x_0 处存在二阶导数，且 $f'(x_0)=0, f''(x_0)\neq 0$，有：

(1)若 $f''(x_0)>0$，则 $f(x)$在点 x_0 处有极小值；

(2)若 $f''(x_0)<0$，则 $f(x)$在点 x_0 处有极大值．

证明 只证明(1)．由二阶导数定义及 $f'(x_0)=0, f''(x_0)>0$ 知：

$$0<f''(x_0)=\lim_{x\to x_0}\frac{f'(x)-f'(x_0)}{x-x_0}=\lim_{x\to x_0}\frac{f'(x)}{x-x_0}.$$

由极限的保号性，存在点 x_0 的一个去心邻域 $\mathring{U}(x_0,\delta)$，对于任意给定的 $x\in\mathring{U}(x_0,\delta)$ 恒有$\frac{f'(x)}{x-x_0}>0$，所以，当 $x\in(x_0-\delta,x_0)$时，$f'(x)<0$；当 $x\in(x_0,x_0+\delta)$时，$f'(x)>0$．于是由定理 9-11 知，$f(x)$在点 x_0 处取极小值．

例 9-16 用定理 9-12 来求例 9-13 中函数 $f(x)=x^3-3x^2-9x+5$ 的极值．

解 函数 $f(x)$的定义域为$(-\infty,+\infty)$，

$$f'(x)=3x^2-6x-9=3(x+1)(x-3),$$

令 $f'(x)=0$，得驻点：$x_1=-1, x_2=3$．由于

$$f''(x)=6x-6=6(x-1),$$

又因

$$f''(-1)=-12<0,\quad f''(3)=12>0,$$

所以由定理 9-12 知，$f(x)$在 $x=-1$ 处取极大值 $f(-1)=10$，在 $x=3$ 处取极小值 $f(3)=-22$．

注 在定理 9-12 中，当 $f'(x_0)=f''(x_0)=0$ 时，则不能判断 $f(x)$在点 x_0 处是否有极值．如函数 $f(x)=x^3$，有 $f'(0)=f''(0)=0$，但 $x=0$ 不是极值点．而函数 $g(x)=x^4$，有 $g'(0)=g''(0)=0$，但利用定理 9-11 可判定 $g(0)$是极小值．

三、函数的最大值和最小值

最优化方法是应用数学的一个重要分支．求函数的最大值与最小值是最优化问题之一．从第七章中我们知道，如果函数 $f(x)$在闭区间$[a,b]$上连续，则 $f(x)$在$[a,b]$上必有最大值和最小值．下面讨论如何求连续函数 $f(x)$在$[a,b]$上的最大值和最小值．

函数的最大值和最小值与函数的极大值和极小值是有区别的．函数的极值是一个局部性的概念；而最大值和最小值则是整体性的概念，很有可能在闭区间$[a,b]$的端点 a 或 b 处取得．如果最大值和最小值不在区间的端点取得，则必在开区间(a,b)内取得，此时，最大值和最小值一定是函数的极值．因此，函数 $f(x)$在闭区间$[a,b]$上的最大(小)值一定是函数$f(x)$在开区间(a,b)内的所有极大(小)值和函数在区间端点的函数值中的最大(小)者．综上所述，求函数 $f(x)$在$[a,b]$上的最大值和最小值的方法可归结如下：

第一步，求出函数 $f(x)$ 在 (a,b) 内的所有驻点和不可导的点(此处我们总假设这些点的个数是有限的)：$x_1, x_2, \cdots, x_n$；

第二步，算出 $f(x_1), f(x_2), \cdots, f(x_n)$ 及闭区间 $[a,b]$ 端点的函数值 $f(a)$ 和 $f(b)$；

第三步，比较 $f(a), f(x_1), f(x_2), \cdots, f(x_n), f(b)$ 的大小，其中最大者和最小者分别就是函数 $f(x)$ 在闭区间 $[a,b]$ 上的最大值和最小值.

例 9-17 求函数 $f(x) = x^4 - 8x^2 + 16$ 在闭区间 $[-1,3]$ 上的最大值和最小值.

解 $f'(x) = 4x^3 - 16x = 4x(x-2)(x+2)$，

令 $f'(x) = 0$，得 $x_1 = -2, x_2 = 0, x_3 = 2$. 由于 $x_1 = -2$ 不在闭区间 $[-1,3]$ 上，故只需求出：

$$f(-1) = 9, \quad f(0) = 16, \quad f(2) = 0, \quad f(3) = 25.$$

经比较，可知 $f(x)$ 在闭区间 $[-1,3]$ 上的最大值 $f(3) = 25$，最小值 $f(2) = 0$.

在实际问题中常出现以下情况，函数 $f(x)$ 在区间 I 上连续，在区间 I 的内部只有一个驻点(或不可导的点)；又从实际问题本身可知，区间 I 上的函数 $f(x)$ 必定有最大值或最小值，且最大值点或最小值点不应该是区间的端点，那么，这个驻点(或不可导的点)就是所要求的最大值点或最小值点.

例 9-18 心理学研究表明，小学生对新概念的接受能力 G(即学习兴趣、注意力、理解力的某种度量)随时间 t(单位：分)的变化规律为

$$G(t) = -0.1t^2 + 2.6t + 43, \quad t \in [0,30].$$

问：t 为何值时，学生的学习兴趣增加或减退？何时学习兴趣最大？

解 $G'(t) = -0.2t + 2.6 = -0.2(t-13)$，令 $G'(t) = 0$，得唯一驻点 $t = 13$.

当 $t < 13$ 时，$G'(t) > 0$，$G(t)$ 单调增加；

当 $t > 13$ 时，$G'(t) < 0$，$G(t)$ 单调减少.

可见，讲课开始后第 13 分钟时，小学生的学习兴趣最大，在此时刻之前学习兴趣递增，在此时刻之后学习兴趣递减.

例 9-19 饮料的圆柱形易拉罐是用铝合金制造的，罐身(侧面和底部)用整块材料拉制而成，顶盖是另装上去的. 为了安全，顶盖的厚度是罐身厚度的 3 倍. 问：当易拉罐的容积一定时，如何确定它的底半径和高才能使得用料最省？

解 如图 9-5 所示，记易拉罐的容积为 V(常数)，底半径为 r，高为 $h = \frac{V}{\pi r^2}$. 罐身(侧面和底部)所用铝合金的厚度为 1 个单位，则顶盖的厚度为 3 个单位. 于是，罐身用料为

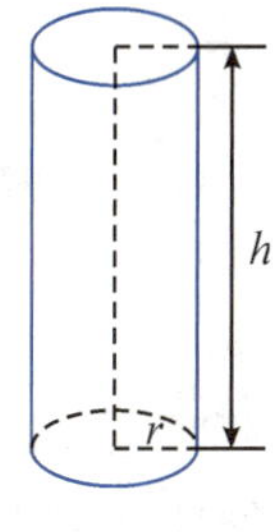

图 9-5

$$\pi r^2 + 2\pi rh = \pi r^2 + \frac{2V}{r}.$$

顶盖的用料为 $3\pi r^2$. 整个易拉罐的用料为

$$y = 4\pi r^2 + \frac{2V}{r} \quad (0 < r < +\infty).$$

因此,此问题等价于求上述目标函数在$(0,+\infty)$中的最小值.

$$y'=2\left(4\pi r-\frac{V}{r^2}\right)=\frac{2(4\pi r^3-V)}{r^2}.$$

令 $y'=0$,得

$$r_0=\sqrt[3]{\frac{V}{4\pi}}.$$

根据实际情况,r_0 即为目标函数的最小值点. 此时,相应的高为

$$h_0=\frac{V}{\pi r_0^2}=\frac{4\pi r_0^3}{\pi r_0^2}=4r_0.$$

换言之,当易拉罐的高为底面直径的 2 倍时用料最省. 用同样的方法可推出,若有盖的圆柱形容器的外表面是用厚薄相同的材料制成的,那么当它的底面直径和高相等的时候用料最省. 许多圆柱形的日常用品,如漱口杯、保暖桶等,都是采用这样的比例(或近似这样的比例)设计的.

例 9-20(光的折射原理) 水下的鱼 B 发出的光线经水平面点 C 折射到人的眼睛 A,要求出光线的折射原理. 如图 9-6 所建立的坐标系,设 $A(0,h_2)$,$C(x,0)$,$B(l,-h_1)$,又设光线在水、空气中的传播速度分别为 v_1,v_2,入射角、折射角分别为 θ_1,θ_2.

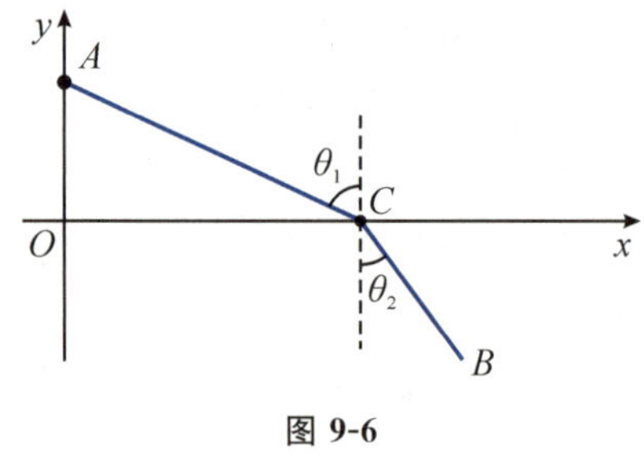

图 9-6

费马给出一个光线路径的基本原理,即光线耗时最小原理. 因此我们只需对耗时函数求最小值. 耗时函数

$$f(x)=\frac{\sqrt{h_1^2+(l-x)^2}}{v_1}+\frac{\sqrt{h_2^2+x^2}}{v_2},$$

求导并令导函数为 0,可得

$$f'(x)=-\frac{l-x}{v_1\sqrt{h_1^2+(l-x)^2}}+\frac{x}{v_2\sqrt{h_2^2+x^2}}=0,$$

整理上式即有

$$\frac{\sin\theta_1}{\sin\theta_2}=\frac{v_1}{v_2}.$$

利用光线耗时最小原理,我们类似地可得到反射定律. 可见费马所提供的光线原理,比物理学家所观察到的或实验所总结的物理定律更能体现其本质.

第六节　导数在经济学中的应用

导数是高等数学的一个重要概念,也是解决经济问题的一个有力工具,已广泛地应用于经济研究和企业管理之中,促进了经济理论朝着更加精确的方向发展.下面我们就经济理论中的基本概念——边际分析作一个简单的介绍.

一、经济学中几种常见的函数

1.成本函数

总成本 C 是指生产一定数量的产品所需的全部经济资源投入(如劳动力、原料、设备等)的价格或费用总额,它由固定成本 C_0 与可变成本 C_1 组成.平均成本 $\overline{C}$ 是指生产一定数量的产品时,平均每单位产品的成本.

设某产品的产量为 x(在理想状态下,认为产量即销量),则**总成本函数** $C(x)$ 及**平均成本函数** $\overline{C}(x)$ 分别可表示为

$$C(x)=C_0+C_1(x),$$
$$\overline{C}(x)=C(x)/x,$$

其中,固定成本 C_0 与产量 x 无关.

2.需求函数

"需求量"是指在一定价格条件下,在一定时间内消费者愿意并且有支付能力购买的商品量.市场对某种商品的需求量 q 除与其价格有关外,还涉及其他因素,如消费者的收入、其他同类商品的价格等.如果在某段时间内这些因素可以看作不变,则需求量 q 为该商品单价 p 的函数,称为**需求函数**,记为 $q=f(p)$.

一般说来,当商品提价时,需求量会减少;而当商品降价时,需求量会增加,因此需求函数是严格单调减少函数.一般情况下,某种产品的产量 x 与市场的需求量成正比,在理想状态下,两者可视为相等,即 $x=q$,因此需求函数也记为 $x=f(p)$,其反函数为 $p=f^{-1}(x)$.

3.收益函数

总收益 R 是指生产者销售一定量产品所得的全部收入.在经济学中常把价格 p 和需求量 q 的乘积 pq 称为在该需求量和价格下所得的总收益.即**总收益函数**可表示为 $R=pq$.在理想状态下,收益函数

$$R(x)=px=xf^{-1}(x).$$

4.利润函数

设 L 为总利润,x 为商品数量,则总利润=总收益-总成本,即

$$L(x)=R(x)-C(x).$$

二、导数在经济学中的概念

导数在经济学中就是边际概念.边际概念的建立,把导数引入了经济学,使经济学研究的对象从常量进入变量,这在经济学发展史上具有重要意义.很多经济决策是基于对边际成本和边际收益的分析得到的.一般地,在经济学中,若函数 $y=f(x)$ 可导,则其导函数 $f'(x)$ 称为**边际函数**.例如,

边际成本: $C_M(x)=C'(x)$;

边际收益: $R_M(x)=R'(x)$;

边际利润: $L_M(x)=L'(x)$.

函数 $f(x)$ 在点 $x=x_0$ 处的导数 $f'(x_0)$,称为 $f(x)$ 在点 $x=x_0$ 处的边际函数值.下面我们利用拉格朗日定理来解释边际函数值在经济中的实际意义.

在点 $x=x_0$ 处,若 x 从 x_0 改变一个产品单位,则 $y=f(x)$ 相应的改变值为

$$\Delta y=f(x_0+1)-f(x_0)=f'(\xi),$$

其中,$\xi\in(x_0,x_0+1)$.当 x_0 较大时,我们认为 $f'(x)$ 在 $[x_0,x_0+1]$ 上变化不大,因此

$$\Delta y\,|_{x=x_0,\Delta x=1}=f'(\xi)\approx f'(x_0).$$

这样,边际函数值 $f'(x_0)$ 就表示生产第 x_0+1 个产品时,函数 $y=f(x)$ 的相应改变量.

例 9-21 设工厂生产某种产品的成本函数(单位:元)为

$$C(x)=90000+x^2/2500.$$

(1)求生产 5000 个产品时的总成本、平均成本和边际成本;

(2)求平均成本最小时的产量.

解 (1)当 $x=5000$ 时,

总成本 $C(5000)=90000+5000^2/2500=100000$(元),

平均成本 $\overline{C}(5000)=\dfrac{100000}{5000}=20$(元/个),

边际成本 $C'(x)\big|_{x=5000}=\dfrac{x}{1250}\Big|_{x=5000}=4$(元/个).

这说明生产前 5000 个产品时平均每个需要成本 20 元,而生产第 5001 个产品只需要 4 元.对于工厂来说,从成本角度来看,最需要得知生产多少个产品,才能使得平均成本最低.这就是第二个问题我们需要回答的.

(2)平均成本 $\overline{C}(x)=\dfrac{90000}{x}+\dfrac{x}{2500}$,令其边际函数 $\overline{C}'(x)=0$,得 $x=15000$,此时最低平均成本为 $\overline{C}(15000)=12$(元/个).

注 当工厂生产 5000 个产品时,从降低单位成本的角度来看,工厂应该扩大生产.当 $\overline{C}(15000)=12$ 时,$C'(x)\big|_{x=15000}=\dfrac{x}{1250}\Big|_{x=15000}=12$,即边际成本等于平均成本.事岂偶然?这其实涉及**最小平均成本原理**:在平均成本最低的情况下,平均成本必然等于边际成本.

例 9-22 设生产 x 件产品的成本函数为 $C(x)=50000+200x$（单位：元），需求函数为 $x=5000-5p$. 问：生产多少件产品，可获取最大的总利润？

解 利润函数 $L(x)=R(x)-C(x)=px-C(x)$

$$=\left(1000-\frac{x}{5}\right)x-(50000+200x)$$

$$=-x^2/5+800x-50000,$$

令边际利润函数 $L'(x)=-\dfrac{2x}{5}+800=0$，得 $x=2000$. 此时最大利润为 750000 元.

例 9-23 设某工厂生产某产品，月产量为 x（单位：t），总成本（单位：万元）为

$$C(x)=x^3/12-5x^2+170x+300,$$

每吨产品的价格为 134 万元，并设所生产的产品可以全部售出. 问：月产量多少才能使总利润最大？

解 利润函数 $L(x)=R(x)-C(x)=134x-C(x)$

$$=-x^3/12+5x^2-36x-300,$$

令边际利润函数

$$L'(x)=-x^2/4+10x-36=-\frac{1}{4}(x-4)(x-36)=0,$$

得 $x_1=4, x_2=36$. 又因为

$$L''(x)=-\frac{1}{2}x+10,\quad L''(4)=8>0,\quad L''(36)=-8<0,$$

因此月产量 36 t 时，获最大利润 $L(36)=996$（万元）.

习题九

1. 利用中值定理证明下列不等式：

(1) $|\sin x_1-\sin x_2|\leqslant|x_1-x_2|$；　　(2) $\dfrac{a-b}{a}<\ln\dfrac{a}{b}<\dfrac{a-b}{b}$,　$0<a<b$.

2. 证明方程 $x^5-5x+1=0$ 在 $(0,1)$ 内有且只有一个根.

3. 证明恒等式：$2\arctan x+\arctan\dfrac{2x}{1+x^2}=\pi\sin x$,　$|x|\geqslant1$.

4. 求下列极限：

(1) $\lim\limits_{x\to0}\dfrac{e^{\frac{x}{2}}-1}{\sin x}$；　　(2) $\lim\limits_{x\to0}\dfrac{e^x-e^{-x}}{x}$；

(3) $\lim\limits_{x\to\pi}\dfrac{\sin 3x}{\tan 5x}$；　　(4) $\lim\limits_{x\to\frac{\pi}{2}}\dfrac{\ln\sin x}{(\pi-2x)^2}$；

(5) $\lim\limits_{x\to0^+}\dfrac{\ln\cot x}{\ln x}$；　　(6) $\lim\limits_{x\to+\infty}\dfrac{3x^2+x\ln x}{3+4x+5x^2}$；

(7) $\lim\limits_{x\to0^+}x(\ln x)^2$；　　(8) $\lim\limits_{x\to0}\left(\dfrac{1}{\sin x}-\dfrac{1}{x}\right)$；

(9) $\lim\limits_{x\to0^+}x^{\sin x}$；　　(10) $\lim\limits_{x\to0^+}\left(\ln\dfrac{1}{x}\right)^x$；

(11) $\lim\limits_{x\to0}(x+\mathrm{e}^x)^{\frac{1}{x}}$；　　(12) $\lim\limits_{x\to0}\left(\dfrac{a^x+b^x}{2}\right)^{\frac{1}{x}}$，　$a>0,b>0$.

5. 验证下列极限存在，但不能用洛必达法则求出：

(1) $\lim\limits_{x\to\infty}\dfrac{x+\sin x}{x+\cos x}$；　　(2) $\lim\limits_{x\to0}\dfrac{x^2\sin\dfrac{1}{x}}{\sin x}$.

6. 求下列函数的单调区间与极值点：

(1) $f(x)=2x^3-9x^2+12x-3$；　　(2) $f(x)=2x+\dfrac{8}{x}$，　$x>0$；

(3) $f(x)=(x-1)(x+1)^3$；　　(4) $f(x)=x-\ln(1+x^2)$；

(5) $f(x)=x^{\frac{1}{x}}$，　$x>0$；　　(6) $f(x)=x^2\mathrm{e}^{-x}$.

7. 证明下列不等式：

(1)当 $x>0$ 时，$x>\sin x>x-\dfrac{x^3}{6}$；　　(2)当 $0<x<\dfrac{\pi}{2}$时，$\sin x+\tan x>2x$；

(3)当 $x>0$ 时，$x-\dfrac{x^2}{2}<\ln(1+x)<x$.

8. 求下列函数在给定区间上的最大值和最小值：

(1) $f(x)=2x^3-3x^2$，　$-1\leqslant x\leqslant4$；

(2) $f(x)=x^4-8x^2+2$，　$-1\leqslant x\leqslant3$；

(3) $f(x)=x+\sqrt{1-x}$，　$-5\leqslant x\leqslant1$.

9. 欲造一个容积为 300 m^3 的圆柱形无盖蓄水池，已知池底的单位面积造价是周围的单位面积造价的 2 倍. 要使水池造价最低，问其底半径与高应是多少？

10. 某商店一种玩具进价为 5 元一只，若以 x 元出售，每天可以卖掉 $25-x$ 只. 试问：如何定价才能获得最大利润？

11. 要做容积为 V 有盖的圆柱形容器，其外表由厚薄相同的同一种材料制成. 问：如何设计才能使所用材料最省？

12. 求点(0,1)到曲线 $y=x^2-x$ 的最短距离.

13. 某厂生产某产品，月产量为 x 台时，总成本函数是 $C(x)=x^2+6x+10$（单位：万元）. 每台产品售价 30 万元，并设所生产的产品可以全部售出. 问：月产量为多少时，可使每月获利最大？最大利润是多少？

14. 某厂生产某商品的日产量为 q 个时，总成本函数是 $C(q)$（单位：万元）. 固定成本为 2000 万元，生产一个商品的可变成本为 10 万元，每单位商品售价为 p 万元，需求函数为 $q=150-2p$. 问：日产量为多少时才能使总利润最大？

第十章　不定积分

前面两章我们介绍了微分学，本章及下一章介绍积分学，包括不定积分与定积分两部分. 这样的安排是根据积分内容的逻辑序，而历史的时间序则相反，定积分的研究要远远早于不定积分. 实际上，不定积分概念的提出，是发明微积分基本定理的关键.

积分思想源于复杂图形的面积和体积计算. 公元前 4 世纪，欧多克索斯(Eudoxus)为处理上述问题发明了一种方法，称为穷竭法. 公元前 3 世纪，阿基米德运用穷竭法、无限分割、级数求和以及不等式运算等一系列方法，成功地计算了圆、椭圆、抛物线弓形、阿基米德螺线扇形等特殊图形的面积，一些特殊旋转体的体积以及半圆、抛物线弓形等平面图形的重心. 虽然这些工作从现在的标准看缺乏严格的理论基础，但从微积分发展的历史眼光看，它们确实相当接近后来的定积分概念，预示了积分学的原理.

在数学史上，在积分思想中作出重要贡献的有很多数学家，例如我国魏晋时期的刘徽所创立的"割圆术"和南北朝时期的祖暅所概括的"刘祖原理"等. 在微积分的发展史上，我们需要特别提到一位法国数学家费马. 首先，费马在曲线的切线问题和函数的极值问题上，都作出了重要贡献，而正是对这两个问题的研究促进了微分学的诞生. 其次，在积分学方面，在费马求面积的过程中，我们看到了他几乎采用了近代定积分概念的全部过程. 费马实际上已经使用了近代意义上的定积分，所差的是他并未将这样的运算过程作进一步的抽象提炼，也就是说尚未特别地给出积分的定义. 这当然与费马尚未意识到这一运算所蕴藏的普遍意义有关. 费马与前人一样，所关注的是求面积的问题，就是具体的几何平面图形求面积的问题. 与此同时，费马尚未特别地留意微分学问题与积分学问题的基本关系. 费马尽管在计算曲线长度时接触到微分与积分的互逆关系，却未特别留意. 他之所以没有作进一步的思考，如前所述，可能与他的关注点或他的眼界有关. 他没有将具体的问题上升到抽象的"和极限". 他也许满足于具体几何问题的解决，而无意给出具有普遍适用性的代数公式. 如果充分认识到积分是微分的逆运算，那么利用微分或导数的逆(即本章即将介绍的不定积分)就可以来计算定积分，这就是微积分基本定理，亦称为牛顿-莱布尼茨定理.

毫无疑问，费马是微积分理论的伟大先驱，但非微积分的创立者. 莱布尼茨的哲学思想和他所发明的逻辑符号极大地影响了微积分后续的发展. 他所创建的微积分符号，不但揭示了微分与积分的互逆关系，也使得我们在计算过程有如做数学游戏一般的享受，完全可以寓乐于学.

第一节　原函数与不定积分

在微分学中解决了求已知函数的导数或微分问题，但在实际问题中常遇到逆问题，即已知函数 $f(x)$，要求出函数 $F(x)$，使 $F'(x)=f(x)$ 或 $\mathrm{d}F(x)=f(x)\mathrm{d}x$. 这个逆问题有些是很简单的，经过直接观察就可得到. 例如由 $F'(x)=\cos x, F'(x)=3x^2, F'(x)=\sec^2 x$，我们直接知道 $F(x)$ 可以分别取为 $\sin x, x^3, \tan x$. 但是对某些函数问题，就显得不那么直接. 本章我们要学习如何有效地求出这种函数.

定义 10-1　设 $f(x)$ 是定义在区间 I 上的函数. 若存在函数 $F(x)$，使得对任意 $x\in I$ 均有 $F'(x)=f(x)$，则称 $F(x)$ 是 $f(x)$ 在区间 I 上的一个**原函数**.

我们从定义 10-1 知道，一个函数的原函数若存在，则一定不唯一. 但是我们首先要问怎样的函数一定存在原函数. 下面的定理给出了一则原函数存在的充分条件：

定理 10-1　若函数 $f(x)$ 在区间 I 上连续，则 $f(x)$ 在 I 上必存在原函数.

那么，如果我们知道一个原函数，能否得到所有的原函数呢？下面的定理回答了这个问题.

定理 10-2　设 $F(x)$ 是 $f(x)$ 在区间 I 上的一个原函数，则

(1) $F(x)+C$ 也是 $f(x)$ 在 I 上的原函数，其中 C 为任意常数；

(2) $f(x)$ 在 I 上任意两个原函数之间，只可能相差一个常数.

定义 10-2　函数 $f(x)$ 在区间 I 上的全体原函数称为 $f(x)$ 的**不定积分**，记为 $\int f(x)\mathrm{d}x$. 其中，$\int$ 为积分号，$f(x)$ 为被积函数，$f(x)\mathrm{d}x$ 为被积表达式，x 为积分变量.

若 $F(x)$ 是 $f(x)$ 的一个原函数，据定理 10-2 有

$$\int f(x)\mathrm{d}x = F(x)+C. \tag{10-1}$$

由定义 10-1，可推出不定积分最基本的性质：

$$\left[\int f(x)\mathrm{d}x\right]' = f(x) \quad 或 \quad \mathrm{d}\int f(x)\mathrm{d}x = f(x)\mathrm{d}x; \tag{10-2}$$

$$\int F'(x)\mathrm{d}x = F(x)+C \quad 或 \quad \int \mathrm{d}F(x) = F(x)+C. \tag{10-3}$$

由此可见，微分运算与积分运算是互逆的. 我们把“$\int$”看作是对函数进行积分运算的符号，把“d”看作是对函数进行微分运算的符号，那么当 $\mathrm{d}\int$ 时，则两者作用相抵消；当 $\int\mathrm{d}$ 时，则抵消后相差一个常数.

在第一篇中我们已经介绍过积分号与微分号均由莱布尼茨发明创建. 莱布尼茨是数学史上最伟大的符号学者.

一、不定积分的几何意义

若 $F(x)$是 $f(x)$的一个原函数，则称 $y=F(x)$的图像为 $f(x)$的一条积分曲线．于是，$f(x)$的不定积分 $y=F(x)+C$(C 为任意常数)在几何上表示一族积分曲线，称为 $f(x)$的积分曲线族．C 取不同的值，对应不同的曲线．这族曲线中的任一条曲线都可由曲线 $y=F(x)$沿 y 轴上下平移而得到．$f(x)$正是积分曲线族 $y=F(x)+C$ 在点 x 处的切线斜率．所以，对应于同一横坐标 $x=x_0$，积分曲线族中各条曲线具有相同的切线斜率 $f(x_0)$，切线彼此平行，如图 10-1 所示．

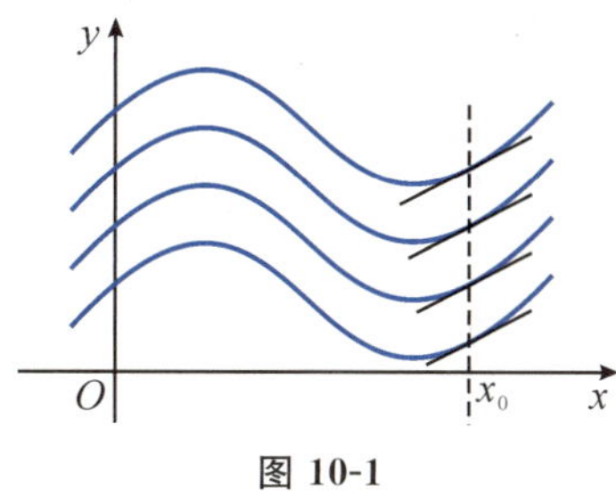

图 10-1

二、基本积分表

根据不定积分定义和基本求导公式，可以得到下面的基本积分表(其中 C 为任意常数)：

(1) $\int k\mathrm{d}x = kx + C$ （k 为常数)；

(2) $\int x^{\alpha}\mathrm{d}x = \frac{1}{\alpha+1}x^{\alpha+1} + C$ （$\alpha \neq -1$)；

(3) $\int \frac{1}{x}\mathrm{d}x = \ln|x| + C$；

(4) $\int \mathrm{e}^x\mathrm{d}x = \mathrm{e}^x + C$；

(5) $\int a^x\mathrm{d}x = \frac{1}{\ln a}a^x + C$；

(6) $\int \sin x\mathrm{d}x = -\cos x + C$；

(7) $\int \cos x\mathrm{d}x = \sin x + C$；

(8) $\int \sec^2 x\mathrm{d}x = \tan x + C$；

(9) $\int \csc^2 x\mathrm{d}x = -\cot x + C$；

(10) $\int \frac{\mathrm{d}x}{\sqrt{1-x^2}} = \arcsin x + C$ 或 $-\arccos x + C$；

(11) $\int \frac{\mathrm{d}x}{1+x^2} = \arctan x + C$ 或 $-\operatorname{arccot} x + C$.

以上公式称为**不定积分基本公式**. 现在从一些求导法则去导出相应的不定积分法则,并逐步扩充不定积分公式.

定理 10-3 设 $f(x)$和 $g(x)$均存在原函数,k,l 为常数,则 $kf(x)+lg(x)$也存在原函数,且有

$$\int (kf(x)+lg(x))\mathrm{d}x = k\int f(x)\mathrm{d}x + l\int g(x)\mathrm{d}x.$$

例 10-1 求 $\int \frac{(1-x)^2}{\sqrt{x}}\mathrm{d}x$.

解 $\int \frac{(1-x)^2}{\sqrt{x}}\mathrm{d}x = \int\left(\frac{1}{\sqrt{x}} - 2\sqrt{x} + x\sqrt{x}\right)\mathrm{d}x = 2\sqrt{x} - \frac{4}{3}x^{\frac{3}{2}} + \frac{2}{5}x^{\frac{5}{2}} + C.$

例 10-2 求 $\int (2^x - 3^x)^2\mathrm{d}x$.

解 $\int (2^x - 3^x)^2\mathrm{d}x = \int (4^x - 2\cdot 6^x + 9^x)\mathrm{d}x = \frac{4^x}{\ln 4} - 2\frac{6^x}{\ln 6} + \frac{9^x}{\ln 9} + C.$

例 10-3 求 $\int \frac{x^4+1}{x^2+1}\mathrm{d}x$.

解 $\int \frac{x^4+1}{x^2+1}\mathrm{d}x = \int\left(x^2 - 1 + \frac{2}{x^2+1}\right)\mathrm{d}x = \frac{1}{3}x^3 - x + 2\arctan x + C.$

例 10-4 求 $\int \frac{1}{\sin^2 2x}\mathrm{d}x$.

解
$$\int \frac{1}{\sin^2 2x}\mathrm{d}x = \int \frac{\sin^2 x+\cos^2 x}{4\sin^2 x\cos^2 x}\mathrm{d}x = \frac{1}{4}\int\left(\frac{1}{\cos^2 x} + \frac{1}{\sin^2 x}\right)\mathrm{d}x$$
$$= \frac{1}{4}(\tan x - \cot x) + C.$$

例 10-5 求 $\int \frac{x^2+\sin^2 x}{1+x^2}\sec^2 x\mathrm{d}x$.

解
$$\int \frac{x^2+\sin^2 x}{1+x^2}\sec^2 x\mathrm{d}x = \int \frac{x^2+1+\sin^2 x-1}{1+x^2}\sec^2 x\mathrm{d}x$$
$$= \int\left(\sec^2 x - \frac{1}{1+x^2}\right)\mathrm{d}x$$
$$= \tan x - \arctan x + C.$$

例 10-6 已知 $f'(\sin^2 x) = \cos^2 x$, 求 $f(x)$.

解 因为 $f'(\sin^2 x) = \cos^2 x = 1 - \sin^2 x$, 所以 $f'(x) = 1 - x$, 故

$$f(x) = \int (1-x)\mathrm{d}x = x - \frac{x^2}{2} + C.$$

第二节 换元积分法和分部积分法

一般来说，求不定积分要比求导数困难得多. 而用直接积分法所能计算的不定积分是非常有限的，因此有必要进一步研究不定积分求法. 本节所讲的换元积分法和分部积分法是求不定积分的最基本、最常用的两种重要方法.

一、第一换元积分法

定理 10-4（第一换元积分法） 若当 u 是自变量时，有

$$\int f(u)\mathrm{d}u = F(u) + C, \tag{10-4}$$

则当 u 为 x 的可微函数 $u = \varphi(x)$ 时，有

$$\int f(\varphi(x))\varphi'(x)\mathrm{d}x = \int f(\varphi(x))\mathrm{d}\varphi(x) \xlongequal{u=\varphi(x)} F(\varphi(x)) + C. \tag{10-5}$$

证明 由条件知 $F'(u) = f(u)$，再由微分形式的不变性，有

$$\mathrm{d}[F(\varphi(x)) + C] = F'(\varphi(x))\mathrm{d}\varphi(x) = f(\varphi(x))\varphi'(x)\mathrm{d}x,$$

从而定理得证.

由定理 10-4 可知，对于式(10-4)，无论 u 是自变量，还是可微的中间变量均成立. 因此，称此为积分形式不变性，与微分形式不变性相对应.

第一换元积分法事实上是复合函数 $F(\varphi(x))$ 求导的逆运算，关键是将被积表达式通过引入某个适当中间变量，凑成某个已知函数的微分形式，然后再利用基本积分公式求出积分. 因此，这种方法有时也称为凑微分法. 在凑微分法的积分运算中，可以说完全是符号的形式推导，灵活而多变，这也是求不定积分的趣味所在，让人获得如同玩游戏一样的乐趣.

例 10-7 求 $\int x^2 \cdot \mathrm{e}^{x^3}\mathrm{d}x$.

解 $\int x^2 \cdot \mathrm{e}^{x^3}\mathrm{d}x = \dfrac{1}{3}\int \mathrm{e}^{x^3}\mathrm{d}x^3 = \dfrac{1}{3}\mathrm{e}^{x^3} + C.$

例 10-8 求 $\int \cos x\sin^5 x\mathrm{d}x$.

解 $\int \cos x\sin^5 x\mathrm{d}x = \int \sin^5 x\mathrm{d}(\sin x) = \dfrac{1}{6}\sin^6 x + C.$

例 10-9 求 $\int x\sqrt{4 - x^2}\mathrm{d}x$.

解 $\int x\sqrt{4 - x^2}\mathrm{d}x = -\dfrac{1}{2}\int (4 - x^2)^{\frac{1}{2}}\mathrm{d}(4 - x^2) = -\dfrac{1}{3}(4 - x^2)^{\frac{3}{2}} + C.$

例 10-10 求 $\int\left(1-\frac{1}{x^2}\right)e^{x+\frac{1}{x}}dx$.

解 $\int\left(1-\frac{1}{x^2}\right)e^{x+\frac{1}{x}}dx=\int e^{x+\frac{1}{x}}d\left(x+\frac{1}{x}\right)=e^{x+\frac{1}{x}}+C$.

例 10-11 求 $\int\frac{1}{x\sqrt{1-\ln^2 x}}dx$.

解 $\int\frac{1}{x\sqrt{1-\ln^2 x}}dx=\int\frac{1}{\sqrt{1-\ln^2 x}}d(\ln x)=\arcsin\ln x+C$.

例 10-12 求 $\int\frac{1}{\sqrt{x}(1+x)}dx$.

解 $\int\frac{1}{\sqrt{x}(1+x)}dx=2\int\frac{1}{1+x}d\sqrt{x}=2\int\frac{1}{1+(\sqrt{x})^2}d\sqrt{x}=2\arctan\sqrt{x}+C$.

例 10-13 求 $\int\frac{1}{3x+5}dx$.

解 $\int\frac{1}{3x+5}dx=\frac{1}{3}\int\frac{1}{3x+5}d(3x+5)=\frac{1}{3}\ln|3x+5|+C$.

例 10-14 求 $\int(2x+3)^{2022}dx$.

解 $\int(2x+3)^{2022}dx=\frac{1}{2}\int(2x+3)^{2022}d(2x+3)=\frac{1}{4046}(2x+3)^{2023}+C$.

例 10-15 求 $\int\frac{1}{x(1+2\ln x)}dx$.

解 $\int\frac{1}{x(1+2\ln x)}dx=\frac{1}{2}\int\frac{1}{1+2\ln x}d(1+2\ln x)=\frac{1}{2}\ln|1+2\ln x|+C$.

例 10-16 求 $\int\frac{dx}{\sqrt{a^2-x^2}}\quad(a>0)$.

解 $$\int\frac{dx}{\sqrt{a^2-x^2}}=\int\frac{d\left(\frac{x}{a}\right)}{\sqrt{1-\left(\frac{x}{a}\right)^2}}=\arcsin\frac{x}{a}+C.$$

例 10-17 求 $\int\frac{dx}{a^2+x^2}\quad(a\neq 0)$.

解 $$\int\frac{dx}{a^2+x^2}=\frac{1}{a}\int\frac{d\left(\frac{x}{a}\right)}{1+\left(\frac{x}{a}\right)^2}=\frac{1}{a}\arctan\frac{x}{a}+C.$$

例 10-18 求 $\int\frac{dx}{a^2-x^2}\quad(a\neq 0)$.

解 $\int\frac{dx}{a^2-x^2}=\frac{1}{2a}\int\left(\frac{1}{a+x}+\frac{1}{a-x}\right)dx$

$$=\frac{1}{2a}\left(\int\frac{\mathrm{d}(a+x)}{a+x}-\int\frac{\mathrm{d}(a-x)}{a-x}\right)$$

$$=\frac{1}{2a}(\ln|a+x|-\ln|a-x|)+C$$

$$=\frac{1}{2a}\ln\left|\frac{a+x}{a-x}\right|+C.$$

例 10-19 求 $\int\tan x\mathrm{d}x$.

解 $\int\tan x\mathrm{d}x=\int\frac{\sin x}{\cos x}\mathrm{d}x=-\int\frac{\mathrm{d}(\cos x)}{\cos x}=-\ln|\cos x|+C.$

例 10-20 求 $\int\sin^4 x\cos^3 x\mathrm{d}x$.

解 $\int\sin^4 x\cos^3 x\mathrm{d}x=\int\sin^4 x(1-\sin^2 x)\mathrm{d}(\sin x)$

$$=\int(\sin^6 x-\sin^4 x)\mathrm{d}(\sin x)$$

$$=\frac{1}{7}\sin^7 x-\frac{1}{5}\sin^5 x+C.$$

例 10-21 求 $\int\sec x\mathrm{d}x$.

解 $\int\sec x\mathrm{d}x=\int\frac{1}{\cos x}\mathrm{d}x=\int\frac{\cos x}{\cos^2 x}\mathrm{d}x=\int\frac{\mathrm{d}(\sin x)}{1-\sin^2 x}=\frac{1}{2}\ln\frac{1+\sin x}{1-\sin x}+C.$

最后一式还可写成：

$$\frac{1}{2}\ln\frac{1+\sin x}{1-\sin x}+C=\ln\left|\frac{1+\sin x}{\cos x}\right|+C=\ln|\sec x+\tan x|+C.$$

上述例题中有几个通常也当作基本积分公式使用．延续前面 11 个基本积分公式，得下述续表(默认 $a>0$)：

(12) $\int\frac{\mathrm{d}x}{\sqrt{a^2-x^2}}=\arcsin\frac{x}{a}+C$；

(13) $\int\frac{\mathrm{d}x}{a^2+x^2}=\frac{1}{a}\arctan\frac{x}{a}+C$；

(14) $\int\frac{\mathrm{d}x}{a^2-x^2}=\frac{1}{2a}\ln\left|\frac{a+x}{a-x}\right|+C$；

(15) $\int\sec x\mathrm{d}x=\int\frac{1}{\cos x}\mathrm{d}x=\ln|\sec x+\tan x|+C$；

(16) $\int\csc x\mathrm{d}x=\int\frac{1}{\sin x}\mathrm{d}x=\ln|\csc x-\cot x|+C$.

二、第二换元积分法

第二换元积分法是通过适当的选取变换：$x=\varphi(t)$，使左端的积分容易计算，从而达到化难为易的目的，最终求出积分.

定理 10-5（第二换元积分法） 设 $x=\varphi(t)$ 可导，$\varphi'(t)\neq 0$，$t=\varphi^{-1}(x)$ 为其反函数. 若 $F(t)$ 是函数 $f(\varphi(t))\varphi'(t)$ 的一个原函数，则有

$$\int f(x)\mathrm{d}x=\int f(\varphi(t))\varphi'(t)\mathrm{d}t=F(t)+C=F(\varphi^{-1}(x))+C. \tag{10-6}$$

证明从略.

例 10-22 求 $\displaystyle\int\frac{1}{\sqrt{x}+\sqrt[3]{x}}\mathrm{d}x$.

解 令 $t=\sqrt[6]{x}$，即作变量代换：$x=t^6\quad(t>0)$，则

$$\begin{aligned}\int\frac{1}{\sqrt{x}+\sqrt[3]{x}}\mathrm{d}x&=\int\frac{6t^5}{t^3+t^2}\mathrm{d}t=6\int\frac{t^3\,\mathrm{d}t}{1+t}\\&=6\int\left(t^2-t+1-\frac{1}{t+1}\right)\mathrm{d}t\\&=2t^3-3t^2+6t-6\ln(1+t)+C\\&=2x^{\frac{1}{2}}-3x^{\frac{1}{3}}+6x^{\frac{1}{6}}-6\ln(1+x^{\frac{1}{6}})+C.\end{aligned}$$

例 10-23 求 $\displaystyle\int\sqrt{a^2-x^2}\,\mathrm{d}x\quad(a>0)$.

解 作变换：$x=a\sin t,t\in\left[-\dfrac{\pi}{2},\dfrac{\pi}{2}\right]$，则

$$\sqrt{a^2-x^2}=a\,|\cot x|=a\cos t,\quad t\in\left[-\frac{\pi}{2},\frac{\pi}{2}\right],\quad \mathrm{d}x=a\cos t\mathrm{d}t,$$

因此

$$\begin{aligned}\int\sqrt{a^2-x^2}\,\mathrm{d}x&=\int a^2\cos^2t\mathrm{d}t=a^2\int\frac{1+\cos 2t}{2}\mathrm{d}t\\&=\frac{a^2}{2}\left(t+\frac{1}{2}\sin 2t\right)+C=\frac{a^2}{2}t+\frac{a^2}{2}\sin t\cos t+C.\end{aligned}$$

最后，还需将变量 t 还原为原来的积分变量 x. 为此由 $x=a\sin t$ 作直角三角形（见图 10-2），由此直角三角形可见：

$$\sin t=\frac{x}{a},\quad \cos t=\frac{\sqrt{a^2-x^2}}{a},$$

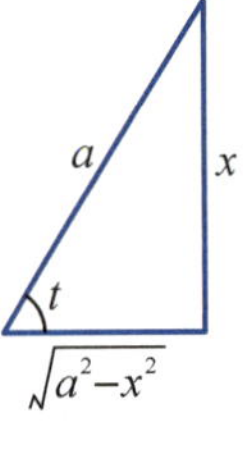

图 10-2

又由于 $x=a\sin t$ 在 $\left[-\dfrac{\pi}{2},\dfrac{\pi}{2}\right]$ 上严格递增，故在 $\left[-\dfrac{\pi}{2},\dfrac{\pi}{2}\right]$ 上存在反函数 $t=\arcsin\dfrac{x}{a}$，于是

$$\int\sqrt{a^2-x^2}\,dx=\frac{a^2}{2}\arcsin\frac{x}{a}+\frac{x}{2}\sqrt{a^2-x^2}+C.$$

例 10-24 求 $\int\frac{dx}{\sqrt{x^2+a^2}}\quad(a>0)$.

解 令 $x=a\tan t, t\in\left(-\frac{\pi}{2},\frac{\pi}{2}\right)$，则

$$\sqrt{x^2+a^2}=a\sec t,\quad dx=a\sec^2 t dt,$$

$$\int\frac{dx}{\sqrt{x^2+a^2}}=\int\frac{1}{a\sec t}a\sec^2 t dt=\int\sec t dt=\ln|\sec t+\tan t|+C_1.$$

参照上例方法，由如图 10-3 所示的直角三角形可看出：

$$\tan t=\frac{x}{a},\quad \sec t=\frac{\sqrt{x^2+a^2}}{a},$$

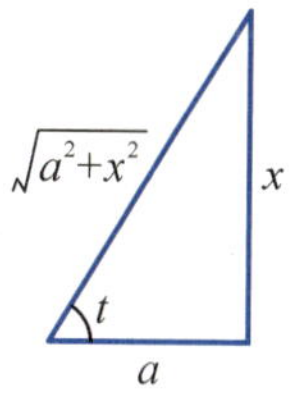

图 10-3

于是

$$\int\frac{dx}{\sqrt{x^2+a^2}}=\ln\left|x+\sqrt{x^2+a^2}\right|+C.$$

例 10-25 求 $\int\frac{dx}{\sqrt{x^2-a^2}}\quad(a>0)$.

解 被积函数 $f(x)=\frac{1}{\sqrt{x^2-a^2}}$ 的定义域 $D=(-\infty,-a)\cup(a,+\infty), a>0$，因此我们必须分别讨论函数 $f(x)$ 在区间 $I_1=(a,+\infty)$ 和区间 $I_2=(-\infty,-a)$ 上的不定积分.

(1)在区间 $I_1=(a,+\infty)$ 上的不定积分. 令 $x=a\sec t, 0<t<\frac{\pi}{2}$，则

$$\sqrt{x^2-a^2}=a\tan t,\quad dx=a\sec t\tan t dt.$$

于是

$$\int\frac{dx}{\sqrt{x^2-a^2}}=\int\frac{a\sec t\tan t}{a\tan t}dt=\int\sec t dt=\ln|\sec t+\tan t|+C.$$

再由 $x=a\sec t$，得

$$\tan t=\frac{\sqrt{x^2-a^2}}{a},$$

因此

$$\int\frac{dx}{\sqrt{x^2-a^2}}=\ln\left|\frac{x}{a}+\frac{\sqrt{x^2-a^2}}{a}\right|+C=\ln\left|x+\sqrt{x^2-a^2}\right|+C.$$

(2)在区间 $I_2=(-\infty,-a)$上的不定积分. 类似于(1)，作变换：

$$x=a\sec t\quad\left(\frac{\pi}{2}<t<\pi, -\infty<x<-a\right),$$

可得

$$\int \frac{dx}{\sqrt{x^2-a^2}} = \ln\left|x+\sqrt{x^2-a^2}\right|+C.$$

综上所述，不论是在区间 $(a,+\infty)$ 上还是在区间 $(-\infty,-a)$ 上，都有：

$$\int \frac{dx}{\sqrt{x^2-a^2}} = \ln\left|x+\sqrt{x^2-a^2}\right|+C.$$

上述三例都是利用三角函数进行换元的．若被积函数中含有因子 $\sqrt{a^2-x^2}$，$\sqrt{x^2+a^2}$，$\sqrt{x^2-a^2}$，可分别作变换：$x=a\sin t$（或 $x=a\cos t$），$x=a\tan t$（或 $x=a\cot t$），$x=a\sec t$（或 $x=a\csc t$），这样做可以去掉根号，往往会使积分简化易求．这类变换通常称为**三角变换**．

三、分部积分法

设函数 $u=u(x)$，$v=v(x)$ 可微，由 $d(uv)=udv+vdu$，可得

$$udv=d(uv)-vdu,$$

将上式两边积分，即得

$$\int udv = uv-\int vdu, \tag{10-7}$$

或

$$\int uv'dx = uv-\int vu'dx. \tag{10-8}$$

式(10-7)和式(10-8)称为**分部积分公式**．只要等式右边的积分容易算出，那么等式左边的积分也就得到结果了．这种方法称为分部积分法．显而易见，分部积分法的目的就是化难为易．

例 10-26 求 $\int x\cos x dx$．

解 令 $u=x$，$dv=\cos x dx$，则

$$\int x\cos x dx=\int x d(\sin x)=x\sin x-\int \sin x dx=x\sin x+\cos x+C.$$

例 10-27 求 $\int x^3\ln x dx$．

解 $$\int x^3\ln x dx=\int \ln x d\left(\frac{x^4}{4}\right)=\frac{x^4}{4}\ln x-\int\frac{x^4}{4}\cdot\frac{1}{x}dx=\frac{x^4}{4}\ln x-\frac{x^4}{16}+C$$

$$=\frac{x^4}{16}(4\ln x-1)+C.$$

例 10-28 求 $I=\int e^x\sin x dx$．

解 设 $u=\sin x, \mathrm{d}v=\mathrm{e}^x\mathrm{d}x$，则

$$I=\int \mathrm{e}^x\sin x\mathrm{d}x=\mathrm{e}^x\sin x-\mathrm{e}^x\cos x-\int \mathrm{e}^x\sin x\mathrm{d}x=\mathrm{e}^x(\sin x-\cos x)-I,$$

因此

$$I=\frac{1}{2}\mathrm{e}^x(\sin x-\cos x)+C.$$

换元积分法和分部积分法是求不定积分最基本、最重要的方法. 有些积分需要综合运用换元积分法和分部积分法方可求得结果.

例 10-29 求 $\int \mathrm{e}^{\sqrt[3]{x}}\mathrm{d}x$.

解 令 $\sqrt[3]{x}=t$，即 $x^3=t$，则 $\mathrm{d}x=3t^2\mathrm{d}t$，于是

$$\int \mathrm{e}^{\sqrt[3]{x}}\mathrm{d}x=3\int t^2\mathrm{e}^t\mathrm{d}t,$$

上式右端的积分用两次分部积分法，可得

$$\int t^2\mathrm{e}^t\mathrm{d}t=\mathrm{e}^t(t^2-2t+2)+C,$$

代回变量即得

$$\int \mathrm{e}^{\sqrt[3]{x}}\mathrm{d}x=3\mathrm{e}^{\sqrt[3]{x}}(\sqrt[3]{x^2}-2\sqrt[3]{x}+2)+C.$$

分部积分还常用来导出递推公式.

例 10-30 求 $I_n=\int \sin^n x\mathrm{d}x$.

解
$$\begin{aligned}I_n&=\int \sin^n x\mathrm{d}x=\int -\sin^{n-1}x\mathrm{d}(\cos x)\\&=-\sin^{n-1}x\cos x+\int (n-1)\cos^2 x\sin^{n-2}x\mathrm{d}x\\&=-\sin^{n-1}x\cos x+(n-1)\int \sin^{n-2}x(1-\sin^2 x)\mathrm{d}x\\&=-\sin^{n-1}x\cos x+(n-1)I_{n-2}+(n-1)I_n,\end{aligned}$$

移项即得递推公式：

$$I_n=-\frac{1}{n}\sin^{n-1}x\cos x+\frac{n-1}{n}I_{n-2}\quad (n\geqslant 2),$$

其中

$$I_0=\int \mathrm{d}x=x+C,$$

$$I_1=\int \sin x\mathrm{d}x=-\cos x+C.$$

第三节 有理函数的积分

有理函数是指多项式之比，即 $R(x)=P(x)/Q(x)$，其中 $P(x),Q(x)$ 为既约多项式，利用多项式除法，总可把假分式化为一多项式与真分式之和. 多项式部分可以逐项积分，因此只需讨论真分式的积分法. 由于实系数多项式的复根总是共轭复根成双成对地出现，多项式总可分解为一次和二次质因式之乘积(可能有重因式). 所以先将真分式按分母的因式，用待定系数法分解成若干简单分式之和，再行积分.

例 10-31 求 $\int\frac{3x-1}{x^2-2x-3}\mathrm{d}x$.

解 $\int\frac{3x-1}{x^2-2x-3}\mathrm{d}x=\int\left(\frac{2}{x-3}+\frac{1}{x+1}\right)\mathrm{d}x=2\ln|x-3|+\ln|x+1|+C.$

例 10-32 求 $\int\frac{3x+1}{x^2+2x+3}\mathrm{d}x$.

解

$$\begin{aligned}\int\frac{3x+1}{x^2+2x+3}\mathrm{d}x&=\frac{3}{2}\int\frac{\mathrm{d}(x^2+2x+3)}{x^2+2x+3}-2\int\frac{\mathrm{d}x}{x^2+2x+3}\\&=\frac{3}{2}\ln(x^2+2x+3)-2\int\frac{\mathrm{d}x}{(x+1)^2+2}\\&=\frac{3}{2}\ln(x^2+2x+3)-\sqrt{2}\int\frac{\mathrm{d}\left(\frac{x+1}{\sqrt{2}}\right)}{\left(\frac{x+1}{\sqrt{2}}\right)^2+1}\\&=\frac{3}{2}\ln(x^2+2x+3)-\sqrt{2}\arctan\frac{x+1}{\sqrt{2}}+C.\end{aligned}$$

例 10-33 求 $\int\frac{1}{x^4+1}\mathrm{d}x$.

解 $\int\frac{1}{x^4+1}\mathrm{d}x=\int\frac{1}{(x^2+\sqrt{2}x+1)(x^2-\sqrt{2}x+1)}\mathrm{d}x$，令

$$\frac{1}{(x^2+\sqrt{2}x+1)(x^2-\sqrt{2}x+1)}=\frac{Ax+B}{x^2+\sqrt{2}x+1}+\frac{Cx+D}{x^2-\sqrt{2}x+1},$$

通分并消去分母得

$$\begin{aligned}1&=(Ax+B)(x^2-\sqrt{2}x+1)+(Cx+D)(x^2+\sqrt{2}x+1)\\&=(A+C)x^3+(\sqrt{2}C-\sqrt{2}A+B+D)x^2+(A+C)x+B+D,\end{aligned}$$

比较系数，得

$$A=-C=\frac{\sqrt{2}}{4},\quad B=D=\frac{1}{2},$$

因此

$$\int \frac{1}{x^4+1}\mathrm{d}x = \frac{1}{4}\int \frac{\sqrt{2}x+2}{x^2+\sqrt{2}x+1}\mathrm{d}x - \frac{1}{4}\int \frac{\sqrt{2}x-2}{x^2-\sqrt{2}x+1}\mathrm{d}x.$$

又因为

$$\begin{aligned}\frac{1}{4}\int \frac{\sqrt{2}x+2}{x^2+\sqrt{2}x+1}\mathrm{d}x &= \frac{1}{4\sqrt{2}}\int \frac{\mathrm{d}(x^2+\sqrt{2}x+1)}{x^2+\sqrt{2}x+1} + \frac{1}{4}\int \frac{\mathrm{d}x}{x^2+\sqrt{2}x+1} \\ &= \frac{1}{4\sqrt{2}}\ln(x^2+\sqrt{2}x+1) + \frac{1}{2\sqrt{2}}\int \frac{\mathrm{d}(\sqrt{2}x+1)}{(\sqrt{2}x+1)^2+1} \\ &= \frac{1}{4\sqrt{2}}\ln(x^2+\sqrt{2}x+1) + \frac{1}{2\sqrt{2}}\arctan(\sqrt{2}x+1),\end{aligned}$$

同理可得

$$\frac{1}{4}\int \frac{\sqrt{2}x-2}{x^2-\sqrt{2}x+1}\mathrm{d}x = \frac{1}{4\sqrt{2}}\ln(x^2-\sqrt{2}x+1) - \frac{1}{2\sqrt{2}}\arctan(\sqrt{2}x-1),$$

所以

$$\int \frac{1}{x^4+1}\mathrm{d}x = \frac{1}{4\sqrt{2}}\ln\frac{x^2+\sqrt{2}x+1}{x^2-\sqrt{2}x+1} + \frac{1}{2\sqrt{2}}[\arctan(\sqrt{2}x+1)+\arctan(\sqrt{2}x-1)]+C.$$

注 并非所有初等函数的不定积分都能“积得出”，例如 $\int \sin x^2\mathrm{d}x$，$\int \frac{\sin x}{x}\mathrm{d}x$，$\int \frac{\mathrm{d}x}{\sqrt{1+x^3}}$，$\int \frac{\mathrm{d}x}{\ln x}$ 等. 虽然这些积分看起来并不复杂，但这些积分却“积不出”来. 在微积分历史上，人们曾以为凡初等函数的不定积分总是可以“积得出”的. 到19世纪末，挪威数学家李(M S Lie)建立了连续变换群理论并用以研究微分方程以后，人们才知道初等函数的原函数并不都能用初等函数来表示. 当然，证明本身十分困难.

习题十

1. 已知函数 $y=f(x)$ 的导数等于 $\mathrm{e}^x-3\cos x$，且 $y|_{x=0}=-8$，求此函数.

2. 求下列不定积分：

(1) $\int\left(\frac{3}{x}+\sqrt[3]{x}+5\cos x-1\right)\mathrm{d}x$；　(2) $\int \sec x(\sec x-\tan x)\mathrm{d}x$；

(3) $\int\left(\frac{2}{\sqrt{1-x^2}}-\frac{4}{1+x^2}\right)\mathrm{d}x$；　(4) $\int \sin 2x\cos 3x\mathrm{d}x$；

(5) $\int x(x+10)^{2012}\mathrm{d}x$；　(6) $\int x(x^2+1)^{100}\mathrm{d}x$；

(7) $\int \frac{\mathrm{d}x}{1+\cos 2x}$；　(8) $\int \frac{x}{\sqrt{2-3x^2}}\mathrm{d}x$；

(9) $\int \frac{\mathrm{d}x}{x\ln x\ln \ln x}$；　(10) $\int \frac{1}{x^2}\sin \frac{1}{x}\mathrm{d}x$；

(11) $\int \frac{1-x}{\sqrt{9-4x^2}}\mathrm{d}x$；　(12) $\int \frac{\mathrm{d}x}{x^2+2x+2}$；

(13) $\int \frac{\mathrm{d}x}{\mathrm{e}^x+\mathrm{e}^{-x}}$；　(14) $\int \frac{\mathrm{d}x}{\mathrm{e}^x+1}$；

(15) $\int \frac{x^2-1}{x^4+1}\mathrm{d}x$；　(16) $\int \frac{\arctan \sqrt{x}}{\sqrt{x}(1+x)}\mathrm{d}x$；

(17) $\int \frac{1}{\alpha^2\sin^2 x+\beta^2\cos^2 x}\mathrm{d}x$；　(18) $\int \frac{\sin x\cos x}{2+\sin^4 x}\mathrm{d}x$.

3. 求下列不定积分：

(1) $\int \frac{x+1}{\sqrt[3]{3x+1}}\mathrm{d}x$；　(2) $\int \frac{\mathrm{d}x}{x(\sqrt{x}+\sqrt[3]{x})}$；

(3) $\int \frac{\mathrm{d}x}{\sqrt{1+\mathrm{e}^x}}$；　(4) $\int \frac{x^2}{\sqrt{a^2-x^2}}\mathrm{d}x \quad (a>0)$；

(5) $\int \frac{\mathrm{d}x}{x\sqrt{x^2-1}}$；　(6) $\int \frac{\mathrm{d}x}{\sqrt{(x^2+1)^3}}$；

(7) $\int \frac{x\mathrm{d}x}{\sqrt{1+2x}}$；　(8) $\int x\sqrt{x^4+2x^2+2}\,\mathrm{d}x$；

(9) $\int \sqrt{\frac{\ln(x+\sqrt{1+x^2})}{1+x^2}}\mathrm{d}x$；　(10) $\int \mathrm{e}^{\sqrt{x+1}}\mathrm{d}x$.

4. 求下列不定积分：

(1) $\int x\sin x\mathrm{d}x$；　(2) $\int x\ln(1+x^2)\mathrm{d}x$；

(3) $\int \arcsin x\mathrm{d}x$；　(4) $\int (x^2-2x)\mathrm{e}^{-x}\mathrm{d}x$；

(5) $\int (\arcsin x)^2\mathrm{d}x$；　(6) $\int x\arctan x\mathrm{d}x$；

(7) $\int \mathrm{e}^{-x}\cos x\mathrm{d}x$；　(8) $\int \frac{(\ln x)^2}{x^2}\mathrm{d}x$；

(9) $\int \frac{\ln(1+x)}{\sqrt{x}}\mathrm{d}x$；　(10) $\int \sqrt{x}\sin \sqrt{x}\mathrm{d}x$；

(11) $\int \ln(x+\sqrt{1+x^2})\mathrm{d}x$；　(12) $\int x\mathrm{e}^x\cos x\mathrm{d}x$；

(13) $\int \frac{x^4}{1+x^2}\mathrm{d}x$；　(14) $\int \frac{\mathrm{d}x}{x^2(1+x^2)}$；

(15) $\int \frac{x^2+7x+12}{x+3}\mathrm{d}x$；　(16) $\int \frac{x+2}{x^2-2x+3}\mathrm{d}x$；

(17) $\int \frac{x^3}{9+x^2}\mathrm{d}x$；　(18) $\int \frac{x^3}{(x-1)^{2012}}\mathrm{d}x$.

5. 求 $I_n=\int\frac{\mathrm{d}x}{(x^2+a^2)^n}$ 的一个递推公式.

6. 一列火车以匀速 48 m/s 行驶，当启动刹车系统时，火车以固定的减速度 $-6\ \mathrm{m/s^2}$ 停下. 问火车需要多少时间才能停下来？自刹车后火车行驶了多少米？

第十一章　定积分

上一章以运算的角度来看，我们诚然发现，不定积分就是微分运算的逆运算，是一个函数族．而本章要介绍的定积分则是一种特殊的“和极限”，是微分在一个给定区间的无限累加，是一个常数．从表面上看，两者似乎是互不相干的概念．通过研究牛顿老师巴罗(Barrow，1630—1677)的著作，牛顿和莱布尼茨各自充分地意识到微分和积分的互逆关系，从而得到了一个简洁漂亮的公式，建立了不定积分和定积分之间、微分与积分之间的内在联系．这是一项极其卓越的工作，标志着原本独立的微分学和积分学成为一个有机整体——微积分学．微积分的诞生具有划时代的意义，是数学史上的分水岭和转折点．由这个伟大的发明(人类心智的创造活动)所产生的崭新数学，明显不同于古希腊传承下来的旧数学．旧数学是关于常量的数学，而新数学是关于变量的数学，充满了思辨思想，包含了运动、变化和无限．当然，微积分的发明并非一两个人一蹴而就的工作，而是经历了漫长曲折的历程，许多大哲学家和大数学家都参与其中．始于 12 世纪初期的经院哲学(scholasticism，企图用方法论和哲学证明真理本体论的固有的理性与一致性)的兴起，促进了欧洲后来的理性主义思潮或运动；没有理性主义思潮的兴起，就没有笛卡儿的“我思故我在”的名句；没有笛卡儿的哲学思想在数学中的实践，数学变量这个概念不知道要晚多少年才会出现；没有数学变量的概念，微积分不可能诞生．

第一节　定积分的概念和性质

在实际问题中，对于一密度均匀的物体，若其密度为 ρ，则其质量 m 与 V 即为匀变关系：$m=\rho V$．对于边界平直的多边形，利用三角剖分也容易求出其面积．但是对于非规则图形，如何求出其面积呢？如曲边梯形(见图 11-1(a))，是由连续函数 $y=f(x)$　$(f(x)\geqslant 0)$，x 轴以及直线 $x=a$，$x=b$ 围成的图形．

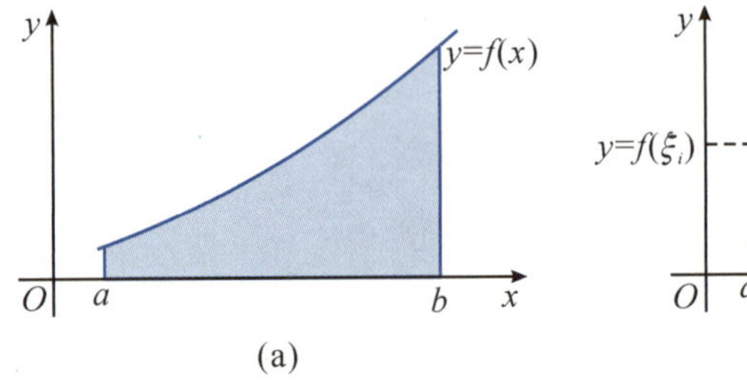

(a)

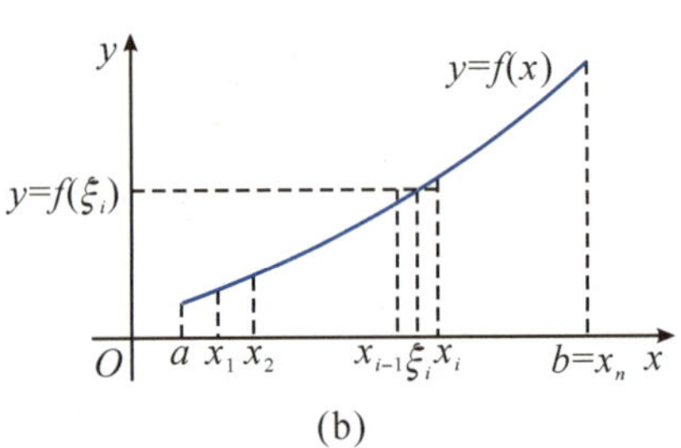

(b)

图 11-1

我们可以直代曲近似地进行计算. 将区间$[a,b]$分割成n个小区间,其分点为$a=x_0<x_1<x_2<\cdots<x_{n-1}<x_n=b$,记每个小区间$[x_{i-1},x_i]$的长度为$\Delta x_i=x_i-x_{i-1}\quad(i=1,2,\cdots,n)$. 这样,就把曲边梯形分割成$n$个小曲边梯形(见图11-1(b)),记它们的面积分别为$\Delta S_1,\Delta S_2,\cdots,\Delta S_n$,在每个小区间$[x_{i-1},x_i]$中任取一点$\xi_i$,用高为$f(\xi_i)$、底为$\Delta x_i$的小矩形来近似代替同底的小曲边梯形,则$\Delta S_i\approx f(\xi_i)\Delta x_i\quad(i=1,2,\cdots,n)$. 将$n$个小矩形的面积累加起来,得到该曲边梯形面积$S$的一个近似值:

$$S=\sum_{i=1}^{n}\Delta S_i\approx\sum_{i=1}^{n}f(\xi_i)\Delta x_i.$$

直观地,当Δx_i越小时,$f(\xi_i)\Delta x_i$就越接近ΔS_i. 但无论怎样接近,一般地不是S本身. 虽然如此,极限论让我们联想到,若要得到S的准确值,需要极限过程,只要分割的小区间长度趋于0,应可获得S.

再看非匀变的直线运动. 设一物体以速度$v(t)$做变速直线运动,求其在时刻$t=a$到时刻$t=b$之间所经过的路程. 同样地,将时间段$[a,b]$分割成n个小区间,其分点为$a=t_0<t_1<t_2<\cdots<t_{n-1}<t_n=b$,记每个小区间$[t_{i-1},t_i]$的长度为$\Delta t_i=t_i-t_{i-1}\quad(i=1,2,\cdots,n)$. 这样,时间区间$[a,b]$上物体经过的路程$s$就被分割成$n$个小时区$[t_{i-1},t_i]$上物体经过的路程之和,记小时区上物体经过的路程分别为$\Delta s_1,\Delta s_2,\cdots,\Delta s_n$. 在每个小区间$[t_{i-1},t_i]$中任取一时刻$\xi_i$,用$v(\xi_i)$近似代替速度$v(t)\quad(t\in[t_{i-1},t_i])$,由此得到物体在时刻$t=t_{i-1}$到时刻$t=t_i$之间所经过的路程$\Delta s_i$的近似值$\Delta s_i\approx v(\xi_i)\Delta t_i\quad(i=1,2,\cdots,n)$,将$n$个$\Delta s_i$的近似值累加起来,得到所求路程$s$的一个近似值:

$$s\approx\sum_{i=1}^{n}v(\xi_i)\Delta t_i.$$

亦可想见,当Δt_i越来越小时,所算出的累加值越接近真实值.

上面两则例子,虽然具体意义不同,但解决问题的方法却相同,都是先将整体的问题分割成局部的问题,然后通过“以直代曲”“以不变代变”,作近似计算,再进行求和,最后,也是最要紧的一步,作和式的一种极限(第三种极限). 我们知道,将无穷、极限的概念引入数学,这是高等数学的本质与精髓所在. 抽象上述共同特征,给出下述关于定积分的定义.

定义 11-1 设函数$f(x)$在区间$[a,b]$上有定义,将$[a,b]$**任意**分割成n个小区间,其分点为$a=x_0<x_1<x_2<\cdots<x_{n-1}<x_n=b$,记

$$\Delta x_i=x_i-x_{i-1}\quad(i=1,2,\cdots,n),\qquad\lambda=\max_{1\leqslant i\leqslant n}\{\Delta x_i\}.$$

在每个小区间$[x_{i-1},x_i]$中**任取**一点ξ_i,作和式$\sum\limits_{i=1}^{n}f(\xi_i)\Delta x_i$. 若当$\lambda\to0$时,上述和式的极限存在,且此极限值$I$与区间$[a,b]$的分法和点$\xi_i$的取法无关,则称此极限值$I$为函数$y=f(x)$在区间$[a,b]$上的**定积分**,记为

$$I=\lim_{\lambda\to0}\sum_{i=1}^{n}f(\xi_i)\Delta x_i=\int_a^b f(x)\mathrm{d}x.$$

也称函数$y=f(x)$在区间$[a,b]$上**可积**,否则称$f(x)$在区间$[a,b]$上不可积. 这里$f(x)$

称为被积函数,x 称为积分变量,$[a,b]$称为积分区间,a 与 b 分别称为积分下限与积分上限.

由于在历史上,由德国数学家黎曼首先在一般形式下给出了上述和式的定义,所以上述和式也称为黎曼和,上述意义下的定积分,也称为黎曼积分.

根据上述定义,曲边梯形的面积 S 就是函数 $y=f(x)$在$[a,b]$上的定积分 $\int_a^b f(x)\mathrm{d}x$;变速直线运动的路程 s 就是函数 $v(t)$在$[a,b]$上的定积分,即 $\int_a^b v(t)\mathrm{d}t$.

从定积分的定义可以看出,定积分的值只依赖于被积函数 f 与积分区间$[a,b]$,而与积分变量的记号无关. 换句话说,若定积分 $\int_a^b f(x)\mathrm{d}x$ 存在,则

$$\int_a^b f(x)\mathrm{d}x=\int_a^b f(t)\mathrm{d}t=\int_a^b f(u)\mathrm{d}u.$$

由定义显见:

当 $a>b$ 时, $\int_a^b f(x)\mathrm{d}x=-\int_b^a f(x)\mathrm{d}x$;

当 $a=b$ 时, $\int_a^a f(x)\mathrm{d}x=0$.

一、定积分的几何意义

定积分的几何意义

若函数 $y=f(x)$在区间$[a,b]$上可积,且 $f(x)\geqslant 0$,则 $\int_a^b f(x)\mathrm{d}x$ 表示曲线$y=f(x)$与直线 $y=0$(即 x 轴),$x=a$,$x=b$ 所围成的曲边梯形的面积. 当 $f(x)\leqslant 0$ 时,$-f(x)\geqslant 0$,这样就有,以 $f(x)$为曲边的曲边梯形面积 S 为

$$S=\int_a^b[-f(x)]\mathrm{d}x=\lim_{\lambda\to 0}\sum_{i=1}^n[-f(\xi_i)\Delta x_i]$$

$$=-\lim_{\lambda\to 0}\sum_{i=1}^n f(\xi_i)\Delta x_i=-\int_a^b f(x)\mathrm{d}x.$$

即当 $f(x)\leqslant 0$ 时,定积分 $\int_a^b f(x)\mathrm{d}x$ 为曲边梯形面积的负值,如图 11-2(a)所示.

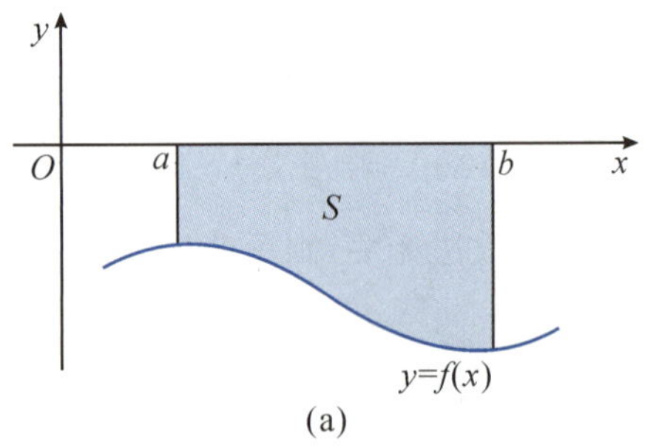

(a)

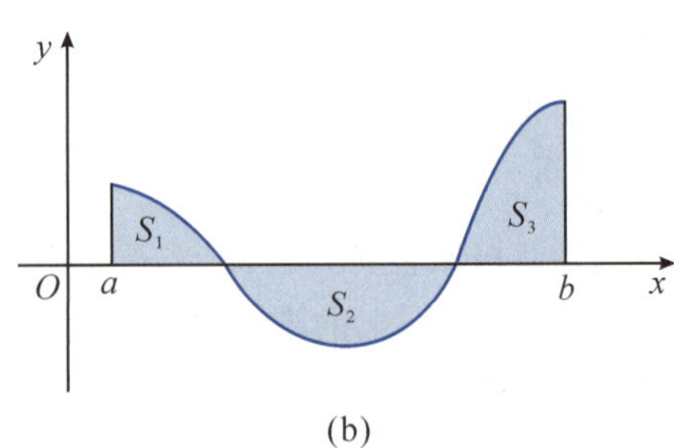

(b)

图 11-2

当 $f(x)$ 在区间 $[a,b]$ 上有正、负时，如图 11-2(b)所示，则定积分 $\int_a^b f(x)\mathrm{d}x$ 为曲线 $y=f(x)$ 与直线 $y=0,x=a,x=b$ 所围成的曲边梯形面积的代数和，即在 x 轴上方的面积取正号，在 x 轴下方的面积取负号：

$$\int_a^b f(x)\mathrm{d}x = S_1 - S_2 + S_3.$$

定理 11-1(可积的必要条件)　若函数 $f(x)$ 在闭区间 $[a,b]$ 上可积，则 $f(x)$ 在 $[a,b]$ 上有界.

该定理的逆定理不一定成立. 如狄利克雷函数在 $[0,1]$ 上有界，但不可积.

定理 11-2　若函数 $f(x)$ 在闭区间 $[a,b]$ 上连续，则 $f(x)$ 在 $[a,b]$ 上可积.

定理 11-3　若函数 $f(x)$ 在闭区间 $[a,b]$ 上只有有限个间断点且有界，则 $f(x)$ 在 $[a,b]$ 上可积.

定理 11-4　若函数 $f(x)$ 在闭区间 $[a,b]$ 上单调，则 $f(x)$ 在 $[a,b]$ 上可积.

二、定积分的基本性质

用求积分和式极限的方法来计算定积分是不方便的，在很多情况下，很难求出定积分的值. 对此，需要寻求计算定积分的有效的、简便的方法.

根据定积分的定义和极限运算法则，可以得到定积分的一些基本性质. 假设下面所考虑的函数在所讨论的区间上都可积.

性质 11-1　$\int_a^b 1\mathrm{d}x = b-a.$

性质 11-2　$\int_a^b [f(x)\pm g(x)]\mathrm{d}x = \int_a^b f(x)\mathrm{d}x \pm \int_a^b g(x)\mathrm{d}x.$

性质 11-3　$\int_a^b kf(x)\mathrm{d}x = k\int_a^b f(x)\mathrm{d}x$，　k 为任意常数.

由性质 11-2、性质 11-3，可以得到：

$$\int_a^b \sum_{k=1}^{n} a_k f_k(x)\mathrm{d}x = \sum_{k=1}^{n} a_k \int_a^b f_k(x)\mathrm{d}x, \quad a_k \text{ 为常数}, k=1,2,\cdots,n.$$

性质 11-4　$\int_a^b f(x)\mathrm{d}x = \int_a^c f(x)\mathrm{d}x + \int_c^b f(x)\mathrm{d}x$，对任意的 c 成立，只要相应的定积分存在.

性质 11-5　若对 $x\in[a,b]$，有 $f(x)\geqslant 0$，则

$$\int_a^b f(x)\mathrm{d}x \geqslant 0.$$

由此，可推出：

(1)若对 $x\in[a,b]$，有 $f(x)\geqslant g(x)$，则 $\int_a^b f(x)\mathrm{d}x \geqslant \int_a^b g(x)\mathrm{d}x$；

(2)若对 $x\in[a,b]$，有 $m\leqslant f(x)\leqslant M$，则 $m(b-a)\leqslant \int_a^b f(x)\mathrm{d}x \leqslant M(b-a)$；

(3) $\left|\int_a^b f(x)\mathrm{d}x\right| \leqslant \int_a^b |f(x)|\mathrm{d}x$.

性质 11-6(积分中值定理) 设函数 $f(x)$ 在闭区间 $[a,b]$ 上连续，则至少存在一点 $\xi \in [a,b]$，使得

$$\int_a^b f(x)\mathrm{d}x = f(\xi)(b-a).$$

证明 因为 $f(x)$ 在闭区间 $[a,b]$ 上连续，所以 $f(x)$ 在 $[a,b]$ 上有最大值 M 和最小值 m. 由性质 11-5，得 $m(b-a) \leqslant \int_a^b f(x)\mathrm{d}x \leqslant M(b-a)$，即

$$m \leqslant \frac{1}{b-a}\int_a^b f(x)\mathrm{d}x \leqslant M.$$

根据连续函数介值定理，存在一点 $\xi \in [a,b]$，使得

$$\frac{1}{b-a}\int_a^b f(x)\mathrm{d}x = f(\xi).$$

积分中值定理得证.

三、积分中值定理的几何意义

设 $f(x) \geqslant 0$，则 $f(x)$ 在闭区间 $[a,b]$ 上的曲边梯形面积等于与该曲边梯形同底、以 $f(\xi)$ 为高的矩形面积(见图 11-3). 因此，也称 $f(\xi)$ 为曲边梯形的平均高度，称 $\frac{1}{b-a}\int_a^b f(x)\mathrm{d}x$ 为 $f(x)$ 在 $[a,b]$ 上的积分平均值.

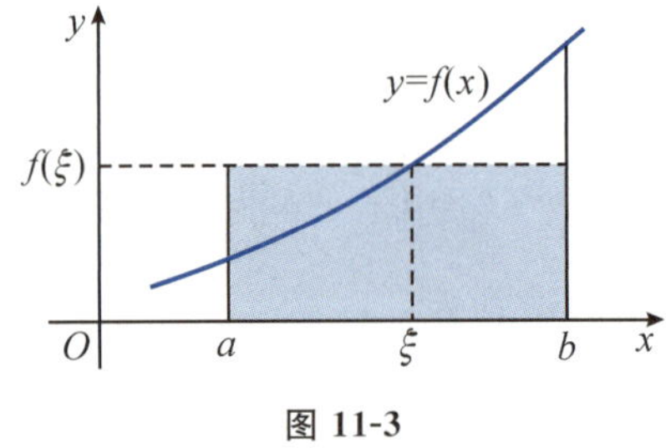

图 11-3

第二节 定积分的计算

不定积分与定积分虽然记号相似，却是两个从完全不同角度引进来的概念，本节将通过一个“桥梁”构建它们之间的联系，并将求定积分的问题转化为求不定积分的问题，从而给出求定积分的一般方法. 上述提到的“桥梁”就是变上限定积分. 设 $f(x)$ 在 $[a,b]$ 上可积，$x \in [a,b]$，则称积分

$$\Phi(x)=\int_a^x f(t)\mathrm{d}t,\quad x\in[a,b]$$

为 $f(x)$ 在 $[a,b]$ 上的变上限定积分.

定积分由被积函数和积分上、下限决定,既然函数 $f(x)$ 和积分下限已经限定,那么定积分 $\int_a^x f(t)\mathrm{d}t$ 就由积分上限 x 唯一确定,即对应于某个 x,$\int_a^x f(t)\mathrm{d}t$ 的值是唯一确定的,因此是 x 的函数,记为 $\Phi(x)$. 当 $f(x)\geqslant 0$ 时,$\Phi(x)$ 在几何上表示右侧直边可以变动的曲边梯形面积(见图 11-4 中的阴影部分).

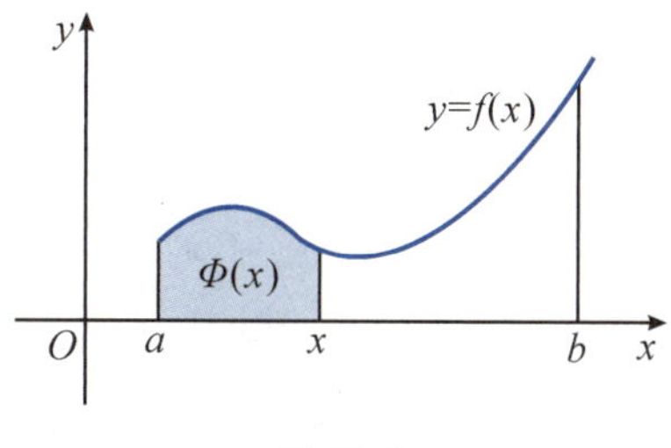

图 11-4

一、微积分的基本定理

定理 11-5 若函数 $f(x)$在$[a,b]$上连续,则变上限定积分 $\Phi(x)=\int_a^x f(t)\mathrm{d}t$ 在$[a,b]$上可导,且 $\Phi'(x)=f(x)$,即 $\Phi(x)$是被积函数 $f(x)$在$[a,b]$上的一个原函数.

证明 对于任意给定的 $x\in[a,b]$,及 x 的一个改变量 Δx,设 $x+\Delta x\in[a,b]$,则

$$\Phi(x+\Delta x)-\Phi(x)=\int_a^{x+\Delta x}f(t)\mathrm{d}t-\int_a^x f(t)\mathrm{d}t=\int_x^{x+\Delta x}f(t)\mathrm{d}t,$$

利用积分中值定理,

$$\lim_{\Delta x\to 0}\frac{\Phi(x+\Delta x)-\Phi(x)}{\Delta x}=\lim_{\Delta x\to 0}\frac{f(\xi)\Delta x}{\Delta x}=\lim_{\xi\to x}f(\xi)=f(x),$$

其中,ξ 介于 x 与 $x+\Delta x$ 之间,当 $\Delta x\to 0$ 时,$\xi\to x$. 因此,$\Phi'(x)=f(x)$,亦即

$$\frac{\mathrm{d}}{\mathrm{d}x}\int_a^x f(t)\mathrm{d}t=f(x).\tag{11-1}$$

这个定理揭示了导数与定积分这两个定义不相干的概念之间的内在联系,也说明任何连续的函数都存在原函数,而且 $f(x)$的变上限定积分 $\Phi(x)$就是 $f(x)$的一个原函数,所以也称此定理为原函数存在定理. 利用复合函数求导原理不难得到

$$\frac{\mathrm{d}}{\mathrm{d}x}\int_{a(x)}^{b(x)}f(t)\mathrm{d}t=f(b(x))b'(x)-f(a(x))a'(x).\tag{11-2}$$

例 11-1 求 $\frac{\mathrm{d}}{\mathrm{d}x}\int_0^x\tan(1+t^3)\mathrm{d}t$.

解 根据定理 11-5,

$$\frac{\mathrm{d}}{\mathrm{d}x}\int_0^x \tan(1+t^3)\mathrm{d}t = \tan(1+x^3).$$

例 11-2 计算 $\lim\limits_{x\to 0}\dfrac{\int_1^{\cos x} \mathrm{e}^{-t^2}\mathrm{d}t}{x^2}$.

解 根据洛必达法则以及式(11-2),可得

$$\lim_{x\to 0}\frac{\int_1^{\cos x} \mathrm{e}^{-t^2}\mathrm{d}t}{x^2} = \lim_{x\to 0}\frac{-\sin x \cdot \mathrm{e}^{-\cos^2 x}}{2x} = \lim_{x\to 0}\frac{-\sin x}{2x}\mathrm{e}^{-\cos^2 x} = -\frac{1}{2\mathrm{e}}.$$

定理 11-6(微积分基本定理) 设函数 $f(x)$在$[a,b]$上连续,$F(x)$为 $f(x)$的一个原函数,则

$$\int_a^b f(x)\mathrm{d}x = F(b) - F(a). \tag{11-3}$$

上述公式称为**牛顿-莱布尼茨(Newton-Leibniz)公式**,也称为微积分基本公式.

证明 由定理 11-5,$\int_a^x f(t)\mathrm{d}t$ 是 $f(x)$ 的一个原函数,而由定理条件,$F(x)$ 也是 $f(x)$ 的一个原函数,所以 $\int_a^x f(t)\mathrm{d}t - F(x) = C$,令 $x = a$,有 $C = -F(a)$,即

微积分基本定理

$$\int_a^x f(t)\mathrm{d}t = F(x) - F(a).$$

再令 $x = b$,则得

$$\int_a^b f(t)\mathrm{d}t = F(b) - F(a).$$

上式也可记为

$$\int_a^b f(t)\mathrm{d}t = F(x)\Big|_a^b.$$

微积分基本公式告诉我们,计算 $f(x)$在$[a,b]$上的定积分,只要先求出 $f(x)$在$[a,b]$上的任一原函数 $F(x)$,然后再计算它由 a 到 b 的改变量 $F(b)-F(a)$即可,从而将计算定积分的问题转化为求不定积分的问题,为定积分的计算提供了一种简便易行的方法.

例 11-3 计算 $\int_{\frac{1}{2}}^{\frac{2}{3}} \dfrac{\mathrm{d}x}{\sqrt{x(1-x)}}$.

解
$$\int_{\frac{1}{2}}^{\frac{2}{3}} \frac{\mathrm{d}x}{\sqrt{x(1-x)}} = 2\int_{\frac{1}{2}}^{\frac{2}{3}} \frac{\mathrm{d}\sqrt{x}}{\sqrt{1-(\sqrt{x})^2}} = 2\arcsin\sqrt{x}\Big|_{\frac{1}{2}}^{\frac{2}{3}}$$
$$= 2\left(\arcsin\sqrt{\frac{2}{3}} - \arcsin\sqrt{\frac{1}{2}}\right).$$

例 11-4 计算 $\int_0^{\pi} |1-\sin x|\mathrm{d}x$.

解 $\int_0^{\pi}|1-\sin x|\mathrm{d}x=\int_0^{\pi}\left|\cos\frac{x}{2}-\sin\frac{x}{2}\right|\mathrm{d}x$

$$=\int_0^{\frac{\pi}{2}}\left(\cos\frac{x}{2}-\sin\frac{x}{2}\right)\mathrm{d}x+\int_{\frac{\pi}{2}}^{\pi}\left(\sin\frac{x}{2}-\cos\frac{x}{2}\right)\mathrm{d}x$$

$$=2\left(\sin\frac{x}{2}+\cos\frac{x}{2}\right)\Big|_0^{\frac{\pi}{2}}-2\left(\cos\frac{x}{2}+\sin\frac{x}{2}\right)\Big|_{\frac{\pi}{2}}^{\pi}$$

$$=4(\sqrt{2}-1).$$

二、定积分的换元法

定理 11-7 设函数 $\varphi(t)$是$[\alpha,\beta]$上的连续可微函数，值域含有$[a,b]$，并且 $\varphi(\alpha)=a$，$\varphi(\beta)=b$. 又设 f 是定义在 φ 的值域上的连续函数，则

$$\int_a^b f(x)\mathrm{d}x=\int_\alpha^\beta f(\varphi(t))\varphi'(t)\mathrm{d}t. \tag{11-4}$$

证明 由于两端的被积函数都连续，因此积分均存在，仅需证明两者相等. 设 $F(x)$是$f(x)$的一个原函数，由复合函数求导法则知，$F(\varphi(t))$是 $f(\varphi(t))\varphi'(t)$的一个原函数，故

$$\int_a^b f(x)\mathrm{d}x=F(b)-F(a),$$

$$\int_\alpha^\beta f(\varphi(t))\varphi'(t)\mathrm{d}t=F(\varphi(\beta))-F(\varphi(\alpha))=F(b)-F(a).$$

定理得证.

例 11-5 计算$\int_{-1}^{1}\frac{x\mathrm{d}x}{\sqrt{5-4x}}$.

解 设 $\sqrt{5-4x}=t$，即 $x=\frac{5-t^2}{4}$，$\mathrm{d}x=-\frac{1}{2}t\mathrm{d}t$，当 $x=-1$ 时，$t=3$；当 $x=1$ 时，$t=1$. 因此

$$\int_{-1}^{1}\frac{x\mathrm{d}x}{\sqrt{5-4x}}=\int_3^1\frac{5-t^2}{4t}\left(-\frac{1}{2}\right)t\mathrm{d}t=\frac{1}{6}.$$

例 11-6 求椭圆面积，椭圆方程为

$$\frac{x^2}{a^2}+\frac{y^2}{b^2}=1.$$

解 根据图形的对称性，椭圆面积是第一象限内的 4 倍，即

$$S=4b\int_0^a\sqrt{1-\frac{x^2}{a^2}}\mathrm{d}x.$$

利用换元法，令 $x=a\sin t$，则 $\mathrm{d}x=a\cos t\mathrm{d}t$，因此

$$S=4ab\int_0^{\frac{\pi}{2}}\cos^2 t\mathrm{d}t=\pi ab.$$

第三节　定积分的应用

定积分是求某种总量的数学模型，它在几何学、物理学、工程学、经济学、社会学等方面都有着广泛而有效的应用．在实际应用中，我们常使用一种叫“积分微元”的方法．

定积分的主要思想，是将整体上非线性的，划分成局部可视为线性的、因此可计算的微过程之总和，即黎曼和 $\sum_{i=1}^{n} f(\xi_i)\Delta x_i$，得到黎曼和仅仅是一个中间过程，因为这仅是一种近似，从计算角度看，仍然是有限计算，无论近似得有多好，尚且不是真实值本身．对黎曼和取极限，实现了微量无穷的累加，从而得到真实值，其过程也是一种严密的数学推理．莱布尼茨之所以采取定积分 $\int_a^b f(x)\mathrm{d}x$ 这样的记号，其实也留下了数学思辨的痕迹．考量这种思辨痕迹，我们得到一种称为**微元**的方法．重新审视定积分过程，微小量 $f(\xi_i)\Delta x_i$ 的有限累加，得到黎曼和，当此过程不断加细以致无穷的时候，就是微分的无穷和．此时，微小量 $f(\xi_i)\Delta x_i$ 变成了微分量 $f(x)\mathrm{d}x$，有限的累加转向了微分的无穷和，即定积分，有限离散的连加号也变成“连续无穷”之和的积分号．我们称微分量 $f(x)\mathrm{d}x$ 为**积分微元**．这个思想与技巧正是 calculus 或微积分之真义．在实际问题中，有面积微元、体积微元、弧长微元、物理功微元等等．考虑微元区间 $[x, x+\mathrm{d}x]$，在此区间上有积分微元 $f(x)\mathrm{d}x$，因此，要计算的积分式为 $\int_a^b f(x)\mathrm{d}x$．

一、平面图形面积

连续曲线 $y=f(x)\quad(f(x)\geqslant 0)$ 和直线 $x=a, x=b$ 及 x 轴所围成的图形的面积记为 A，则在微元区间 $[x, x+\mathrm{d}x]$ 上，曲线微段上的高不变，因此面积微元为 $\mathrm{d}A=f(x)\mathrm{d}x$，所以

$$A=\int_a^b f(x)\mathrm{d}x. \tag{11-5}$$

例 11-7　求曲线 $y=\frac{1}{2}x^2$ 与 $y=\frac{1}{1+x^2}$ 所围成的封闭图形的面积．

解　如图 11-5 所示，先定出图形的区间范围，联立方程

$$\begin{cases} y=\frac{1}{2}x^2, \\ y=\frac{1}{1+x^2}, \end{cases}$$

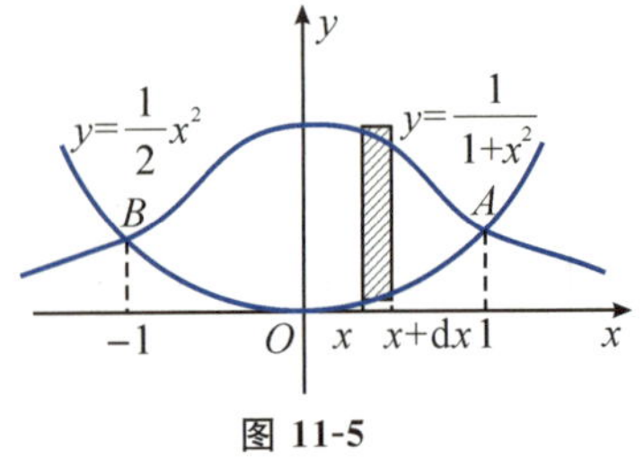

图 11-5

解得 $x=-1$ 或 $x=1$,因此

$$A=\int_{-1}^{1}\left(\frac{1}{1+x^2}-\frac{1}{2}x^2\right)\mathrm{d}x=\frac{\pi}{2}-\frac{1}{3}.$$

若平面区域是由极坐标 $r=r(\theta),\alpha\leqslant\theta\leqslant\beta$ 所给出的扇形,如图 11-6 所示,则可取扇形微元,扇形微元面积为 $\mathrm{d}A=\frac{1}{2}r^2(\theta)\mathrm{d}\theta$,因此

$$A=\int_{\alpha}^{\beta}\frac{1}{2}r^2(\theta)\mathrm{d}\theta. \tag{11-6}$$

例 11-8 求心形线 $r=a(1+\cos\theta),a>0$ 所围成的面积(见图 11-7).

解 $A=\frac{1}{2}a^2\int_0^{2\pi}(1+\cos\theta)^2\mathrm{d}\theta=\frac{3}{2}\pi a^2.$

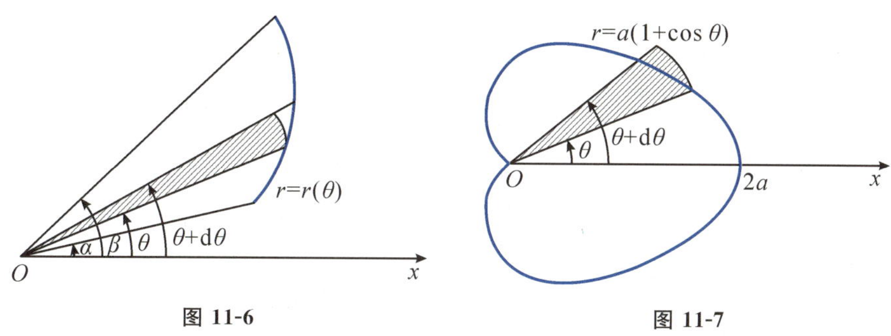

图 11-6　　图 11-7

二、曲线弧长

设 $y=f(x)$ 是 $[a,b]$ 上的连续可微函数,如何求出函数曲线的弧长?同样地,在微元区间 $[x,x+\mathrm{d}x]$ 上,考虑微弧段,即可视为直线段,故弧微元为

$$\mathrm{d}s=\sqrt{\mathrm{d}x^2+\mathrm{d}y^2}=\sqrt{1+f'^2(x)}\,\mathrm{d}x,$$

因此得弧长公式

$$s=\int_a^b\sqrt{1+f'^2(x)}\,\mathrm{d}x. \tag{11-7}$$

现在推演在极坐标系下的弧长公式. 因为直角坐标与极坐标有如下换算关系:

$$\begin{cases}x=r(\theta)\cos\theta,\\ y=r(\theta)\sin\theta,\end{cases}$$

因此

$$\begin{cases}\mathrm{d}x=(r'(\theta)\cos\theta-r(\theta)\sin\theta)\mathrm{d}\theta,\\ \mathrm{d}y=(r'(\theta)\sin\theta+r(\theta)\cos\theta)\mathrm{d}\theta,\end{cases}$$

将此微分式代入弧微元公式,得

$$\mathrm{d}s=\sqrt{\mathrm{d}x^2+\mathrm{d}y^2}=\sqrt{r'^2(\theta)+r^2(\theta)}\,\mathrm{d}\theta,$$

于是得极坐标系下的相应弧长公式为

$$s=\int_{\alpha}^{\beta}\sqrt{r'^{2}(\theta)+r^{2}(\theta)}\,\mathrm{d}\theta. \tag{11-8}$$

例 11-9 求例 11-8 心形线的弧长.

解 由对称性可知,仅整条弧长是 x 轴上面部分的两倍,

$$s=2a\int_{0}^{\pi}\sqrt{\sin^{2}\theta+(1+\cos\theta)^{2}}\,\mathrm{d}\theta=4a\int_{0}^{\pi}\cos\frac{\theta}{2}\mathrm{d}\theta=8a.$$

三、由截面面积求立体体积

如图 11-8 所示,设 Ω 为一空间立体,它夹在垂直于 x 轴的两平面 $x=a$ 与 $x=b$ 之间,$a<b$,已知在 x 点处的平截面面积为 $A(x)$,$a\leqslant x\leqslant b$,求位于$[a,b]$上的空间立体 Ω 的体积 V.

根据微元法,将 V 的微元 $\mathrm{d}V=A(x)\mathrm{d}x$ 在$[a,b]$上求和,得

$$V=\int_{a}^{b}A(x)\mathrm{d}x.$$

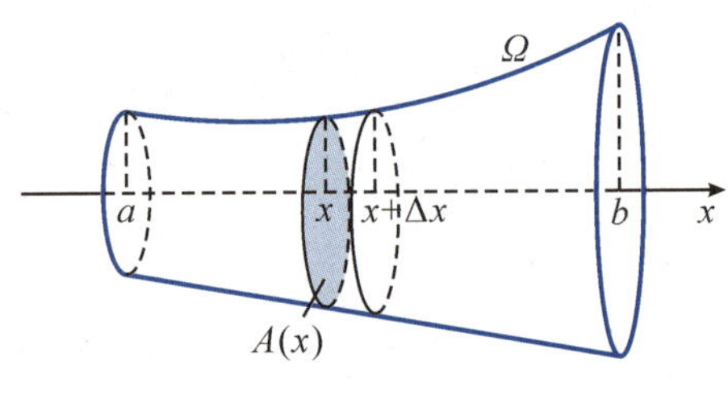

图 11-8

特别地,如图 11-9 所示,由连续曲线 $y=f(x)$和直线 $x=a$,$x=b$ 及 x 轴围成的曲边梯形绕 x 轴旋转而成的旋转体的体积 V_x 为

$$V_x=\pi\int_{a}^{b}f^{2}(x)\mathrm{d}x.$$

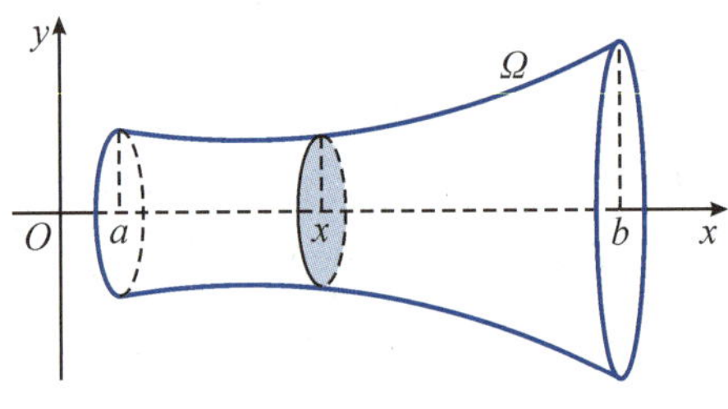

图 11-9

例 11-10 求椭圆 $\dfrac{x^2}{a^2}+\dfrac{y^2}{b^2}=1$ 绕 x 轴旋转一周所形成的椭球的体积 V.

解 由椭圆方程得

$$y^{2}=\frac{b^{2}}{a^{2}}(a^{2}-x^{2}),$$

则有

$$V=\pi\int_{-a}^{a}y^2\mathrm{d}x=\pi\int_{-a}^{a}\frac{b^2}{a^2}(a^2-x^2)\mathrm{d}x$$
$$=2\pi\frac{b^2}{a^2}\int_0^a(a^2-x^2)\mathrm{d}x=2\pi\frac{b^2}{a^2}\left(a^2x-\frac{x^3}{3}\right)\Big|_0^a=\frac{4}{3}\pi ab^2.$$

第四节　牛顿-莱布尼茨公式的人文思想解读

众所周知，行为的背后是动机，是心思意念．现在我们用数学工具来查看行为与动机的关系．我们可以将牛顿-莱布尼茨公式写为

$$\int_a^b f(t)\mathrm{d}t=\int_a^b \mathrm{d}F(t)=F(b)-F(a).$$

视 $F(t)$ 为个人的行为函数，则 $f(t)\mathrm{d}t$ 为个人在某时刻的思想意念，而 $f(t)$ 为此刻思想意念的强烈程度，$F(b)-F(a)$ 则为个人在这一时间段内的行为效果．当法国现代哲学家柏格森(Bergson，1859—1941)说“每一行为都是一种意图的实现”时，他有没有从牛顿-莱布尼茨公式这里得到过启发呢？我们不得而知．不过柏格森确实是一位在数学领域非常优秀的人物，曾获得过全法国中学数学竞赛的第一名．

然而根据牛顿-莱布尼茨公式，我们确实可以将此解读为“思想决定行为”，或者说“人心怎样思量，他为人就是怎样”．

我们回到物理学熟悉的自由落体例子．设 $f(t)=-gt$，则

$$\int_0^T f(t)\mathrm{d}t=-\frac{1}{2}gT^2.$$

按照我们阐释的微分定义，自由落体的运动意向是 $-gt\mathrm{d}t$，随着时间的流逝或累积，自由落体的位移(运动的结果)是 $-gT^2/2$．

由自由落体运动，我们联想到人类活动和价值取向的变化．无可否认，随着科技的进步，世界的物质文明程度越来越高，但是当今拜金主义在各处盛行，亦可见许多价值导向已经南辕北辙．

下面我们再举一例，只是数学上的知识起点较高，各位读者了解一下即可．一个人任何时候都是一心二意的，或向左或向右并无定见，并且向左向右的可能性一样．那么我们可以对此人有怎样的期望呢？设 X 是一个随机变量，只取 1 和 -1 两个值，并且机会均等，这就好比一个人每个时刻的心思是这样的一个随机变量，我们对他的期望就是这个随机变量的期望值．显然，此随机变量的分布函数 $F(x)$ 为两个赫维赛德(Heaviside)函数之和，它的密度函数可以表示为

$$p(x)=\frac{1}{2}(\delta_1+\delta_{-1}),$$

其中 δ 为狄拉克函数，是一种广义函数，则期望

$$EX=\int_{-\infty}^{+\infty}x\mathrm{d}F(x)=\frac{1}{2}\int_{-\infty}^{+\infty}x(\delta_1+\delta_{-1})\mathrm{d}x=0.$$

据此,我们得到一个结论:一心二意者,一事无成.勉励各位做事一心一意.

清代诗人赵翼有一首诗:

李杜诗篇万口传,至今已觉不新鲜.
江山代有人才出,各领风骚数百年.

而牛顿-莱布尼茨公式至今仍觉新鲜不已,她在高维、流形上有相应的形式,也许简洁的牛顿-莱布尼茨公式在人文以及哲学上有更深刻的意义,有待我们进一步认识和发掘.

习题十一

1. 利用定积分的性质证明下列不等式:

(1) $\dfrac{4\pi}{3}\leqslant\int_0^{2\pi}\dfrac{\mathrm{d}x}{1+0.5\cos x}\leqslant4\pi$;　　(2) $\dfrac{\sqrt{2}}{10}\leqslant\int_0^1\dfrac{x^4\mathrm{d}x}{\sqrt{1+x^4}}\leqslant\dfrac{1}{5}$.

2. 利用定积分求下列极限:

(1) $\lim\limits_{n\to\infty}\dfrac{1}{n^4}(1+2^3+\cdots+n^3)$;

(2) $\lim\limits_{n\to\infty}n\left[\dfrac{1}{(n+1)^2}+\dfrac{1}{(n+2)^2}+\cdots+\dfrac{1}{(n+n)^2}\right]$;

(3) $\lim\limits_{n\to\infty}n\left(\dfrac{1}{n^2+1}+\dfrac{1}{n^2+4}+\cdots+\dfrac{1}{2n^2}\right)$;

(4) $\lim\limits_{n\to\infty}\dfrac{1}{n}\left[\sin\dfrac{\pi}{n}+\sin\dfrac{2\pi}{n}+\cdots+\sin\dfrac{(n-1)\pi}{n}\right]$.

3. 求极限 $\lim\limits_{x\to0}\dfrac{\int_0^x\cos t^2\mathrm{d}t}{x}$.

4. 计算下列定积分:

(1) $\int_0^1 x\sqrt{3-x^2}\,\mathrm{d}x$;　　(2) $\int_{-1}^1\dfrac{x\mathrm{d}x}{x^2+x+1}$;

(3) $\int_4^9\dfrac{1}{1+\sqrt{x}}\mathrm{d}x$;　　(4) $\int_{-1}^1\dfrac{x^2+1}{x^4+1}\mathrm{d}x$;

(5) $\int_0^1|1-2x|\mathrm{d}x$;　　(6) $\int_0^{\pi}\mathrm{sgn}(\cos x)\mathrm{d}x$;

(7) $\int_0^2[\mathrm{e}^x]\mathrm{d}x$;　　(8) $\int_0^{\pi}\sqrt{1-\sin x}\,\mathrm{d}x$.

5. 设 $f(x)=\begin{cases}x^2, & -1\leqslant x\leqslant1,\\ \mathrm{e}^x, & 1<x\leqslant2,\end{cases}$ 求 $\int_0^2 f(x)\mathrm{d}x$.

6. 设 $f(x)$ 为连续函数，证明：

(1) $\int_0^{\frac{\pi}{2}} f(\sin x)\mathrm{d}x = \int_0^{\frac{\pi}{2}} f(\cos x)\mathrm{d}x$；　　(2) $\int_0^{\pi} xf(\sin x)\mathrm{d}x = \frac{\pi}{2}\int_0^{\pi} f(\sin x)\mathrm{d}x$.

7. 计算下列曲线围成的平面图形的面积：

(1) $y = \frac{1}{x}$，　$y = x$，　$x = 2$；　　(2) $y = 3x^2 - 1$，　$y = 5 - 3x$；

(3) $y = \mathrm{e}^x$，　$y = \mathrm{e}$，　$x = 0$.

8. 求曲线 $y = \sin 2x \quad \left(0 \leqslant x \leqslant \frac{\pi}{2}\right)$ 绕 x 轴旋转一周所形成的旋转体体积.

9. 习图 11-1 为星形曲线：$x^{2/3} + y^{2/3} = a^{2/3}$，求此曲线绕 x 轴旋转一周所形成的旋转体体积.

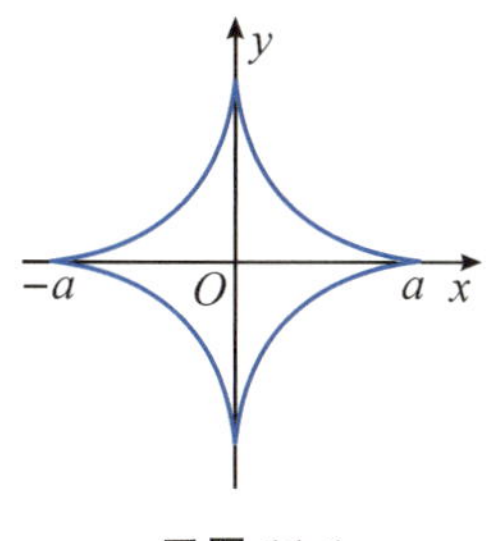

习图 11-1

10. 设某日某证券交易所的股票指数的波动按函数 $T=2000+6(t-2)^2 \quad (0\leqslant t\leqslant 4)$ 确定，求该日的平均指数.

11. 已知某产品的边际收益函数为

$$R'(Q) = 10(10 - Q)\mathrm{e}^{-\frac{Q}{10}},$$

其中，Q 为销售量，$R = R(Q)$ 为总收益. 求该产品的总收益函数.

12. 计算第 9 题中星形曲线的长度.

第三篇

线性代数初步

研究关联多个因素的量所引起的问题，在数学上需要考察多个未知量. 如果所研究的量与量之间存在比例关系，那么这个问题称为线性问题. “代数”一词的一个基本含义就是运算. 顾名思义，线性代数乃是对于线性关系的变量之间的运算.

线性问题比非线性问题要简单得多，但在实际问题中线性问题所占比例是很小的. 当然，线性与非线性的划分并非绝对的. 比如，变量 y 是 x 的幂函数，那么两者就不是线性关系，但是对两个量取对数以后，两个对数量就变成线性关系了. 利用这样的转变，在求海岸线的分形维数时，依据实验数据，按照最小二乘法可以求出. 再如，微积分中求非线性问题的积分时，虽然变量之间是非线性的关系，但是微分量之间却是线性的. 因此，以直代曲、以线性代非线性是微积分理论的主要思想.

历史上，线性代数的第一个问题是关于解线性方程组的. 根据考古挖掘出来的泥板，至少不晚于公元前 1600 年，古巴比伦人(含米特族的亚摩利人)的代数学已经达到相当的水平. 在现在保存的楔形文字泥板上，有解 5 个未知量的包含 5 个方程的一次方程组问题. 个别的甚至含有 10 个未知量的 10 个方程(大多数是线性的)，这是一个因校正天文观测数据而引起的问题，古巴比伦人用一种特殊的方法最终算出所有未知量.

在我国著名数学经典著作《九章算术》的“方程”一章中，有关于解线性方程组的算法，即被称为“遍乘直除”算法. 这种算法是将方程组中的系数和常数项用算筹摆成方阵，然后用初等行变换来消元. 这个算法就相当于后世的“高斯消元法”. 在《九章算术》“方程”一章中，共有 18 个联立一次方程组问题，其中二元的有 8 题，三元的有 6 题，四元、五元的各有 2 题.

对线性方程组比较近代的处理则始于东方的关孝和与西欧的莱布尼茨，他们开始对线性方程组消元理论展开讨论，并各自独立地引出行列式的概念. 线性方程组理论的发展促成了作为工具的矩阵论和行列式理论的创立与发展，这些内容都已成为线性代数的主要部分.

另外，物理学的问题也构成对数学的挑战. 向量的概念在物理学中早已有之，向量相加的平行四边形法则亦早为人们所熟知. 怎样用代数的方法研究向量，而不必画出图形？这就要求数学家们寻找一种数学工具. 英国数学家、物理学家麦克斯韦在格拉斯曼等人的工作基础上，将四元数分解成数量部分和向量部分，创建了大量的向量分析，实现了从数学理论到物理学实际所需用的向量的过渡.

第十二章　行列式及克拉默法则

行列式的概念最初是伴随着方程组的求解而发展起来的. 行列式的提出可以追溯到 17 世纪,最初的雏形由日本数学家关孝和与德国数学家莱布尼茨独立得出,在时间上关孝和要早出 10 年左右. 日本数学家关孝和在 1683 年写了一部名为《解伏题之法》的著作,意思是"解行列式问题的方法",书中对行列式的概念和它的展开已经有了清楚的叙述. 1693 年,莱布尼茨在研究线性方程组的解法时独立地发明了行列式. 此后,苏格兰数学家麦克劳林,法国数学家克拉默、贝祖对行列式多有研究. 1771 年,法国数学家范德蒙德脱离关于线性方程组的讨论,首次将行列式作为独立的对象加以研究,并对行列式理论作出了连贯的逻辑阐述,这对行列式在之后各个领域的应用至为重要,因此他被认为是行列式理论的奠基人. 1812 年,法国数学家柯西给出了行列式的第一个系统的、近乎近代的处理,"行列式"(determinant)这一名称也是由柯西提出的. 行列式在历史上虽为求解线性方程组而引入,但现今在线性代数和其他数学领域以及工程技术中,都是一个很重要的工具.

第一节　行列式的定义

在中学课程中,我们熟知如果 $a_{11}a_{22}-a_{12}a_{21}\neq 0$,则二元一次方程组

$$\begin{cases}a_{11}x_1+a_{12}x_2=b_1,\\ a_{21}x_1+a_{22}x_2=b_2\end{cases}$$

的解为

$$x_1=\frac{a_{22}b_1-a_{12}b_2}{a_{11}a_{22}-a_{12}a_{21}},\quad x_2=\frac{a_{11}b_2-a_{21}b_1}{a_{11}a_{22}-a_{12}a_{21}}.$$

若引进以下二阶行列式

$$\begin{vmatrix}a_{11}&a_{12}\\ a_{21}&a_{22}\end{vmatrix}=a_{11}a_{22}-a_{12}a_{21},$$

则上述解可统一地表示为

$$x_1=\frac{\begin{vmatrix}b_1&a_{12}\\ b_2&a_{22}\end{vmatrix}}{\begin{vmatrix}a_{11}&a_{12}\\ a_{21}&a_{22}\end{vmatrix}},\quad x_2=\frac{\begin{vmatrix}a_{11}&b_1\\ a_{21}&b_2\end{vmatrix}}{\begin{vmatrix}a_{11}&a_{12}\\ a_{21}&a_{22}\end{vmatrix}}.$$

同理，当考察三元一次方程组的解时，若定义三阶行列式为

$$\begin{vmatrix} a_{11} & a_{12} & a_{13} \\ a_{21} & a_{22} & a_{23} \\ a_{31} & a_{32} & a_{33} \end{vmatrix} = a_{11}\begin{vmatrix} a_{22} & a_{23} \\ a_{32} & a_{33} \end{vmatrix} - a_{12}\begin{vmatrix} a_{21} & a_{23} \\ a_{31} & a_{33} \end{vmatrix} + a_{13}\begin{vmatrix} a_{21} & a_{22} \\ a_{31} & a_{32} \end{vmatrix}$$

$$= a_{11}(a_{22}a_{33} - a_{23}a_{32}) - a_{12}(a_{21}a_{33} - a_{23}a_{31}) + a_{13}(a_{21}a_{32} - a_{22}a_{31})$$

$$= a_{11}a_{22}a_{33} + a_{12}a_{23}a_{31} + a_{13}a_{21}a_{32} - a_{11}a_{23}a_{32} - a_{12}a_{21}a_{13} - a_{13}a_{22}a_{31}.$$

则三元一次方程组

$$\begin{cases} a_{11}x_1 + a_{12}x_2 + a_{13}x_3 = b_1, \\ a_{21}x_1 + a_{22}x_2 + a_{23}x_3 = b_2, \\ a_{31}x_1 + a_{32}x_2 + a_{33}x_3 = b_2 \end{cases}$$

的解为

$$x_j = \frac{D_j}{D} \quad (j = 1,2,3),$$

其中

$$D = \begin{vmatrix} a_{11} & a_{12} & a_{13} \\ a_{21} & a_{22} & a_{23} \\ a_{31} & a_{32} & a_{33} \end{vmatrix} \neq 0$$

为由系数构成的三阶行列式，而 D_j 表示系数行列式中的第 j 列由右边的常数列代替的三阶行列式. 在考察三阶行列式的定义中，我们可以通过引进代数余子式的概念来定义更高阶的行列式.

定义 12-1 如同二阶、三阶行列式，我们称

$$\begin{vmatrix} a_{11} & a_{12} & \cdots & a_{1n} \\ a_{21} & a_{22} & \cdots & a_{2n} \\ \vdots & \vdots & & \vdots \\ a_{n1} & a_{n2} & \cdots & a_{nn} \end{vmatrix}$$

为形式上的 n 阶行列式，在此行列式中，划去元素 a_{ij} 所在的第 i 行与所在的第 j 列得到的$n-1$阶行列式，我们称为 a_{ij} 的余子式，记为 M_{ij}，而称 $A_{ij}=(-1)^{i+j}M_{ij}$ 为 a_{ij} 的代数余子式.

定义 12-2 定义

$$\begin{vmatrix} a_{11} & a_{12} & \cdots & a_{1n} \\ a_{21} & a_{22} & \cdots & a_{2n} \\ \vdots & \vdots & & \vdots \\ a_{n1} & a_{n2} & \cdots & a_{nn} \end{vmatrix} = a_{11}A_{11} + a_{12}A_{12} + \cdots + a_{1n}A_{1n}.$$

注 这里只是行列式的一种计算方式，行列式还有更一般、更严谨的定义.

第二节　行列式的性质

当阶数较高时，直接用定义计算行列式是很困难的，利用下面介绍的行列式的性质，可以简化行列式的计算.

性质 12-1　行、列互换，行列式不变.

性质 12-2　若 D 互换两行得到 D_1，则 $D=-D_1$.

推论 12-1　若 D 的某两行相同，则 $D=0$.

证明　D 互换相同的两行仍然得到 D，根据性质 12-2，得 $D=-D$，故 $D=0$.

性质 12-3　若用数 k 乘 D 的某一行得到 B，则 $B=kD$.

推论 12-2　若 D 的某一行的元素全为 0，则 $D=0$.

性质 12-4　若 D 的某两行的对应元素成比例，则 $D=0$.

性质 12-5　若将 D 的某一行的倍数加到另一行得到 B，则 $B=D$.

性质 12-6　行列式可以按照任何一行展开，即

$$\begin{vmatrix} a_{11} & a_{12} & \cdots & a_{1n} \\ a_{21} & a_{22} & \cdots & a_{2n} \\ \vdots & \vdots & & \vdots \\ a_{n1} & a_{n2} & \cdots & a_{nn} \end{vmatrix} = a_{i1}A_{i1}+a_{i2}A_{i2}+\cdots+a_{in}A_{in}.$$

根据性质 12-1，行列式对于行成立的性质对于列也同样成立.

第三节　行列式的计算

例 12-1　证明上(下)三角形行列式等于其主对角线上元素的乘积.

证明　因为据行列式定义和性质 12-1，由第一列展开，可得

$$D=\begin{vmatrix} a_{11} & a_{12} & \cdots & a_{1n} \\ & a_{22} & \cdots & a_{2n} \\ & & \ddots & \vdots \\ & & & a_{nn} \end{vmatrix} = a_{11}(-1)^{1+1}\begin{vmatrix} a_{22} & a_{23} & \cdots & a_{2n} \\ & a_{33} & \cdots & a_{3n} \\ & & \ddots & \vdots \\ & & & a_{nn} \end{vmatrix},$$

上式右端行列式是 $n-1$ 阶上三角形行列式，归纳得 $D=a_{11}a_{22}\cdots a_{nn}$.

对于下三角形行列式的证明，读者可以类似得到.

例 12-2　计算 4 阶行列式

$$D=\begin{vmatrix}1&2&-1&0\\2&4&1&2\\-1&0&2&1\\-3&-4&2&3\end{vmatrix}.$$

解 为使解题过程清晰,我们引进如下记号:

互换 i,j 两行(列),记作 $r_i\leftrightarrow r_j(c_i\leftrightarrow c_j)$;

把第 j 行(列)的 k 倍加到第 i 行(列),记作 $r_i+kr_j(c_i+kc_j)$.

反复利用行列式的性质 12-6 和性质 12-2,将 D 化为上三角形行列式.

$$D\xlongequal[r_3+r_1\atop r_4+3r_1]{r_2-2r_1}\begin{vmatrix}1&2&-1&0\\0&0&3&2\\0&2&1&1\\0&2&-1&3\end{vmatrix}\xlongequal{r_2\leftrightarrow r_3}-\begin{vmatrix}1&2&-1&0\\0&2&1&1\\0&0&3&2\\0&2&-1&3\end{vmatrix}\xlongequal{r_4-r_2}-\begin{vmatrix}1&2&-1&0\\0&2&1&1\\0&0&3&2\\0&0&-2&2\end{vmatrix}$$

$$\xlongequal{r_3+r_4}-\begin{vmatrix}1&2&-1&0\\0&2&1&1\\0&0&3&2\\0&0&1&4\end{vmatrix}\xlongequal{r_4\leftrightarrow r_3}\begin{vmatrix}1&2&-1&0\\0&2&1&1\\0&0&1&4\\0&0&3&2\end{vmatrix}\xlongequal{r_4-3r_3}\begin{vmatrix}1&2&-1&0\\0&2&1&1\\0&0&1&4\\0&0&0&-10\end{vmatrix}$$

$=-20.$

例 12-3 已知 5 个 5 位数 31062,66123,96472,43865,87668 都有质因数 31,试证:

$$\begin{vmatrix}3&1&0&6&2\\6&6&1&2&3\\9&6&4&7&2\\4&3&8&6&5\\8&7&6&6&8\end{vmatrix}$$

也含有质因数 31.

证明 将第 1,2,3,4 列分别乘以 10000,1000,100,10 并加到第五列得

$$\begin{vmatrix}3&1&0&6&2\\6&6&1&2&3\\9&6&4&7&2\\4&3&8&6&5\\8&7&6&6&8\end{vmatrix}=\begin{vmatrix}3&1&0&6&31062\\6&6&1&2&66123\\9&6&4&7&96472\\4&3&8&6&43865\\8&7&6&6&87668\end{vmatrix},$$

由于最后一列都含有质因数 31,据行列式性质 12-3,该行列式也含有质因数 31.

例 12-4 计算 n 阶行列式

$$D_n=\begin{vmatrix}a&b&\cdots&b\\b&a&\cdots&b\\\vdots&\vdots&&\vdots\\b&b&\cdots&a\end{vmatrix}.$$

解 此行列式的特点是它的各行(列)元素之和均相等，根据这一特点，依次将第 2，3，…，n 列加到第 1 列，然后将第 1 行的 -1 倍依次加到第 2，3，…，n 行，则

$$D_n=\begin{vmatrix} a+(n-1)b & b & \cdots & b \\ a+(n-1)b & a & \cdots & b \\ \vdots & \vdots & & \vdots \\ a+(n-1)b & b & \cdots & a \end{vmatrix}=\begin{vmatrix} a+(n-1)b & b & \cdots & b \\ 0 & a-b & \cdots & 0 \\ \vdots & \vdots & & \vdots \\ 0 & 0 & \cdots & a-b \end{vmatrix}$$

$$=[a+(n-1)b](a-b)^{n-1}.$$

具有上述特点(行元素之和相等或列元素之和相等)的行列式，通常用例 12-4 的方法进行处理.

例 12-5 计算下列 n 阶行列式

$$D_n=\begin{vmatrix} 1+a_1 & 1 & \cdots & 1 \\ 1 & 1+a_2 & \cdots & 1 \\ \vdots & \vdots & & \vdots \\ 1 & 1 & \cdots & 1+a_n \end{vmatrix},$$

其中，$a_1a_2\cdots a_n\neq 0$.

解 先将第 1 行乘以(-1)并加到其他各行，

$$D_n=\begin{vmatrix} 1+a_1 & 1 & \cdots & 1 \\ -a_1 & a_2 & \cdots & 0 \\ \vdots & \vdots & & \vdots \\ -a_1 & 0 & \cdots & a_n \end{vmatrix}=a_1a_2\cdots a_n\begin{vmatrix} 1+\dfrac{1}{a_1} & \dfrac{1}{a_2} & \cdots & \dfrac{1}{a_n} \\ -1 & 1 & \cdots & 0 \\ \vdots & \vdots & & \vdots \\ -1 & 0 & \cdots & 1 \end{vmatrix}$$

$$=a_1a_2\cdots a_n\begin{vmatrix} 1+\sum\limits_{i=1}^{n}\dfrac{1}{a_i} & \dfrac{1}{a_2} & \cdots & \dfrac{1}{a_n} \\ 0 & 1 & \cdots & 0 \\ \vdots & \vdots & & \vdots \\ 0 & 0 & \cdots & 1 \end{vmatrix}$$

$$=a_1a_2\cdots a_n\left(1+\sum_{i=1}^{n}\frac{1}{a_i}\right).$$

例 12-6 证明范德蒙德(Vandermonde)行列式

$$V_n=\begin{vmatrix} 1 & 1 & 1 & \cdots & 1 \\ x_1 & x_2 & x_3 & \cdots & x_n \\ x_1^2 & x_2^2 & x_3^3 & \cdots & x_n^2 \\ \vdots & \vdots & \vdots & & \vdots \\ x_1^{n-1} & x_2^{n-1} & x_3^{n-1} & \cdots & x_n^{n-1} \end{vmatrix}=\prod_{1\leqslant j<i\leqslant n}(x_i-x_j).$$

证明 用数学归纳法，当 $n=2$ 时，

$$V_2=\begin{vmatrix} 1 & 1 \\ x_1 & x_2 \end{vmatrix}=x_2-x_1=\prod_{1\leqslant j<i\leqslant 2}(x_i-x_j),$$

结论成立.

假设结论对 $n-1$ 阶范德蒙德行列式成立，下面证明结论对 n 阶范德蒙德行列式也成立.

根据 V_n 的特点，从第 n 行起，依次将前一行的 $-x_1$ 倍加到后一行，得

$$V_n=\begin{vmatrix} 1 & 1 & 1 & \cdots & 1 \\ 0 & x_2-x_1 & x_3-x_1 & \cdots & x_n-x_1 \\ 0 & x_2(x_2-x_1) & x_3(x_3-x_1) & \cdots & x_n(x_n-x_1) \\ \vdots & \vdots & \vdots & & \vdots \\ 0 & x_2^{n-2}(x_2-x_1) & x_3^{n-2}(x_3-x_1) & \cdots & x_n^{n-2}(x_n-x_1) \end{vmatrix},$$

按第 1 列展开，并提出每列的公因子，得

$$V_n=(x_2-x_1)(x_3-x_1)\cdots(x_n-x_1)\begin{vmatrix} 1 & 1 & \cdots & 1 \\ x_2 & x_3 & \cdots & x_n \\ x_2^2 & x_3^2 & \cdots & x_n^2 \\ \vdots & \vdots & & \vdots \\ x_2^{n-2} & x_3^{n-2} & \cdots & x_n^{n-2} \end{vmatrix},$$

上式右端的行列式是 $n-1$ 阶范德蒙德行列式，根据归纳法假设，得

$$V_n=(x_2-x_1)(x_3-x_1)\cdots(x_n-x_1)\prod_{2\leqslant j<i\leqslant n}(x_i-x_j)=\prod_{1\leqslant j<i\leqslant n}(x_i-x_j).$$

例 12-7 计算 n 阶行列式

$$D=\begin{vmatrix} n & n-1 & \cdots & 3 & 2 & 1 \\ n & n-1 & \cdots & 3 & 3 & 1 \\ n & n-1 & \cdots & 5 & 2 & 1 \\ \vdots & \vdots & & \vdots & \vdots & \vdots \\ n & 2n-3 & \cdots & 3 & 2 & 1 \\ 2n-1 & n-1 & \cdots & 3 & 2 & 1 \end{vmatrix}.$$

解 将 D 的第 1 行乘以 (-1) 加到第 $2,3,\cdots,n$ 行，再将其第 $n,n-1,\cdots,2,1$ 列通过相邻两列互换依次调为第 $1,2,\cdots,n-1,n$ 列，则得

$$D=\begin{vmatrix} n & n-1 & \cdots & 3 & 2 & 1 \\ 0 & 0 & \cdots & 0 & 1 & 0 \\ 0 & 0 & \cdots & 2 & 0 & 0 \\ \vdots & \vdots & & \vdots & \vdots & \vdots \\ 0 & n-2 & \cdots & 0 & 0 & 0 \\ n-1 & 0 & \cdots & 0 & 0 & 0 \end{vmatrix}=(-1)^{\frac{n(n-1)}{2}}\begin{vmatrix} 1 & 2 & 3 & \cdots & n \\ & 1 & 0 & \cdots & 0 \\ & & 2 & \cdots & 0 \\ & & & \ddots & \vdots \\ & & & & n-1 \end{vmatrix}$$

$$=(-1)^{\frac{n(n-1)}{2}}(n-1)!.$$

第四节　克拉默法则

行列式的应用之一是在含有 n 个方程 n 个未知量的线性方程组

$$\begin{cases} a_{11}x_1 + a_{12}x_2 + \cdots + a_{1n}x_n = b_1, \\ a_{21}x_1 + a_{22}x_2 + \cdots + a_{2n}x_n = b_2, \\ \cdots\cdots\cdots\cdots \\ a_{n1}x_1 + a_{n2}x_2 + \cdots + a_{nn}x_n = b_n. \end{cases} \tag{12-1}$$

的系数矩阵的行列式不等于零时,给出它的求解公式.

定理 12-1(克拉默法则)　设含有 n 个方程 n 个未知量的线性方程组(12-1)的系数矩阵的行列式为

$$D = \begin{vmatrix} a_{11} & a_{12} & \cdots & a_{1n} \\ a_{21} & a_{22} & \cdots & a_{2n} \\ \vdots & \vdots & & \vdots \\ a_{n1} & a_{n2} & \cdots & a_{nn} \end{vmatrix} \neq 0,$$

则方程组(12-1)有唯一解,且

$$x_j = \frac{D_j}{D} \quad (j = 1,2,\cdots,n),$$

其中,D_j 是用常数列向量

$$\begin{pmatrix} b_1 \\ b_2 \\ \vdots \\ b_n \end{pmatrix}$$

替换 D 中的第 j 列得到的 n 阶行列式.

证明从略.

例 12-8　解方程组

$$\begin{cases} x_1 - x_2 - x_3 = 0, \\ x_1 + x_2 - x_3 = 4, \\ x_1 + x_2 + x_3 = 2. \end{cases}$$

解　系数矩阵的行列式

$$D = \begin{vmatrix} 1 & -1 & -1 \\ 1 & 1 & -1 \\ 1 & 1 & 1 \end{vmatrix} = 4 \neq 0, \quad D_1 = \begin{vmatrix} 0 & -1 & -1 \\ 4 & 1 & -1 \\ 2 & 1 & 1 \end{vmatrix} = 4,$$

$$D_2 = \begin{vmatrix} 1 & 0 & -1 \\ 1 & 4 & -1 \\ 1 & 2 & 1 \end{vmatrix} = 8, \quad D_3 = \begin{vmatrix} 1 & -1 & 0 \\ 1 & 1 & 4 \\ 1 & 1 & 2 \end{vmatrix} = -4,$$

根据克拉默法则,此方程组有唯一解

$$x_1=\frac{D_1}{D}=1,\quad x_2=\frac{D_2}{D}=2,\quad x_3=\frac{D_3}{D}=-1,$$

用克拉默法则求解方程组(12-1)须计算 $n+1$ 个 n 阶行列式,计算量很大. 因此,一般不用此法求解线性方程组. 但克拉默法则给出了方程组解与系数的关系,在理论上具有重要意义.

例 12-9 试证:经过平面上三个横坐标各不相同的点(x_1,x_2),(x_2,y_2),(x_3,y_3)的二次曲线 $y=a_0+a_1x+a_2x^2$ 是唯一的.

证明 根据题设条件有

$$\begin{cases}a_0+a_1x_1+a_2x_1^2=y_1,\\ a_0+a_1x_2+a_2x_2^2=y_2,\\ a_0+a_1x_3+a_2x_3^2=y_3,\end{cases}$$

此方程组的系数矩阵的行列式是一个 3 阶范德蒙德行列式

$$V_3=\begin{vmatrix}1 & x_1 & x_1^2\\ 1 & x_2 & x_2^2\\ 1 & x_3 & x_3^2\end{vmatrix}=\prod_{1\leqslant j<i\leqslant 3}(x_i-x_j),$$

由于 x_1,x_2,x_3 互不相同,故 $V_3\neq 0$,根据克拉默法则,此方程组有唯一解,所以满足条件的二次曲线是唯一的.

习题十二

1. 计算下列行列式:

(1) $\begin{vmatrix}1 & 2\\ 3 & 4\end{vmatrix}$;　　(2) $\begin{vmatrix}1 & 2 & 0\\ 1 & 0 & 1\\ 0 & 3 & 4\end{vmatrix}$;

(3) $\begin{vmatrix}a & 0 & 0\\ a & b & 0\\ c & b & c\end{vmatrix}$;　　(4) $\begin{vmatrix}0 & a & b\\ -a & 0 & c\\ -b & -c & 0\end{vmatrix}$.

2. 当 λ,μ 取何值时,行列式 $\begin{vmatrix}\lambda & 1 & 1\\ 1 & \mu & 1\\ 1 & 2\mu & 1\end{vmatrix}=0$.

3. 设 a,b,c 为方程式 $2x^3-5x^2+1=0$ 之三根,求 $\begin{vmatrix}a & b & c\\ b & c & a\\ c & a & b\end{vmatrix}$.

4. 写出四阶行列式中含有因子 $a_{11}a_{23}$ 的项.

5. 计算下列行列式：

(1) $\begin{vmatrix} 5 & -2 & 3 & 2 \\ 3 & -1 & 2 & 1 \\ 2 & 6 & 5 & 0 \\ 1 & 4 & 1 & 3 \end{vmatrix}$；

(2) $\begin{vmatrix} 1 & 2 & 3 & 4 \\ 2 & 3 & 4 & 1 \\ 3 & 4 & 1 & 2 \\ 4 & 1 & 2 & 3 \end{vmatrix}$；

(3) $\begin{vmatrix} a & b & c & d \\ 0 & 0 & e & f \\ 0 & 0 & g & h \\ 0 & 0 & l & m \end{vmatrix}$；

(4) $\begin{vmatrix} a & 0 & 0 & b \\ 0 & a & b & 0 \\ 0 & b & a & 0 \\ b & 0 & 0 & a \end{vmatrix}$；

(5) $\begin{vmatrix} x & a & a & a \\ a & x & a & a \\ a & a & x & a \\ a & a & a & x \end{vmatrix}$；

(6) $\begin{vmatrix} x & -1 & 0 & 0 \\ 0 & x & -1 & 0 \\ 0 & 0 & x & -1 \\ a_4 & a_3 & a_2 & x+a_1 \end{vmatrix}$.

6. 用克拉默法则解下列方程式组：

(1) $\begin{cases} x_1+x_2+2x_3=0, \\ 2x_1-x_2=0, \\ x_1+2x_3=0; \end{cases}$

(2) $\begin{cases} 2x_1+x_2-5x_3+x_4=6, \\ x_1-3x_2-6x_4=7, \\ 2x_2-x_3+2x_4=-5, \\ x_1+4x_2-7x_3+6x_4=1. \end{cases}$

7. 设 $D=\begin{vmatrix} 1 & 1 & 1 & 1 \\ 2 & 3 & 4 & 5 \\ 4 & 9 & 16 & 25 \\ 16 & 27 & 64 & 125 \end{vmatrix}$，求：

(1) D 的值；　　(2) $A_{41}+A_{42}+A_{43}+A_{44}$.

8. 给定 $n-1$ 个互不相同的数 $a_1,a_2,\cdots,a_{n-1}$，令

$$P(x)=\begin{vmatrix} 1 & x & x^2 & \cdots & x^{n-1} \\ 1 & a_1 & a_1^2 & \cdots & a_1^{n-1} \\ \vdots & \vdots & \vdots & & \vdots \\ 1 & a_{n-1} & a_{n-1}^2 & \cdots & a_{n-1}^{n-1} \end{vmatrix}.$$

(1) 证明 $P(x)$ 是 $n-1$ 次多项式；　　(2) 求 $P(x)$ 的所有根.

9. 求下列行列式展开后正项的个数：

$$\begin{vmatrix} 1 & -1 & -1 & \cdots & -1 & -1 \\ 1 & 1 & -1 & \cdots & -1 & -1 \\ 1 & 1 & 1 & \cdots & -1 & -1 \\ \vdots & \vdots & \vdots & & \vdots & \vdots \\ 1 & 1 & 1 & \cdots & 1 & -1 \\ 1 & 1 & 1 & \cdots & 1 & 1 \end{vmatrix}.$$

第十三章　矩阵及其应用

矩阵最初是作为表示线性方程组的一种简便方法而引进的．中国古代数学没有数学符号，在《九章算术》中，线性方程组的表示用的是分离系数法，自然得到了其对应的增广矩阵．矩阵的近代概念直到 19 世纪才逐渐形成，而最先在 1850 年使用矩阵(matrix)一词的是英国数学家西尔维斯特(Sylvester，1814—1897)．

矩阵是线性代数的研究对象和重要工具，许多理论问题和实际问题都可以用矩阵表示，并通过矩阵的研究得以解决，矩阵的理论和方法在自然科学、工程技术以及某些人文社会科学领域中都有比较广泛的应用．本章主要介绍矩阵的概念、运算及应用．

第一节　矩阵的概念及运算

人们在从事经济活动、社会调查和科学实验时，会获得许多重要的数据资料，将这些数据排成一个矩形的数表：

$$\begin{matrix} a_{11} & a_{12} & \cdots & a_{1n} \\ a_{21} & a_{22} & \cdots & a_{2n} \\ \vdots & \vdots & & \vdots \\ a_{m1} & a_{m2} & \cdots & a_{mn} \end{matrix}$$

以便储存、运算和分析，这种矩形的数表就叫作矩阵．

引例 13-1　某食品厂第一季度向 4 家超市提供 5 种食品数量如表 13-1 所示．

表 13-1

超市	食品				
	A_1	A_2	A_3	A_4	A_5
C_1	a_{11}	a_{12}	a_{13}	a_{14}	a_{15}
C_2	a_{21}	a_{22}	a_{23}	a_{24}	a_{25}
C_3	a_{31}	a_{32}	a_{33}	a_{34}	a_{35}
C_4	a_{41}	a_{42}	a_{43}	a_{44}	a_{45}

该表内是 4×5 的数据，按照行列整齐地排列成一个矩形．

当该食品厂第二、三、四季度向上述 4 家超市提供相应 5 种食品时，同样有类似的 3 张矩形数表．把 4 张数表对应的数据加起来，就得到 1 张该食品厂向 4 家超市供应 5 种食品的全年数量表.

引例 13-2 某调料公司用 7 种成分来制造如表 13-2 所列的 6 种调味品，各种成分的质量以克为单位.

表 13-2

成分	调味品					
	A	*B*	*C*	*D*	*E*	*F*
辣椒	60	15	45	75	90	75
姜黄	40	40	0	80	10	80
胡椒	20	20	0	40	20	40
大蒜	20	20	0	40	10	40
盐	10	10	0	20	20	20
味精	5	5	0	20	10	10
香油	10	10	0	20	20	20

在数学上我们往往可以将表 13-2 中数据通过以下形式储存，并进行数学运算.

$$\begin{pmatrix} 60 & 15 & 45 & 75 & 90 & 75 \\ 40 & 40 & 0 & 80 & 10 & 80 \\ 20 & 20 & 0 & 40 & 20 & 40 \\ 20 & 20 & 0 & 40 & 10 & 40 \\ 10 & 10 & 0 & 20 & 20 & 20 \\ 5 & 5 & 0 & 20 & 10 & 10 \\ 10 & 10 & 0 & 20 & 20 & 20 \end{pmatrix}.$$

定义 13-1 由 $m\times n$ 个数 a_{ij} $(i=1,2,\cdots,m;j=1,2,\cdots,n)$ 排成的矩形数表，两边用括号括起来，

$$\boldsymbol{A}=\begin{pmatrix} a_{11} & a_{12} & \cdots & a_{1n} \\ a_{21} & a_{22} & \cdots & a_{2n} \\ \vdots & \vdots & & \vdots \\ a_{m1} & a_{m2} & \cdots & a_{mn} \end{pmatrix} \tag{13-1}$$

称为 m 行 n 列矩阵或 **$m\times n$ 矩阵**，组成矩阵的每个数称为矩阵 $\boldsymbol{A}$ 的元素，元素 a_{ij} 称为矩阵 $\boldsymbol{A}$ 的第 i 行第 j 列的元素，简称为 $\boldsymbol{A}$ 的 (i,j) 元. 元素为实数的矩阵称为实矩阵，元素为复数的矩阵称为复矩阵，我们主要讨论实矩阵. 式(13-1)常简记作 $\boldsymbol{A}=(a_{ij})_{m\times n}$. 当 $m=n$ 时，称 $\boldsymbol{A}$ 为 **n 阶方阵**或 **n 阶矩阵**，n 阶方阵

$$\boldsymbol{A}=\begin{pmatrix} a_{11} & a_{12} & \cdots & a_{1n} \\ a_{21} & a_{22} & \cdots & a_{2n} \\ \vdots & \vdots & & \vdots \\ a_{n1} & a_{n2} & \cdots & a_{nn} \end{pmatrix}$$

的左上角到右下角元素的连线称为**主对角线**,左下角到右上角元素的连线称为**副对角线**,1 阶方阵(a_{11})是一个数,括号可略去. $1\times n$ 矩阵称为**行矩阵**或**行向量**,$m\times 1$ 矩阵称为**列矩阵**或**列向量**,行向量和列向量统称**向量**,向量的元素称为分量,由 n 个分量组成的向量称为n 维向量. 通常用黑体大写字母 $\boldsymbol{A},\boldsymbol{B},\boldsymbol{C},\cdots$ 表示矩阵,用黑体小写字母 $\boldsymbol{a},\boldsymbol{b},\boldsymbol{c},\cdots$,或小写希腊字母 $\boldsymbol{\alpha},\boldsymbol{\beta},\boldsymbol{\gamma},\cdots$ 表示向量. 矩阵与向量有密切联系,矩阵 $\boldsymbol{A}=(a_{ij})_{m\times n}$可以看成由 m 个 n 维行向量

$$\boldsymbol{a}_i=(a_{i1},a_{i2},\cdots,a_{in}),\quad i=1,2,\cdots,m$$

组成,也可以看成由 n 个 m 维列向量

$$\boldsymbol{a}_j=\begin{pmatrix}a_{1j}\\a_{2j}\\\vdots\\a_{mj}\end{pmatrix},\quad j=1,2,\cdots,n$$

组成.

下面介绍几种特殊矩阵.

一、几种特殊矩阵

零矩阵 元素全为 0 的矩阵称为零矩阵,记作 $\boldsymbol{O}$. 零向量常记作$\boldsymbol{0}$.

负矩阵 矩阵

$$\begin{pmatrix}-a_{11} & -a_{12} & \cdots & -a_{1n}\\-a_{21} & -a_{22} & \cdots & -a_{2n}\\\vdots & \vdots & & \vdots\\-a_{m1} & -a_{m2} & \cdots & -a_{mn}\end{pmatrix}$$

称为矩阵 $\boldsymbol{A}=(a_{ij})_{m\times n}$的负矩阵,记作$-\boldsymbol{A}$.

上(下)三角矩阵 主对角线下(上)方元素全为 0 的方阵称为上(下)三角矩阵.

对角矩阵 除主对角线上的元素外,其余元素全为 0 的方阵称为对角矩阵.

单位矩阵 主对角线上的元素全为 1,其余元素全为 0 的方阵称为单位矩阵,记作 $\boldsymbol{E}$ 或 $\boldsymbol{I}$,其作用在矩阵乘法中相当于实数中的 1.

定义 13-2 设 $\boldsymbol{A}=(a_{ij})_{m\times n},\boldsymbol{B}=(b_{ij})_{m\times n}$,如果

$$a_{ij}=b_{ij}\quad(i=1,2,\cdots,m;j=1,2,\cdots,n),$$

则称矩阵 $\boldsymbol{A}$ 与 $\boldsymbol{B}$ 相等,记作 $\boldsymbol{A}=\boldsymbol{B}$.

定义 13-3 设 $\boldsymbol{A}=(a_{ij})_{m\times n},\boldsymbol{B}=(b_{ij})_{m\times n}$,它们的和 $\boldsymbol{A}+\boldsymbol{B}$ 定义为 $(a_{ij}+b_{ij})_{m\times n}$,称为矩阵的**加法**.

利用负矩阵定义,矩阵 $\boldsymbol{A}$ 与 $\boldsymbol{B}$ 的差 $\boldsymbol{A}-\boldsymbol{B}=\boldsymbol{A}+(-\boldsymbol{B})$.

定义 13-4 设 $\boldsymbol{A}=(a_{ij})_{m\times n}$,$\lambda$ 是一个数,规定数 λ 与矩阵 $\boldsymbol{A}$ 的乘积 $\lambda\boldsymbol{A}$ 或 $\boldsymbol{A}\lambda$ 是一个 $m\times n$ 矩阵,$\lambda\boldsymbol{A}=\boldsymbol{A}\lambda=(\lambda a_{ij})_{m\times n}$,称为矩阵**数乘运算**.

矩阵的加法和数乘统称为矩阵的**线性运算**. 矩阵的线性运算满足以下规律：

定理 13-1 设 $\boldsymbol{A},\boldsymbol{B},\boldsymbol{C}$ 是同型矩阵，λ,μ 是数，则

(1)$\boldsymbol{A}+\boldsymbol{B}=\boldsymbol{B}+\boldsymbol{A}$；

(2)$(\boldsymbol{A}+\boldsymbol{B})+\boldsymbol{C}=\boldsymbol{A}+(\boldsymbol{B}+\boldsymbol{C})$；

(3)$\boldsymbol{A}+\boldsymbol{O}=\boldsymbol{A}$；

(4)$\boldsymbol{A}+(-\boldsymbol{A})=\boldsymbol{O}$；

(5)$\lambda(\mu\boldsymbol{A})=(\lambda\mu)\boldsymbol{A}$；

(6)$(\lambda+\mu)\boldsymbol{A}=\lambda\boldsymbol{A}+\mu\boldsymbol{A}$；

(7)$\lambda(\boldsymbol{A}+\boldsymbol{B})=\lambda\boldsymbol{A}+\lambda\boldsymbol{B}$；

(8)$1\boldsymbol{A}=\boldsymbol{A}$.

例 13-1 设 $\boldsymbol{A}=\begin{pmatrix}1 & -1 & 2\\ 0 & 3 & 4\end{pmatrix}$，$\boldsymbol{B}=\begin{pmatrix}4 & 0 & -3\\ -1 & -2 & 3\end{pmatrix}$，求 $\boldsymbol{A}+\boldsymbol{B}$ 和 $2\boldsymbol{A}-3\boldsymbol{B}$.

解 $\boldsymbol{A}+\boldsymbol{B}=\begin{pmatrix}5 & -1 & -1\\ -1 & 1 & 7\end{pmatrix}$，

$$2\boldsymbol{A}-3\boldsymbol{B}=\begin{pmatrix}-10 & -2 & 13\\ 3 & 12 & -1\end{pmatrix}.$$

定义 13-5 设 $\boldsymbol{A}=(a_{ij})$ 是 $m\times n$ 矩阵，规定 $\boldsymbol{A}$ 的转置矩阵 $\boldsymbol{A}^{\mathrm{T}}$ 或 $\boldsymbol{A}'$ 是一个 $n\times m$ 矩阵，且

$$\boldsymbol{A}^{\mathrm{T}}=\begin{pmatrix}a_{11} & a_{21} & \cdots & a_{m1}\\ a_{12} & a_{22} & \cdots & a_{m2}\\ \vdots & \vdots & & \vdots\\ a_{1n} & a_{2n} & \cdots & a_{mn}\end{pmatrix}.$$

由定义可以看出，$\boldsymbol{A}$ 的转置矩阵 $\boldsymbol{A}^{\mathrm{T}}$ 是由 $\boldsymbol{A}$ 的行换成同序号的列得到的，因此，$\boldsymbol{A}^{\mathrm{T}}$ 的第 i 行(列)是 $\boldsymbol{A}$ 的第 i 列(行)，$\boldsymbol{A}^{\mathrm{T}}$ 的(i,j)元是 $\boldsymbol{A}$ 的(j,i)元.

矩阵的转置满足下列运算规律：

定理 13-2 假设下面的矩阵运算都有定义，则

(1)$(\boldsymbol{A}^{\mathrm{T}})^{\mathrm{T}}=\boldsymbol{A}$；

(2)$(\boldsymbol{A}+\boldsymbol{B})^{\mathrm{T}}=\boldsymbol{A}^{\mathrm{T}}+\boldsymbol{B}^{\mathrm{T}}$；

(3)$(\lambda\boldsymbol{A})^{\mathrm{T}}=\lambda\boldsymbol{A}^{\mathrm{T}}$，其中 λ 是一个数；

(4)$(\boldsymbol{A}\boldsymbol{B})^{\mathrm{T}}=\boldsymbol{B}^{\mathrm{T}}\boldsymbol{A}^{\mathrm{T}}$.

若 $\boldsymbol{A}^{\mathrm{T}}=\boldsymbol{A}$，则称矩阵 $\boldsymbol{A}$ 为**对称阵**；若 $\boldsymbol{A}^{\mathrm{T}}=-\boldsymbol{A}$，则称矩阵 $\boldsymbol{A}$ 为**反对称阵**. 对称阵和反对称阵必为方阵，且对称阵 $\boldsymbol{A}=(a_{ij})$关于主对角线对称的元素相等，即 $a_{ij}=a_{ji}$，反对称阵 $\boldsymbol{A}=(a_{ij})$关于主对角线对称的元素互为相反数，即 $a_{ij}=-a_{ji}$.

例 13-2 设 $\boldsymbol{A}$ 是方阵，证明 $\boldsymbol{A}$ 可以表示为一个对称阵与一个反对称阵之和.

本例证明可作为读者练习.

定义 13-6 设 $\boldsymbol{A}=(a_{ij})_{m\times s}$，$\boldsymbol{B}=(b_{ij})_{s\times n}$，规定矩阵 $\boldsymbol{A}$ 与 $\boldsymbol{B}$ 的乘积是一个 $m\times n$ 矩阵，

$\boldsymbol{AB}=(c_{ij})_{m\times n}$，其中

$$c_{ij}=a_{i1}b_{1j}+a_{i2}b_{2j}+\cdots+a_{is}b_{sj}=\sum_{k=1}^{s}a_{ik}b_{kj}\quad(i=1,2,\cdots,m;j=1,2,\cdots,n).$$

二、矩阵乘法的缘由

矩阵、向量乘法运算

考虑平面上的三个坐标系，x_1x_2 系、y_1y_2 系以及 z_1z_2 系，假设三坐标系有下列变换关系：

$$\begin{cases}x_1=a_{11}y_1+a_{12}y_2,\\x_2=a_{21}y_1+a_{22}y_2,\end{cases}\tag{13-2}$$

$$\begin{cases}y_1=b_{11}z_1+b_{12}z_2,\\y_2=b_{21}z_1+b_{22}z_2,\end{cases}\tag{13-3}$$

将式(13-3)代入式(13-2)得

$$\begin{cases}x_1=a_{11}(b_{11}z_1+b_{12}z_2)+a_{12}(b_{21}z_1+b_{22}z_2)=c_{11}z_1+c_{12}z_2,\\x_2=a_{21}(b_{11}z_1+b_{12}z_2)+a_{22}(b_{21}z_1+b_{22}z_2)=c_{21}z_1+c_{22}z_2,\end{cases}$$

其中

$$c_{ij}=a_{i1}b_{1j}+a_{i2}b_{2j}=\sum_{k=1}^{2}a_{ik}b_{kj}\quad(i=1,2;j=1,2).$$

可见这个 c_{ij} 就是定义 13-6 中所定义的. 一般地，我们称

$$\begin{cases}x_1=c_{11}y_1+c_{12}y_2+\cdots+c_{1n}y_n,\\x_2=c_{21}y_1+c_{22}y_2+\cdots+c_{2n}y_n,\\\cdots\cdots\cdots\cdots\\x_n=c_{n1}y_1+c_{n2}y_2+\cdots+c_{nn}y_n\end{cases}\tag{13-4}$$

为由 $x_1,x_2,\cdots,x_n$ 到 $y_1,y_2,\cdots,y_n$ 的一个线性变换.

线性变换(13-4)的矩阵形式是 $\boldsymbol{x}=\boldsymbol{Cy}$，其中：

$$\boldsymbol{C}=\begin{pmatrix}c_{11}&c_{12}&\cdots&c_{1n}\\c_{21}&c_{22}&\cdots&c_{2n}\\\vdots&\vdots&&\vdots\\c_{n1}&c_{n2}&\cdots&c_{nn}\end{pmatrix},\quad\boldsymbol{x}=\begin{pmatrix}x_1\\x_2\\\vdots\\x_n\end{pmatrix},\quad\boldsymbol{y}=\begin{pmatrix}y_1\\y_2\\\vdots\\y_n\end{pmatrix},$$

$\boldsymbol{C}$ 称为线性变换(13-4)的系数矩阵.

设 $\boldsymbol{x}=\boldsymbol{C}_1\boldsymbol{y}$ 是由 $x_1,x_2,\cdots,x_n$ 到 $y_1,y_2,\cdots,y_n$ 的线性变换，$\boldsymbol{y}=\boldsymbol{C}_2\boldsymbol{z}$ 是由 $y_1,y_2,\cdots,y_n$ 到 $z_1,z_2,\cdots,z_n$ 的线性变换，则由 $x_1,x_2,\cdots,x_n$ 到 $z_1,z_2,\cdots,z_n$ 的线性变换是

$$\boldsymbol{x}=\boldsymbol{C}_1\boldsymbol{y}=\boldsymbol{C}_1(\boldsymbol{C}_2\boldsymbol{z})=(\boldsymbol{C}_1\boldsymbol{C}_2)\boldsymbol{z}.$$

例 13-3 设 x_1,x_2,x_3 到 y_1,y_2,y_3 的线性变换为

$$\begin{cases}x_1=-y_1+2y_2+y_3,\\x_2=2y_1+3y_3,\\x_3=y_1+y_2,\end{cases}$$

y_1,y_2,y_3 到 z_1,z_2,z_3 的线性变换为

$$\begin{cases} y_1 = 3z_1 - 2z_2 + z_3, \\ y_2 = z_1 + 3z_2, \\ y_3 = 4z_2 + 3z_3, \end{cases}$$

求 x_1,x_2,x_3 到 z_1,z_2,z_3 的线性变换.

解 将上述两变换写成矩阵形式：

$$\begin{pmatrix} x_1 \\ x_2 \\ x_3 \end{pmatrix} = \begin{pmatrix} -1 & 2 & 1 \\ 2 & 0 & 3 \\ 1 & 1 & 0 \end{pmatrix} \begin{pmatrix} y_1 \\ y_2 \\ y_3 \end{pmatrix}, \quad \begin{pmatrix} y_1 \\ y_2 \\ y_3 \end{pmatrix} = \begin{pmatrix} 3 & -2 & 1 \\ 1 & 3 & 0 \\ 0 & 4 & 3 \end{pmatrix} \begin{pmatrix} z_1 \\ z_2 \\ z_3 \end{pmatrix}.$$

因此

$$\begin{pmatrix} x_1 \\ x_2 \\ x_3 \end{pmatrix} = \begin{pmatrix} -1 & 2 & 1 \\ 2 & 0 & 3 \\ 1 & 1 & 0 \end{pmatrix} \begin{pmatrix} 3 & -2 & 1 \\ 1 & 3 & 0 \\ 0 & 4 & 3 \end{pmatrix} \begin{pmatrix} z_1 \\ z_2 \\ z_3 \end{pmatrix} = \begin{pmatrix} -1 & 12 & 2 \\ 6 & 8 & 11 \\ 4 & 1 & 1 \end{pmatrix} \begin{pmatrix} z_1 \\ z_2 \\ z_3 \end{pmatrix}.$$

例 13-4 设矩阵

$$\boldsymbol{A} = \begin{pmatrix} a & b \\ c & d \end{pmatrix}, \quad \boldsymbol{B} = \begin{pmatrix} r_1 & r_2 & r_3 \\ s_1 & s_2 & s_3 \end{pmatrix}.$$

求 $\boldsymbol{AB}$ 和 $\boldsymbol{BA}$.

解 $\boldsymbol{A}$ 是 2×2 矩阵，$\boldsymbol{B}$ 是 2×3 矩阵，$\boldsymbol{A}$ 的列数等于 $\boldsymbol{B}$ 的行数，$\boldsymbol{AB}$ 有意义.

$$\boldsymbol{AB} = \begin{pmatrix} a & b \\ c & d \end{pmatrix} \begin{pmatrix} r_1 & r_2 & r_3 \\ s_1 & s_2 & s_3 \end{pmatrix} = \begin{pmatrix} ar_1+bs_1 & ar_2+bs_2 & ar_3+bs_3 \\ cr_1+ds_1 & cr_2+ds_2 & cr_3+ds_3 \end{pmatrix}.$$

由于 $\boldsymbol{B}$ 的列数不等于 $\boldsymbol{A}$ 的行数，所以 $\boldsymbol{BA}$ 无意义.

例 13-5 设矩阵

$$\boldsymbol{A} = \begin{pmatrix} 1 & -1 \\ -1 & 1 \end{pmatrix}, \quad \boldsymbol{B} = \begin{pmatrix} 1 & 1 \\ 2 & 2 \end{pmatrix}, \quad \boldsymbol{C} = \begin{pmatrix} 2 & 3 \\ 1 & -3 \end{pmatrix}, \quad \boldsymbol{D} = \begin{pmatrix} 1 & -5 \\ 2 & 5 \end{pmatrix},$$

求 $\boldsymbol{AB}$，$\boldsymbol{BA}$，$\boldsymbol{AC}$ 和 $\boldsymbol{AD}$.

解 $$\boldsymbol{AB} = \begin{pmatrix} 1 & -1 \\ -1 & 1 \end{pmatrix} \begin{pmatrix} 1 & 1 \\ 2 & 2 \end{pmatrix} = \begin{pmatrix} -1 & -1 \\ 1 & 1 \end{pmatrix},$$

$$\boldsymbol{BA} = \begin{pmatrix} 1 & 1 \\ 2 & 2 \end{pmatrix} \begin{pmatrix} 1 & -1 \\ -1 & 1 \end{pmatrix} = \begin{pmatrix} 0 & 0 \\ 0 & 0 \end{pmatrix},$$

$$\boldsymbol{AC} = \begin{pmatrix} 1 & 1 \\ -1 & -1 \end{pmatrix} \begin{pmatrix} 2 & 3 \\ 1 & -3 \end{pmatrix} = \begin{pmatrix} 3 & 0 \\ -3 & 0 \end{pmatrix},$$

$$\boldsymbol{AD} = \begin{pmatrix} 1 & 1 \\ -1 & -1 \end{pmatrix} \begin{pmatrix} 1 & -5 \\ 2 & 5 \end{pmatrix} = \begin{pmatrix} 3 & 0 \\ -3 & 0 \end{pmatrix}.$$

由该例子可以看出矩阵乘法不满足交换律、零因子律和消去律. 若 $\boldsymbol{AB}=\boldsymbol{BA}$，则称 $\boldsymbol{A}$ 与 $\boldsymbol{B}$ 是可交换的.

例 13-6 设 $\boldsymbol{A}=\begin{pmatrix}1 & 0\\ -1 & 0\end{pmatrix}$，求与 $\boldsymbol{A}$ 可交换的所有矩阵.

解 设所求矩阵为 $\boldsymbol{B}$，由题意 $\boldsymbol{AB}=\boldsymbol{BA}$，故 $\boldsymbol{B}$ 为二阶方阵，令

$$\boldsymbol{B}=\begin{pmatrix}b_{11} & b_{12}\\ b_{21} & b_{22}\end{pmatrix},$$

则由 $\boldsymbol{AB}=\boldsymbol{BA}$ 得

$$\begin{pmatrix}b_{11} & b_{12}\\ -b_{11} & -b_{12}\end{pmatrix}=\begin{pmatrix}b_{11}-b_{12} & 0\\ b_{21}-b_{22} & 0\end{pmatrix}.$$

由矩阵相等的定义知，$b_{11}=b_{11}-b_{12}$，$-b_{11}=b_{21}-b_{22}$，$b_{12}=0$. 记 $b_{22}=a$，$b_{21}=b$，则得

$$\boldsymbol{B}=\begin{pmatrix}a-b & 0\\ a & b\end{pmatrix},$$

其中 a,b 为任意常数.

矩阵的乘法与数的乘法运算的不同之处，应引起充分注意，但它们也有许多类似的运算规律.

定理 13-3 设 $\boldsymbol{A},\boldsymbol{B},\boldsymbol{C}$ 都是矩阵，λ 是数，且下列运算都是可行的，则

(1) $(\boldsymbol{AB})\boldsymbol{C}=\boldsymbol{A}(\boldsymbol{BC})$;

(2) $\boldsymbol{A}(\boldsymbol{B}+\boldsymbol{C})=\boldsymbol{AB}+\boldsymbol{AC}$;

(3) $(\boldsymbol{B}+\boldsymbol{C})\boldsymbol{A}=\boldsymbol{BA}+\boldsymbol{CA}$;

(4) $(\lambda\boldsymbol{A})\boldsymbol{B}=\boldsymbol{A}(\lambda\boldsymbol{B})=\lambda(\boldsymbol{AB})$;

(5) $\boldsymbol{AI}=\boldsymbol{IA}=\boldsymbol{A}$.

证明 仅就(1)进行证明. 可设 $\boldsymbol{A}=(a_{ij})_{m\times n}$，$\boldsymbol{B}=(b_{ij})_{n\times l}$，$\boldsymbol{C}=(c_{ij})_{l\times k}$，则 $(\boldsymbol{AB})\boldsymbol{C}$ 的 (i,j) 元为

$$\sum_{s=1}^{l}\left(\sum_{r=1}^{n}a_{ir}b_{rs}\right)c_{sj}=\sum_{s=1}^{l}\sum_{r=1}^{n}c_{sj}a_{ir}b_{rs}=\sum_{r=1}^{n}\sum_{s=1}^{l}c_{sj}a_{ir}b_{rs}=\sum_{r=1}^{n}a_{ir}\sum_{s=1}^{l}b_{rs}c_{sj},$$

而上式的最右端即为 $\boldsymbol{A}(\boldsymbol{BC})$ 的 (i,j) 元. 因此

$$(\boldsymbol{AB})\boldsymbol{C}=\boldsymbol{A}(\boldsymbol{BC}).$$

例 13-7 设 $\boldsymbol{A}=\begin{pmatrix}1\\ 2\\ 3\end{pmatrix}$，$\boldsymbol{B}=\begin{pmatrix}1 & \frac{1}{2} & \frac{1}{3}\end{pmatrix}$，求 $\boldsymbol{AB}$ 和 $(\boldsymbol{AB})^n$.

解

$$\boldsymbol{AB}=\begin{pmatrix}1\\ 2\\ 3\end{pmatrix}\begin{pmatrix}1 & \frac{1}{2} & \frac{1}{3}\end{pmatrix}=\begin{pmatrix}1 & \frac{1}{2} & \frac{1}{3}\\ 2 & 1 & \frac{2}{3}\\ 3 & \frac{3}{2} & 1\end{pmatrix}.$$

直接求 $(\boldsymbol{AB})^n$ 是很困难的，但注意到 $\boldsymbol{BA}=3$ 并根据矩阵乘法的结合律，得

$$
\begin{aligned}
(\boldsymbol{AB})^n &= (\boldsymbol{AB})(\boldsymbol{AB})\cdots(\boldsymbol{AB}) \\
&= \boldsymbol{A}(\boldsymbol{BA})(\boldsymbol{BA})\cdots(\boldsymbol{BA})\boldsymbol{B} \\
&= \boldsymbol{A}(\boldsymbol{BA})^{n-1}\boldsymbol{B} = \boldsymbol{A}(3^{n-1})\boldsymbol{B} \\
&= 3^{n-1}(\boldsymbol{AB}) = 3^{n-1}\begin{pmatrix} 1 & \frac{1}{2} & \frac{1}{3} \\ 2 & 1 & \frac{2}{3} \\ 3 & \frac{3}{2} & 1 \end{pmatrix}.
\end{aligned}
$$

关于矩阵乘积的行列式,我们有如下重要定理:

定理 13-4 设 $\boldsymbol{A},\boldsymbol{B}$ 都是 n 阶方阵,则 $|\boldsymbol{AB}|=|\boldsymbol{A}||\boldsymbol{B}|$.

第二节 矩阵的逆

定义 13-7 如果有方阵 $\boldsymbol{B}$,使得 $\boldsymbol{AB}=\boldsymbol{BA}=\boldsymbol{I}$,$\boldsymbol{I}$ 为单位矩阵,则称 $\boldsymbol{A}$ 为可逆矩阵,称 $\boldsymbol{B}$ 为 $\boldsymbol{A}$ 的一个逆矩阵.

若 $\boldsymbol{A}$ 为可逆矩阵,则 $\boldsymbol{A}$ 的逆矩阵是唯一的. 因为若 $\boldsymbol{B},\boldsymbol{C}$ 同为 $\boldsymbol{A}$ 的逆矩阵,则 $\boldsymbol{AB}=\boldsymbol{BA}=\boldsymbol{I},\boldsymbol{AC}=\boldsymbol{CA}=\boldsymbol{I}$. 因此 $\boldsymbol{B}=\boldsymbol{B}(\boldsymbol{AC})=(\boldsymbol{BA})\boldsymbol{C}=\boldsymbol{C}$. 由此将 $\boldsymbol{A}$ 唯一的逆矩阵记为 $\boldsymbol{A}^{-1}$.

下面利用行列式性质引入伴随矩阵求解矩阵的逆.

定义 13-8 设 $\boldsymbol{A}_{ij}$ 是矩阵

$$
\boldsymbol{A}=\begin{pmatrix} a_{11} & a_{12} & \cdots & a_{1n} \\ a_{21} & a_{22} & \cdots & a_{2n} \\ \vdots & \vdots & & \vdots \\ a_{n1} & a_{n2} & \cdots & a_{nn} \end{pmatrix}
$$

中元素 a_{ij} 的代数余子式,矩阵

$$
\boldsymbol{A}^*=\begin{pmatrix} A_{11} & A_{21} & \cdots & A_{n1} \\ A_{12} & A_{22} & \cdots & A_{n2} \\ \vdots & \vdots & & \vdots \\ A_{1n} & A_{2n} & \cdots & A_{nn} \end{pmatrix}
$$

称为矩阵 $\boldsymbol{A}$ 的伴随矩阵.

定理 13-5 矩阵 $\boldsymbol{A}$ 可逆的充分必要条件是 $|\boldsymbol{A}|\neq 0$,且当 $\boldsymbol{A}$ 可逆时,

$$
\boldsymbol{A}^{-1}=\frac{1}{d}\boldsymbol{A}^* \quad (d=|\boldsymbol{A}|\neq 0).
$$

证明 必要性:因 $\boldsymbol{A}$ 可逆,故存在 $\boldsymbol{B}$,使得 $\boldsymbol{AB}=\boldsymbol{I}$. 因此 $|\boldsymbol{A}||\boldsymbol{B}|=1$, 从而 $|\boldsymbol{A}|\neq 0$.

充分性:由行列式按一行(列)展开的公式立即得出

$$AA^* = A^* A = \begin{pmatrix} d & 0 & \cdots & 0 \\ 0 & d & \cdots & 0 \\ \vdots & \vdots & & \vdots \\ 0 & 0 & \cdots & d \end{pmatrix} = dI,$$

其中 $d=|A|$. 如果 $d=|A|\neq 0$,那么,$A\left(\frac{1}{d}A^*\right)=\left(\frac{1}{d}A^*\right)A=I$. 故 $A^{-1}=\frac{1}{d}A^*$.

推论 13-1 设矩阵 A,B 为同阶方阵,若 $AB=I$,则 A,B 均可逆,且 $A^{-1}=B$.

证明 由 $AB=I$ 可得 $|A|\neq 0$, $|B|\neq 0$,因此由定理 13-5,A,B 均可逆. 在等式 $AB=I$ 两边左乘 A^{-1},即得 $A^{-1}=B$.

利用矩阵的逆,可以给出克拉默法则的另一种推导法. 线性方程组

$$\begin{cases} a_{11}x_1 + a_{12}x_2 + \cdots + a_{1n}x_n = b_1, \\ a_{21}x_1 + a_{22}x_2 + \cdots + a_{2n}x_n = b_2, \\ \cdots\cdots\cdots\cdots \\ a_{n1}x_1 + a_{n2}x_2 + \cdots + a_{nn}x_n = b_n, \end{cases}$$

可以写成 $Ax=B$. 如果 $|A|\neq 0$,那么 A 可逆. 对上式两边左乘 A^{-1},即得 $x=A^{-1}B$. 用 A^{-1} 的公式代入上式,即得克拉默法则中给出的公式.

例 13-8(密码问题) 在密码学中,称原来的消息为明文,称加密了的消息为密文. 将 26 个英文字母与 26 个整数作一一对应(见表 13-3),则可通过发送数字来传递信息.

表 13-3

A	B	C	D	E	F	G	H	I	J	K	L	M
1	2	3	4	5	6	7	8	9	10	11	12	13
N	O	P	Q	R	S	T	U	V	W	X	Y	Z
14	15	16	17	18	19	20	21	22	23	24	25	26

比如,发送一组数"3,1,12,12,5,1,7,12,5"就表示"CALL EAGLE",但这样容易被对方破译. 一种简单的加密方法是每个数据同加一个整数,如 20,则发送的是"23,21,32,32,25,21,27,32,25",接收到上述数据后,减去 20,还原为"3,1,12,12,5,1,7,12,5". 这样的加密方法同样容易被敌方破译,原因在于通过统计英文字母以及上述数字出现的频率,可以很容易地找到它们之间的对应关系.

以下用矩阵加密,若 A 为行列式为 1 的整数矩阵,则其逆阵亦为整数阵. 例如:

$$A=\begin{pmatrix} 1 & 0 & 1 \\ 5 & 2 & 4 \\ 3 & 1 & 3 \end{pmatrix}, \quad A^{-1}=\begin{pmatrix} 2 & 1 & -2 \\ -3 & 0 & 1 \\ -1 & -1 & 2 \end{pmatrix}.$$

现将要发送的信息组成一个三阶方阵:

$$B=\begin{pmatrix} 3 & 12 & 7 \\ 1 & 5 & 12 \\ 12 & 1 & 5 \end{pmatrix},$$

左乘加密矩阵 $\boldsymbol{A}$ 得到密文矩阵

$$\boldsymbol{C}=\boldsymbol{AB}=\begin{pmatrix}15 & 13 & 12\\ 75 & 74 & 79\\ 46 & 44 & 48\end{pmatrix},$$

因此发出的密文是“15,75,46,13,74,44,12,79,48”. 接收到密文后,将它排成如上三阶方阵 $\boldsymbol{C}$,左乘解密矩阵 $\boldsymbol{A}^{-1}$,得矩阵 $\boldsymbol{B}$,则还原为明文. 加密方阵阶数越高,敌方破译越困难.

第三节　矩阵的应用

矩阵的应用很广泛,譬如上节最后在密码学中的应用. 在实际应用中,许多复杂的问题都可以用简单的矩阵记号表示,并通过对矩阵的研究得以解决.

一、二维旋转变换

例 13-9　在直角坐标系下,求任意一个二维向量 $\boldsymbol{\alpha}$ 绕着坐标原点逆时针旋转 θ 角度后所得向量 $\boldsymbol{\beta}$ 的表示.

解　记旋转变换为 T. 由于旋转变换是刚体运动,$\boldsymbol{\alpha}$,$\boldsymbol{\beta}$ 为平面任意两非零向量,则 $\boldsymbol{\alpha}$,$\boldsymbol{\beta}$ 和 $\boldsymbol{\alpha}+\boldsymbol{\beta}$ 构成一个三角形,经过旋转后,得到一个全等三角形 $T\boldsymbol{\alpha}$,$T\boldsymbol{\beta}$ 和 $T(\boldsymbol{\alpha}+\boldsymbol{\beta})$,由向量加法的三角形原则得,$T(\boldsymbol{\alpha}+\boldsymbol{\beta})=T\boldsymbol{\alpha}+T\boldsymbol{\beta}$. 又因为刚体运动无拉伸和压缩性,对于任意实数 k 有,$T(k\boldsymbol{\alpha})=kT\boldsymbol{\alpha}$. 所以旋转变换满足线性性质. 设 $\boldsymbol{\alpha}=(a_1,a_2)^{\mathrm{T}}$,经过旋转后得 $\boldsymbol{\beta}=(b_1,b_2)^{\mathrm{T}}$. $\boldsymbol{e}_1=(1,0)^{\mathrm{T}}$,$\boldsymbol{e}_2=(0,1)^{\mathrm{T}}$. 这样就有

$$\boldsymbol{\beta}=T\boldsymbol{\alpha}=T(a_1\boldsymbol{e}_1+a_2\boldsymbol{e}_2)=a_1T\boldsymbol{e}_1+a_2T\boldsymbol{e}_2,$$

而明显

$$T\boldsymbol{e}_1=\begin{pmatrix}\cos\theta\\ \sin\theta\end{pmatrix},\quad T\boldsymbol{e}_2=\begin{pmatrix}-\sin\theta\\ \cos\theta\end{pmatrix},$$

所以

$$\boldsymbol{\beta}=\begin{pmatrix}b_1\\ b_2\end{pmatrix}=a_1\begin{pmatrix}\cos\theta\\ \sin\theta\end{pmatrix}+a_2\begin{pmatrix}-\sin\theta\\ \cos\theta\end{pmatrix}=\begin{pmatrix}\cos\theta & -\sin\theta\\ \sin\theta & \cos\theta\end{pmatrix}\begin{pmatrix}a_1\\ a_2\end{pmatrix}.$$

二、动物种群的增长模型

研究动物种群的增长,对保持生态平衡具有实际意义. 莱斯利(Leslie)模型是常用的动物种群增长模型,该模型只考虑两性种群中的雌性,将雌性按年龄分成若干类,研究种群的年龄分布规律.

设某动物种群中雌性的最长寿命为 L 岁,把年龄区间 $[O,L]$ 分成 n 个等长的年龄段,

从而将种群中的雌性分为 n 个年龄类,年龄在第 i 个年龄段 $\left[\frac{i-1}{n}L,\frac{i}{n}L\right]$ 的雌性属于第 i 个年龄类. 假设生殖率和死亡率在同一年龄段内保持不变,且观察时间间隔与年龄段等长,即第 k 次观察时间 $t_k=k\frac{L}{n}\quad(k=0,1,2,\cdots)$.

引入下列记号:$x_i^{(k)}$ 表示第 k 次观察时($t=t_k$)第 i 类的雌性数,称 $\boldsymbol{x}^{(k)}=(x_1^{(k)},x_2^{(k)},\cdots,x_n^{(k)})^{\mathrm{T}}$ 为 $t=t_k$ 时的年龄分布向量,$\boldsymbol{x}^{(0)}=(x_1^{(0)},x_2^{(0)},\cdots,x_n^{(0)})^{\mathrm{T}}$ 为初始年龄分布向量. a_i 表示第 i 类中一个雌性生育的雌性的平均数. b_i 表示第 i 类中的雌性活到第 $i+1$ 类的比例.

当 $t=t_k$ 时,各类中的雌性数分别为

$$\begin{cases}x_1^{(k)}=a_1x_1^{(k-1)}+a_2x_2^{(k-1)}+\cdots+a_{n-1}x_{n-1}^{(k-1)}+a_nx_n^{(k-1)},\\x_2^{(k)}=b_1x_1^{(k-1)},\\x_3^{(k)}=b_2x_2^{(k-1)},\\\cdots\cdots\cdots\cdots\\x_n^{(k)}=b_{n-1}x_{n-1}^{(k-1)},\end{cases}\tag{13-5}$$

其中第一个式子表示 $t=t_k$ 时第 1 类中的雌性数 $x_1^{(k)}$ 等于 $t=t_{k-1}$ 时各类中的雌性所生育的雌性数之和. 式(13-5)可写成矩阵形式

$$\begin{pmatrix}x_1^{(k)}\\x_2^{(k)}\\\vdots\\x_n^{(k)}\end{pmatrix}=\begin{pmatrix}a_1&a_1&\cdots&a_{n-1}&a_n\\b_1&0&\cdots&0&0\\0&b_2&\cdots&0&0\\\vdots&\vdots&&\vdots&\vdots\\0&0&\cdots&b_{n-1}&0\end{pmatrix}\begin{pmatrix}x_1^{(k-1)}\\x_2^{(k-1)}\\\vdots\\x_n^{(k-1)}\end{pmatrix},\tag{13-6}$$

简记为

$$\boldsymbol{x}^{(k)}=\boldsymbol{L}\boldsymbol{x}^{(k-1)},\quad k=1,2,\cdots,\tag{13-7}$$

其中

$$\boldsymbol{L}=\begin{pmatrix}a_1&a_2&\cdots&a_{n-1}&a_n\\b_1&0&\cdots&0&0\\0&b_2&\cdots&0&0\\\vdots&\vdots&&\vdots&\vdots\\0&0&\cdots&b_{n-1}&0\end{pmatrix}$$

称为莱斯利矩阵.

由式(13-7)得,

$$\boldsymbol{x}^{(k)}=\boldsymbol{L}\boldsymbol{x}^{(k-1)}=\boldsymbol{L}^2\boldsymbol{x}^{(k-2)}=\cdots=\boldsymbol{L}^k\boldsymbol{x}^{(0)}.$$

因此,如果已知初始年龄分布 $\boldsymbol{x}^{(0)}$ 和莱斯利矩阵 $\boldsymbol{L}$,就能求出 $t=t_k$ 时的年龄分布 $\boldsymbol{x}^{(k)}$.

例 13-10 设某动物种群中雌性的最长寿命为 15 岁,现把种群分为三类,每 5 年为一类,设此种动物的莱斯利矩阵为

$$L=\begin{pmatrix}0 & 4 & 3\\ \frac{1}{2} & 0 & 0\\ 0 & \frac{1}{4} & 0\end{pmatrix},$$

初始年龄分布为 $\boldsymbol{x}^{(0)}=(1000,2000,1000)^{\mathrm{T}}$，求 10 年后各类雌性动物的数量.

解 由 $\boldsymbol{x}^{(k)}=\boldsymbol{L}\boldsymbol{x}^{(k-1)}$，得

$$\boldsymbol{x}^{(1)}=\boldsymbol{L}\boldsymbol{x}^{(0)}=\begin{pmatrix}0 & 4 & 3\\ \frac{1}{2} & 0 & 0\\ 0 & \frac{1}{4} & 0\end{pmatrix}\begin{pmatrix}1000\\ 2000\\ 1000\end{pmatrix}=\begin{pmatrix}11000\\ 500\\ 500\end{pmatrix},$$

$$\boldsymbol{x}^{(2)}=\boldsymbol{L}\boldsymbol{x}^{(1)}=\begin{pmatrix}0 & 4 & 3\\ \frac{1}{2} & 0 & 0\\ 0 & \frac{1}{4} & 0\end{pmatrix}\begin{pmatrix}11000\\ 500\\ 500\end{pmatrix}=\begin{pmatrix}3500\\ 5500\\ 125\end{pmatrix},$$

故 10 年后，0～5 岁的雌性动物有 3500 只，5～10 岁的雌性动物有 5500 只，10～15 岁的雌性动物有 125 只.

三、人口迁移动态模型

例 13-11 城乡人口流动年度调查数据显示，存在一个稳定的朝向城镇流动的趋势：每年农村居民的 5%移居城镇，而城镇居民的 1%迁出. 现在总人口的 40%位于城镇. 假如城乡总人口保持不变，并且认可这种流动趋势继续下去，那么 1 年以后住在城镇的人口所占比例是多少？2 年以后呢？10 年以后呢？最终呢？

解 设城乡总人口为常数 C，则开始时乡村人口 $y_0=0.6C$，城镇人口 $z_0=0.4C$.

1 年后，

乡村人口： $\frac{95}{100}y_0+\frac{1}{100}z_0=y_1$；

城镇人口： $\frac{5}{100}y_0+\frac{99}{100}z_0=z_1$.

写成矩阵形式则有

$$\begin{pmatrix}y_1\\ z_1\end{pmatrix}=\begin{pmatrix}\frac{95}{100} & \frac{1}{100}\\ \frac{5}{100} & \frac{99}{100}\end{pmatrix}\begin{pmatrix}y_0\\ z_0\end{pmatrix}.$$

2 年后，

$$\begin{pmatrix} y_2 \\ z_2 \end{pmatrix} = \begin{pmatrix} \frac{95}{100} & \frac{1}{100} \\ \frac{5}{100} & \frac{99}{100} \end{pmatrix} \begin{pmatrix} y_1 \\ z_1 \end{pmatrix} = \begin{pmatrix} \frac{95}{100} & \frac{1}{100} \\ \frac{5}{100} & \frac{99}{100} \end{pmatrix}^2 \begin{pmatrix} y_0 \\ z_0 \end{pmatrix}.$$

10 年后，

$$\begin{pmatrix} y_{10} \\ z_{10} \end{pmatrix} = \begin{pmatrix} \frac{95}{100} & \frac{1}{100} \\ \frac{5}{100} & \frac{99}{100} \end{pmatrix}^{10} \begin{pmatrix} y_0 \\ z_0 \end{pmatrix}.$$

任意 n 年后，

$$\begin{pmatrix} y_n \\ z_n \end{pmatrix} = \begin{pmatrix} \frac{95}{100} & \frac{1}{100} \\ \frac{5}{100} & \frac{99}{100} \end{pmatrix}^n \begin{pmatrix} y_0 \\ z_0 \end{pmatrix}.$$

例 13-12（随机矩阵：马尔可夫过程） 马尔可夫过程是一类随机过程，该过程具有如下特性：在已知目前状态（现在）的条件下，它未来的演变（将来）不依赖于它以往的演变（过去）. 在马尔可夫过程中，在给定当前知识或信息的情况下，只有当前的状态用来预测将来，过去（即当前以前的历史状态）对于预测将来（即当前以后的未来状态）是无关的. 假定某一 80 平方公里的城市，2010 年时的土地使用情况如下：

Ⅰ　保留用地　30%；

Ⅱ　商业用地　20%；

Ⅲ　工业用地　50%。

假设该城市土地每 5 年的过渡概率为下述的矩阵 $\boldsymbol{A}=(a_{ij})$，

	至Ⅰ	至Ⅱ	至Ⅲ
自Ⅰ	0.8	0.1	0.1
自Ⅱ	0.1	0.7	0.2
自Ⅲ	0.0	0.1	0.9

称非负元素且每行之和等于 1 的方阵为随机矩阵. 上述矩阵为一随机矩阵. 由以上信息可以计算该城市 2015 年的用地情况：

Ⅰ　保留用地　$0.8\times30\%+0.1\times20\%+0.0\times50\%=26\%$；

Ⅱ　商业用地　$0.1\times30\%+0.7\times20\%+0.1\times50\%=22\%$；

Ⅲ　工业用地　$0.1\times30\%+0.2\times20\%+0.9\times50\%=52\%$.

现在改用矩阵形式. 用行向量 $\boldsymbol{x}_0,\boldsymbol{x}_1$ 分别表示 2010 年、2015 年的土地状况，则 $\boldsymbol{x}_1=\boldsymbol{x}_0\boldsymbol{A}$，其中

$$\boldsymbol{A}=\begin{pmatrix} 0.8 & 0.1 & 0.1 \\ 0.1 & 0.7 & 0.2 \\ 0.0 & 0.1 & 0.9 \end{pmatrix}.$$

依此也容易算出 2020 年的土地状况：

$$x_2 = x_1 A = x_0 A^2 = (23\% \quad 23.2\% \quad 53.8\%).$$

那么过 50 年后的土地状况自然是 $x_0 A^{10}$. 在这里要计算 A^{10},那么应如何较快地计算 A^{10} 甚至更高幂次的矩阵?这就需要用到矩阵对角化理论.

作为本节的结束,我们举一个生态学上较为综合的应用例子.

例 13-13(简单生态系统) 用 x_1^k 表示在时间第 k 月猫头鹰的数量(单位:只),x_2^k 表示第 k 月老鼠的数量(单位:千只),它们的数量在时间第 k 月可用下列向量表示

$$\boldsymbol{x}^{(k)} = \begin{pmatrix} x_1^k \\ x_2^k \end{pmatrix}.$$

设它们满足下面的方程组

$$\begin{cases} x_1^{k+1} = 0.4x_1^k + 0.3x_2^k, \\ x_2^{k+1} = -tx_1^k + 1.2x_2^k, \end{cases}$$

其中 t 是被指定的正参数. 第 1 个方程中的 $0.4x_1^k$ 表明,如果没有老鼠为食物,每月仅有 40%的猫头鹰存活下来;第 2 个方程的 $1.2x_2^k$ 表明,如果没有猫头鹰捕食老鼠,则老鼠的数量每月增长 20%. 若有足够多的老鼠,$0.3x_2^k$ 表示猫头鹰增长的数量,而负项 $-tx_1^k$ 表示由于猫头鹰的捕食引起的老鼠的死亡数量(事实上,一只猫头鹰每月平均吃掉 $1000t$ 只老鼠). 当 $t=0.325$ 时,预测该系统的发展趋势.

解 将方程组写成矩阵形式 $\boldsymbol{x}^{(k+1)} = \boldsymbol{A}\boldsymbol{x}^{(k)}$,其中

$$\boldsymbol{A} = \begin{pmatrix} 0.4 & 0.3 \\ -t & 1.2 \end{pmatrix} = \begin{pmatrix} 0.4 & 0.3 \\ -0.325 & 1.2 \end{pmatrix}.$$

由递推公式得,$\boldsymbol{x}^{(k)} = \boldsymbol{A}^k \boldsymbol{x}^{(0)}$. 但是计算方阵的高阶幂阵是一件麻烦事. 我们需要一些巧妙的方法来预测该系统的发展趋势. 设

$$\boldsymbol{p}_1 = \begin{pmatrix} 6 \\ 13 \end{pmatrix}, \quad \boldsymbol{p}_2 = \begin{pmatrix} 2 \\ 1 \end{pmatrix},$$

则初始向量 $\boldsymbol{x}^{(0)}$ 可表示为 $\boldsymbol{x}^{(0)} = c_1 \boldsymbol{p}_1 + c_2 \boldsymbol{p}_2$,其中常数 c_1, c_2 可以通过解二元一次方程组来确定. 我们可以验证矩阵与上述两个向量有如下关系:$\boldsymbol{A}\boldsymbol{p}_1 = 1.05\boldsymbol{p}_1$,$\boldsymbol{A}\boldsymbol{p}_2 = 0.55\boldsymbol{p}_2$,因此

$$\boldsymbol{x}^{(k)} = \boldsymbol{A}^k \boldsymbol{x}^{(0)} = c_1 \lambda_1^k \boldsymbol{p}_1 + c_2 \lambda_2^k \boldsymbol{p}_2 = 1.05^k c_1 \boldsymbol{p}_1 + 0.55^k c_2 \boldsymbol{p}_2,$$

由微积分部分的极限理论知道,$1.05^k \to \infty$,$0.55^k \to 0$. 因此,对足够大的 k,

$$\boldsymbol{x}^{(k)} \approx 1.05^k c_1 \boldsymbol{p}_1 = 1.05^k c_1 \begin{pmatrix} 6 \\ 13 \end{pmatrix}.$$

这说明该生态系统中的猫头鹰与老鼠的数量都以每月 1.05 的倍数增长,其中每 6 只猫头鹰,管理着大约 13000 只老鼠. 也就是说,每只猫头鹰,管理着大约 2167 只老鼠.

当生态系统有 n 个物种的时候,则矩阵为 n 阶方阵. 系统趋于稳定时的结构可以同样进行讨论,只是较为复杂. 而现实中的生态系统则更为复杂,是一种动态平衡,由此可见生态系统的和谐与奇妙,有了数学工具以后,生物学家们可以研究和模拟生态系统.

习题十三

1. 设 $x_1\begin{pmatrix}1\\1\end{pmatrix}+x_2\begin{pmatrix}1\\-1\end{pmatrix}=\begin{pmatrix}2\\3\end{pmatrix}$，求实数 x_1,x_2.

2. 设矩阵 $\boldsymbol{A}=(a_1,a_2,\cdots,a_n)$，$\boldsymbol{B}=(b_1,b_2,\cdots,b_n)^{\mathrm{T}}$，求 $\boldsymbol{AB}$ 和 $\boldsymbol{BA}$.

3. 设 $\boldsymbol{A}=\begin{pmatrix}1&1\\0&1\end{pmatrix}$，求与 $\boldsymbol{A}$ 可交换的矩阵 $\boldsymbol{B}$.

4. 设 $\boldsymbol{A}=\begin{pmatrix}1&2\\1&3\end{pmatrix}$，$\boldsymbol{B}=\begin{pmatrix}1&0\\1&2\end{pmatrix}$，通过计算回答下列问题：

(1)$\boldsymbol{AB}=\boldsymbol{BA}$ 吗？

(2)$(\boldsymbol{A}+\boldsymbol{B})(\boldsymbol{A}-\boldsymbol{B})=\boldsymbol{A}^2-\boldsymbol{B}^2$ 吗？

(3)$(\boldsymbol{A}+\boldsymbol{B})^2=\boldsymbol{A}^2+2\boldsymbol{AB}+\boldsymbol{B}^2$ 吗？

5. 计算 $\boldsymbol{A}^n\quad(n\in\mathbf{N})$，其中

(1)$\boldsymbol{A}=\begin{pmatrix}1&0\\\lambda&1\end{pmatrix}$；　　(2)$\boldsymbol{A}=\begin{pmatrix}0&1&0\\0&0&1\\0&0&0\end{pmatrix}$.

6. 求下列矩阵 $\boldsymbol{A}$ 的逆矩阵 $\boldsymbol{A}^{-1}$：

(1)$\boldsymbol{A}=\begin{pmatrix}a&b\\c&d\end{pmatrix}$，　$ad-bc\neq0$；　　(2)$\boldsymbol{A}=\begin{pmatrix}1&0&1\\-7&3&2\\2&-1&0\end{pmatrix}$.

7. 证明：如果 $\boldsymbol{A}^2-3\boldsymbol{A}-3\boldsymbol{I}=\boldsymbol{O}$，那么 $\boldsymbol{I}-\boldsymbol{A}$，$2\boldsymbol{I}-\boldsymbol{A}$ 都可逆.

8. 已知加密矩阵 $\boldsymbol{A}$ 如下：

$$\boldsymbol{A}=\begin{pmatrix}1&1&0\\2&4&1\\2&3&1\end{pmatrix},$$

通过加密以后，发出去的密文矩阵又如下：

$$\boldsymbol{C}=\begin{pmatrix}15&20&22\\40&41&75\\35&41&62\end{pmatrix},$$

请将密文矩阵解密，翻译成文字语言.

9. 已知两个线性变换

$$\begin{cases}x_1=y_1+y_2,\\x_2=y_1-y_2,\\x_3=y_3,\end{cases}\qquad\begin{cases}y_1=z_1,\\y_2=z_1+z_2,\\y_3=z_1+z_2+z_3,\end{cases}$$

求从 x_1,x_2,x_3 到 z_1,z_2,z_3 的线性变换.

*10. 设某种动物群中雌性的最长寿命是 15 岁，将该动物分成 3 个年龄类，已知这个动物种群的莱斯利矩阵

$$\boldsymbol{L}=\begin{pmatrix} 0 & 4 & 3 \\ \frac{1}{2} & 0 & 0 \\ 0 & \frac{1}{4} & 0 \end{pmatrix},$$

初始分布向量 $\boldsymbol{x}^{(0)}=(1000,1000,1000)^{\mathrm{T}}$，求 15 年后各年龄类的雌性动物数.

第十四章　矩阵的秩与线性方程组

在第十二章中，对于 n 个方程的 n 元线性方程组，我们已经给出了求解的克拉默法则．在许多实际问题中，我们会遇见更加广泛的情形，即要讨论 m 个方程的 n 元线性方程组，方程的个数与未知数未必相等．即便在方程的个数与未知数相等的情况下，系数行列式也可能等于零．这两种情况都使得克拉默法则失效．在这样广泛的情形下，我们要寻求一般的方法来回答：方程组是否有解？是否有唯一解或多个解？怎样求解？我们将以矩阵为工具来研究这些问题，以矩阵的秩这一概念来刻画方程组解的三种情况．

第一节　矩阵的初等变换

矩阵初等变换的引入与求解线性方程组大有关系，当用消元法解线性方程组的时候，我们本质上一直在做矩阵行初等变换，这个方法早在《九章算术》中就有．

定义 14-1　下面的三种变换称为矩阵的**初等行变换**：

(1)互换两行的位置；

(2)用一个非零数乘某一行；

(3)把一行的倍数加到另一行上．

把定义中的“行”换成“列”，就得到矩阵的初等列变换的定义．矩阵的初等行变换和初等列变换统称为矩阵的初等变换．若矩阵 $\boldsymbol{A}$ 经有限次初等换变成矩阵 $\boldsymbol{B}$，则称矩阵 $\boldsymbol{A}$ 与 $\boldsymbol{B}$ 等价，记作 $\boldsymbol{A}\sim\boldsymbol{B}$.

矩阵之间的等价关系具有下述性质：

(1)自反性：$\boldsymbol{A}\sim\boldsymbol{A}$；

(2)对称性：若 $\boldsymbol{A}\sim\boldsymbol{B}$，则 $\boldsymbol{B}\sim\boldsymbol{A}$；

(3)传递性：若 $\boldsymbol{A}\sim\boldsymbol{B}$，$\boldsymbol{B}\sim\boldsymbol{C}$，则 $\boldsymbol{A}\sim\boldsymbol{C}$.

利用矩阵的初等变换可以将矩阵化简，且化简后的矩阵与原矩阵具有许多相同的性质，这是线性代数中研究矩阵的一种基本方法．

定义 14-2　满足下列两个条件的矩阵称为**行阶梯阵**（或**阶梯阵**）：

(1)零行（元素全为 0 的行）位于矩阵的下方；

(2)各非零行第一个不为 0 的元素（称首非零元）的列标随行标的增大而严格增大．

进一步地，如果首非零元均为 1，其所在列其余元素全为 0 的行阶梯阵称为**行最简阵**．

下面的几个矩阵都是阶梯阵：

$$\begin{pmatrix}2 & 0 & -1 & 1 & -1\\0 & 0 & 1 & 2 & 1\\0 & 0 & 0 & 3 & 1\\0 & 0 & 0 & 0 & 0\end{pmatrix},\quad \begin{pmatrix}1 & 0 & 0 & -1\\0 & 1 & 0 & 2\\0 & 0 & 1 & 2\end{pmatrix},\quad \begin{pmatrix}1 & 3 & 0 & 0 & 7\\0 & 0 & 1 & 0 & 5\\0 & 0 & 0 & 1 & 1\\0 & 0 & 0 & 0 & 0\end{pmatrix},$$

其中第二、三个矩阵是行最简阵.

任何一个 $m\times n$ 矩阵 $\boldsymbol{A}=(a_{ij})$ 都可经初等行变换化为阶梯阵,其步骤为:

第一步,总可假设 $\boldsymbol{A}$ 的第 1 列第一个元素 $a_{11}\neq 0$,否则,若 $a_{11}=0$ 而第 1 列元素不全为 0,如 $a_{i1}\neq 0$,则互换第 $1,i$ 行;若第 1 列元素全为 0,则从下一列进行讨论.

第二步,将第 1 行的 $-a_{i1}/a_{11}\quad(i=2,3,\cdots,m)$ 倍依次加到第 $2,3,\cdots,m$ 行,使 a_{11} 下方的元素全化为 0.

于是 $\boldsymbol{A}$ 化为

$$\begin{pmatrix}a_{11} & a_{12} & \cdots & a_{1n}\\0 & & & \\\vdots & & \boldsymbol{A}_1 & \\0 & & & \end{pmatrix}.$$

对 $\boldsymbol{A}_1$ 重复以上步骤,经有限次(至多 $m-1$ 次)重复,$\boldsymbol{A}$ 必可化为阶梯阵. 对阶梯阵继续进行初等行变换,则 $\boldsymbol{A}$ 可化为行最简阵.

根据行列式的性质,可得如下结论:初等变换不改变方阵行列式的非零性.

例 14-1 利用初等行变换将矩阵 $\boldsymbol{A}$ 化为阶梯阵和行最简阵,其中

$$\boldsymbol{A}=\begin{pmatrix}0 & 5 & -1\\2 & 1 & 3\\1 & -2 & 1\end{pmatrix}.$$

解 为使解题过程清晰,引进下面记号:互换 i,j 两行,记作 $r_i\leftrightarrow r_j$;把第 j 行的 k 倍加到第 i 行记作 r_i+kr_j.

$$\boldsymbol{A}\xrightarrow{r_1\leftrightarrow r_3}\begin{pmatrix}1 & -2 & 1\\2 & 1 & 3\\0 & 5 & -1\end{pmatrix}\xrightarrow{r_2-2r_1}\begin{pmatrix}1 & -2 & 1\\0 & 5 & 1\\0 & 5 & -1\end{pmatrix}\xrightarrow{r_3-r_2}\begin{pmatrix}1 & -2 & 1\\0 & 5 & 1\\0 & 0 & -2\end{pmatrix}$$

$$\xrightarrow[\substack{r_2-r_3\\r_1-r_3}]{r_3\times\left(-\frac{1}{2}\right)}\begin{pmatrix}1 & -2 & 0\\0 & 5 & 0\\0 & 0 & 1\end{pmatrix}\xrightarrow[r_1+2r_2]{r_2\times\frac{1}{5}}\begin{pmatrix}1 & 0 & 0\\0 & 1 & 0\\0 & 0 & 1\end{pmatrix},$$

其中标有阶梯记号的那个矩阵已是阶梯阵,最后一个矩阵是行最简阵.

熟练掌握用初等行变换将矩阵化为阶梯阵和行最简阵的方法,对后面的许多问题都很有用. 下面我们举一个非常生活化的实例.

例 14-2(配料问题) 某调料公司用 7 种成分来制造如表 14-1 所列的 6 种调味品. 一位顾客不需要购买全部 6 种调味品,只需购买其中一部分,必要时可用它们配制出其余几种调味品. 试问该顾客最少需要购买哪几种调味品?

表 14-1　　单位:克

成分	调味品					
	A	B	C	D	E	F
辣椒	60	15	45	75	90	75
姜黄	40	40	0	80	10	80
胡椒	20	20	0	40	20	40
大蒜	20	20	0	40	10	40
盐	10	10	0	20	20	20
味精	5	5	0	20	10	10
香油	10	10	0	20	20	20

解　这是一个具有普遍意义的配料或中药店(铺)的配方问题. 这种问题的解决需要学习向量理论,但我们在此处只讲解决方法,不讲数学原理. 将表 14-1 中的数据列为以下矩阵形式:

$$\begin{pmatrix} 60 & 15 & 45 & 75 & 90 & 75 \\ 40 & 40 & 0 & 80 & 10 & 80 \\ 20 & 20 & 0 & 40 & 20 & 40 \\ 20 & 20 & 0 & 40 & 10 & 40 \\ 10 & 10 & 0 & 20 & 20 & 20 \\ 5 & 5 & 0 & 20 & 10 & 10 \\ 10 & 10 & 0 & 20 & 20 & 20 \end{pmatrix}.$$

对上述矩阵进行若干次初等行变换,得行最简阵

$$\begin{pmatrix} 1 & 0 & 1 & 0 & 0 & 1 \\ 0 & 1 & -1 & 0 & 0 & 1 \\ 0 & 0 & 0 & 1 & 0 & 0 \\ 0 & 0 & 0 & 0 & 1 & 0 \\ 0 & 0 & 0 & 0 & 0 & 0 \\ 0 & 0 & 0 & 0 & 0 & 0 \\ 0 & 0 & 0 & 0 & 0 & 0 \end{pmatrix}.$$

在数学的表示上,可以选取 A,B,D,E 四种调料,然后

$$F=A+B,\quad C=A-B.$$

但在实际的操作上,后一等式是不可操作的,关键在于上述行最简阵中不应含有负数,因此将第 1 行加到第 2 行得

$$\begin{pmatrix} 1 & 0 & 1 & 0 & 0 & 1 \\ 1 & 1 & 0 & 0 & 0 & 2 \\ 0 & 0 & 0 & 1 & 0 & 0 \\ 0 & 0 & 0 & 0 & 1 & 0 \\ 0 & 0 & 0 & 0 & 0 & 0 \\ 0 & 0 & 0 & 0 & 0 & 0 \\ 0 & 0 & 0 & 0 & 0 & 0 \end{pmatrix}.$$

这样，我们选取 B,C,D,E 四种调料即可，而

$$A=B+C,\quad F=C+2B.$$

定义 14-3 单位矩阵经一次初等变换得到的方阵称为**初等方阵**.

三种初等变换对应三种初等方阵：

(1)$\boldsymbol{I}$ 互换 i,j 两行(列)得到的初等方阵记作 $\boldsymbol{I}(i,j)$；

(2)数 $k(k\neq 0)$乘 $\boldsymbol{I}$ 的第 i 行(列)得到的初等方阵记作 $\boldsymbol{I}(i(k))$；

(3)将 $\boldsymbol{I}$ 的第 j 行 k 倍加到第 i 行(或将 $\boldsymbol{I}$ 的第 i 列的 k 倍加到第 j 列)得到的初等方阵记作 $\boldsymbol{I}(i,j(k))$.

例 14-3 设 $\boldsymbol{A}=\begin{pmatrix} a_{11} & a_{12} & a_{13} & a_{14} \\ a_{21} & a_{22} & a_{23} & a_{24} \\ a_{31} & a_{32} & a_{33} & a_{34} \end{pmatrix}$，计算上述三个初等方阵与 $\boldsymbol{A}$ 的乘积.

解 $\boldsymbol{I}(1,3)\boldsymbol{A}=\begin{pmatrix} a_{31} & a_{32} & a_{33} & a_{34} \\ a_{21} & a_{22} & a_{23} & a_{24} \\ a_{11} & a_{12} & a_{13} & a_{14} \end{pmatrix}$，

$$\boldsymbol{I}(2(-3))\boldsymbol{A}=\begin{pmatrix} a_{11} & a_{12} & a_{13} & a_{14} \\ -3a_{21} & -3a_{22} & -3a_{23} & -3a_{24} \\ a_{31} & a_{32} & a_{33} & a_{34} \end{pmatrix},$$

$$\boldsymbol{I}(2,3(-1))\boldsymbol{A}=\begin{pmatrix} a_{11} & a_{12} & a_{13} & a_{14} \\ a_{21}-a_{31} & a_{22}-a_{32} & a_{23}-a_{33} & a_{24}-a_{34} \\ a_{31} & a_{32} & a_{33} & a_{34} \end{pmatrix}.$$

计算结果表明：用一个初等方阵左乘 $\boldsymbol{A}$ 相当于对 $\boldsymbol{A}$ 进行了一次相应的初等行变换. 不难验证，用一个初等方阵(必须是同阶的)右乘 $\boldsymbol{A}$ 相当于对 $\boldsymbol{A}$ 进行了一次相应的初等列变换. 把此结论推广到一般情形，就得到下面的定理.

定理 14-1 设 $\boldsymbol{A}$ 是一个 $m\times n$ 矩阵，对 $\boldsymbol{A}$ 进行一次初等变换，相当于在 $\boldsymbol{A}$ 的左边乘以相应的 m 阶初等方阵；对 $\boldsymbol{A}$ 进行一次初等列变换，相当于在 $\boldsymbol{A}$ 的右边乘以相应的 n 阶初等方阵.

下面介绍运用初等行变换求逆矩阵.

定理 14-2 任何可逆阵均能经过初等行变换化为单位矩阵.

对于任意一个 n 阶可逆矩阵 $\boldsymbol{A}$，经过一系列的初等行变换可以化为单位矩阵 $\boldsymbol{I}$，那么

将一系列同样的初等行变换作用到单位矩阵 $\boldsymbol{I}$ 上，就可以把 $\boldsymbol{I}$ 化成 $\boldsymbol{A}^{-1}$. 因此，我们得到用初等行变换求逆矩阵的方法：在矩阵 $\boldsymbol{A}$ 的右边写上一个同阶的单位矩阵 $\boldsymbol{I}$，构成一个 $n\times 2n$ 矩阵 $(\boldsymbol{A},\boldsymbol{I})$，用初等行变换将左半部分的 $\boldsymbol{A}$ 化成单位矩阵 $\boldsymbol{I}$，与此同时，右半部分的 $\boldsymbol{I}$ 就被化成了 $\boldsymbol{A}^{-1}$. 即

$$(\boldsymbol{A},\boldsymbol{I})\xrightarrow{\text{初等行变换}}(\boldsymbol{I},\boldsymbol{A}^{-1}).$$

例 14-4 设矩阵 $\boldsymbol{A}=\begin{pmatrix}1 & -1 & 1\\1 & 1 & 3\\2 & -3 & 2\end{pmatrix}$，求逆矩阵.

解 因为

$$(\boldsymbol{A},\boldsymbol{I})=\begin{pmatrix}1 & -1 & 1 & 1 & 0 & 0\\1 & 1 & 3 & 0 & 1 & 0\\2 & -3 & 2 & 0 & 0 & 1\end{pmatrix}\xrightarrow[r_3-2r_1]{r_2-r_1}\begin{pmatrix}1 & -1 & 1 & 1 & 0 & 0\\0 & 2 & 2 & -1 & 1 & 0\\0 & -1 & 0 & -2 & 0 & 1\end{pmatrix}$$

$$\xrightarrow[r_3+r_2]{\frac{1}{2}r^2}\begin{pmatrix}1 & -1 & 1 & 1 & 0 & 0\\0 & 1 & 1 & -\frac{1}{2} & \frac{1}{2} & 0\\0 & 0 & 1 & -\frac{5}{2} & \frac{1}{2} & 1\end{pmatrix}\longrightarrow\begin{pmatrix}1 & 0 & 0 & \frac{11}{2} & -\frac{1}{2} & -2\\0 & 1 & 0 & 2 & 0 & -1\\0 & 0 & 1 & -\frac{5}{2} & \frac{1}{2} & 1\end{pmatrix},$$

所以

$$\boldsymbol{A}^{-1}=\begin{pmatrix}\frac{11}{2} & -\frac{1}{2} & -2\\2 & 0 & -1\\-\frac{5}{2} & \frac{1}{2} & 1\end{pmatrix}.$$

第二节 矩阵的秩

矩阵的秩是矩阵理论中最重要的概念之一，矩阵的许多重要性质可以用它的秩来反映，在定义矩阵的秩之前，先引进矩阵的子式的概念.

定义 14-4 设 $\boldsymbol{A}$ 是 $m\times n$ 矩阵，在 $\boldsymbol{A}$ 中任取 k 行和 k 列 $(k\leqslant m,k\leqslant n)$，由这 k 行 k 列交叉处的 k^2 个元素（保持它们在 $\boldsymbol{A}$ 中的相对位置不变）组成的 k 阶行列式，称为矩阵 $\boldsymbol{A}$ 的 k 阶子式.

显然，$m\times n$ 矩阵的 k 阶子式有 $\mathrm{C}_m^k\mathrm{C}_n^k$ 个.

定义 14-5 矩阵 $\boldsymbol{A}$ 中不为 0 的子式的最高阶数，称为矩阵 $\boldsymbol{A}$ 的秩，记作 $r(\boldsymbol{A})$，并规定零矩阵的秩为 0.

由定义易知，矩阵的秩有下列性质：

(1)设 $\boldsymbol{A}$ 是 $m\times n$ 矩阵，则 $r(\boldsymbol{A})\leqslant\min\{m,n\}$. 特别地，$n$ 阶方阵 $\boldsymbol{A}$ 的秩 $r(\boldsymbol{A})\leqslant n$.

(2)若 n 阶方阵 $\boldsymbol{A}$ 的秩 $r(\boldsymbol{A})=n$,则称 $\boldsymbol{A}$ 为满秩矩阵,否则,称 $\boldsymbol{A}$ 为降秩矩阵. 容易证明:$\boldsymbol{A}$ 为满秩矩阵的充分必要条件是 $|\boldsymbol{A}|\neq 0$. $\boldsymbol{A}$ 的转置矩阵的秩等于 $\boldsymbol{A}$ 的秩,即 $r(\boldsymbol{A}^{\mathrm{T}})=r(\boldsymbol{A})$.

下面介绍秩的计算.

定理 14-3 矩阵 $\boldsymbol{A}$ 的秩 $r(\boldsymbol{A})=r$ 的充分必要条件是:$\boldsymbol{A}$ 中有一个 r 阶子式不为 0,而所有的 $r+1$ 阶子式(如果有的话)全为 0.

证明 必要性是显然的,下面证明充分性.

充分性:设 $\boldsymbol{A}$ 中有一个 r 阶子式不为 0,而所有 $r+1$ 阶子式全为 0.

如果 $\boldsymbol{A}$ 中没有更高阶的子式,则由秩的定义得,$r(\boldsymbol{A})=r$;

如果 $\boldsymbol{A}$ 中还有更高阶的子式,由于 $\boldsymbol{A}$ 的 $r+2$ 阶子式的余子式都是 $\boldsymbol{A}$ 的 $r+1$ 阶子式,故它们必都为 0,类似可证 $\boldsymbol{A}$ 的高阶子式全为 0.

所以
$$r(\boldsymbol{A})=r.$$

例 14-5 求下列矩阵的秩:

(1)$\boldsymbol{A}=\begin{pmatrix}1 & -1 & 2 & 0\\ 2 & 1 & 0 & 1\\ 0 & -3 & 4 & -1\end{pmatrix}$; (2)$\boldsymbol{A}=\begin{pmatrix}2 & -1 & 3 & 0 & 1\\ 0 & 3 & 1 & -1 & 2\\ 0 & 0 & 0 & -2 & 4\\ 0 & 0 & 0 & 0 & 0\end{pmatrix}$.

解 (1)$\boldsymbol{A}$ 中有一个 2 阶子式 $\begin{vmatrix}1 & -1\\ 2 & 1\end{vmatrix}=3\neq 0$,经计算,$\boldsymbol{A}$ 的四个 3 阶子式全为 0. 根据定理 14-3,$r(\boldsymbol{A})=2$.

(2)$\boldsymbol{A}$ 是阶梯阵. 它的所有首非零元所在行、列交叉处元素组成的 3 阶子式
$$\begin{vmatrix}2 & -1 & 0\\ 0 & 3 & -1\\ 0 & 0 & -2\end{vmatrix}=-12\neq 0,$$
而任何一个 4 阶子式中至少有一个零行,故必为 0,根据定理 14-3,$r(\boldsymbol{A})=3$.

当矩阵的行数、列数都较大时,直接用定义或定理 14-3 求它的秩是很困难的. 但对于阶梯阵,不用计算,就可以读出它的秩,因为仿例 14-5 中(2)的方法,可以证明如下结论:

定理 14-4 阶梯阵的秩等于它的非零行数.

定理 14-5 若矩阵 $\boldsymbol{A}$ 经初等变换化为 $\boldsymbol{B}$,则 $r(\boldsymbol{A})=r(\boldsymbol{B})$.

定理 14-4 和定理 14-5 告诉我们,可利用初等变换将矩阵化为阶梯阵来求矩阵的秩.

用初等变换求矩阵的秩的步骤:

(1)用初等行变换(也可以用初等列变换)将 $\boldsymbol{A}$ 化为阶梯阵 $\boldsymbol{U}$;

(2)$r(\boldsymbol{A})=r(\boldsymbol{U})=\boldsymbol{U}$ 的非零行数.

例 14-6 求下列矩阵的秩:

$$A=\begin{pmatrix}2&1&-3&4\\1&-2&0&1\\4&7&-9&10\\0&5&-3&2\end{pmatrix}.$$

解 用初等行变换将 $\boldsymbol{A}$ 化为阶梯阵 $\boldsymbol{U}$：

$$A\xrightarrow{r_1\leftrightarrow r_2}\begin{pmatrix}1&-2&0&1\\2&1&-3&4\\4&7&-9&10\\0&5&-3&2\end{pmatrix}\xrightarrow[r_3-4r_1]{r_2-2r_1}\begin{pmatrix}1&-2&0&1\\0&5&-3&2\\0&15&-9&6\\0&5&-3&2\end{pmatrix}\xrightarrow[r_4-r_2]{r_3-3r_2}\begin{pmatrix}1&-2&0&1\\0&5&-3&2\\0&0&0&0\\0&0&0&0\end{pmatrix}=U,$$

故

$$r(A)=r(U)=2.$$

例 14-7 讨论下列矩阵的秩：

$$A=\begin{pmatrix}2&-1&3&2\\1&a&2&-1\\2&-2&b&6\end{pmatrix}.$$

解 利用初等变换，则有

$$A\xrightarrow[r_3-r_1]{2r_2-r_1}\begin{pmatrix}2&-1&3&2\\0&2a+1&1&-4\\0&-1&b-3&4\end{pmatrix}\xrightarrow{c_2\leftrightarrow c_4}\begin{pmatrix}2&2&3&-1\\0&-4&1&2a+1\\0&4&b-3&-1\end{pmatrix}$$

$$\xrightarrow{r_3+r_2}\begin{pmatrix}2&2&3&-1\\0&-4&1&2a+1\\0&0&b-2&2a\end{pmatrix},$$

因此：

当 $a=0,b=2$ 时，$r(A)=2$；

当 $a\neq 0$ 或 $b\neq 2$ 时，$r(A)=3$.

第三节 线性方程组的解

本节利用矩阵讨论线性方程组. 线性方程组

$$\begin{cases}a_{11}x_1+a_{12}x_2+\cdots+a_{1n}x_n=b_1,\\a_{21}x_1+a_{22}x_2+\cdots+a_{2n}x_n=b_2,\\\cdots\cdots\cdots\cdots\\a_{m1}x_1+a_{m2}x_2+\cdots+a_{mn}x_n=b_m\end{cases}\tag{14-1}$$

可以写成矩阵形式

$$Ax=b,\tag{14-2}$$

其中，$\boldsymbol{A},\boldsymbol{x},\boldsymbol{b}$ 分别为方程组(14-1)的系数矩阵、未知量向量和常数项向量.

对于一般的线性方程组，所谓方程组(14-1)的一个解是指由 n 个数 $k_1,k_2\cdots,k_n$ 组成的一个有序数组，分别代入 $x_1,x_2\cdots,x_n$ 后，式(14-1)成立. 方程组的解全体称为它的**解集**. 如果两个方程组具有相同的解集，则称它们是**同解**的方程组. 在式(14-2)中，若 $\boldsymbol{b}=\boldsymbol{0}$，则称线性方程组 $\boldsymbol{Ax}=\boldsymbol{0}$ 为**齐次**的；若 $\boldsymbol{b}\neq\boldsymbol{0}$，则称线性方程组 $\boldsymbol{Ax}=\boldsymbol{b}$ 为**非齐次**的.

为叙述问题方便起见，我们把含有 m 个方程 n 个未知量的线性方程组称为 $m\times n$ 的方程组. 若线性方程组有解，则称它是**相容**的，否则称它是**不相容**的(或矛盾的). 满足式(14-2)的向量 $\boldsymbol{x}$ 称为它的**解向量**，也称为它的解.

线性方程组(14-1)的系数和常数项组成的矩阵

$$\bar{\boldsymbol{A}}=(\boldsymbol{A}\quad \boldsymbol{b})=\begin{pmatrix} a_{11} & a_{12} & \cdots & a_{1n} & b_1 \\ a_{21} & a_{22} & \cdots & a_{2n} & b_2 \\ \vdots & \vdots & & \vdots & \vdots \\ a_{m1} & a_{m2} & \cdots & a_{mn} & b_m \end{pmatrix},$$

称为它的**增广矩阵**. 显然，线性方程组和它的增广矩阵是一一对应的，因此，我们可以用增广矩阵表示线性方程组. 若增广矩阵为阶梯阵，则称它所对应的方程组为阶梯形方程组，阶梯形方程组是很容易求解的. 因此我们总将线性方程组化为阶梯形方程组来求解，**消元法**就是这样一种求解线性方程组的方法. 消元法是解线性方程组的最基本、最实用的方法，从矩阵的角度看，消元法的实质是利用初等行变换将方程组的增广矩阵 $(\boldsymbol{A}\quad \boldsymbol{b})$ 化为阶梯阵，从而将方程组化为与它同解的阶梯形方程组. 不难证明以下结论：

定理 14-6 若线性方程组 $\boldsymbol{Ax}=\boldsymbol{b}$ 的增广矩阵 $(\boldsymbol{A}\quad \boldsymbol{b})$ 经初等行变换化为 $(\boldsymbol{U}\quad \boldsymbol{d})$，则它与方程组 $\boldsymbol{Ux}=\boldsymbol{d}$ 是同解的.

设齐次线性方程组 $\boldsymbol{Ax}=\boldsymbol{0}$ 的系数矩阵 $\boldsymbol{A}$ 经初等行变换化为阶梯阵(或行最简形)$\boldsymbol{U}$，$\boldsymbol{U}$ 中每行首非零元对应的未知量称为**基本未知量**，其余未知量称为**自由未知量**. 显然，基本未知量的个数为 $r(\boldsymbol{A})$，自由未知量的个数为 $n-r(\boldsymbol{A})$，其中 n 为方程组中未知量的个数.

定理 14-7 n 元齐次线性方程组 $\boldsymbol{Ax}=\boldsymbol{0}$ 有非零解的充分必要条件是 $r(\boldsymbol{A})<n$；它只有零解的充分必要条件是 $r(\boldsymbol{A})=n$.

推论 14-1 齐次线性方程组 $\boldsymbol{A}_{n\times n}\boldsymbol{x}=\boldsymbol{0}$ 有非零解的充分必要条件是 $|\boldsymbol{A}|=0$；它只有零解的充分必要条件是 $|\boldsymbol{A}|\neq 0$.

推论 14-2 如果齐次线性方程组 $\boldsymbol{A}_{m\times n}\boldsymbol{x}=\boldsymbol{0}$ 所含方程的个数少于未知量的个数，即 $m<n$，则它有非零解.

一、齐次线性方程组

例 14-8 解齐次线性方程组

$$\begin{cases} x_1-x_2+x_3=0, \\ 3x_1-2x_2-x_3=0, \\ 3x_1-x_2+5x_3=0, \\ -2x_1+2x_2+3x_3=0. \end{cases}$$

解 齐次线性方程组的增广矩阵($\boldsymbol{A}\quad \boldsymbol{0}$)的最后一列元素全为0,且在初等行变换过程中保持不变,因此,我们只要把它的系数矩阵化为行最简形:

$$\boldsymbol{A}=\begin{pmatrix}1&-1&1\\3&-2&-1\\3&-1&5\\-2&2&3\end{pmatrix}\longrightarrow\begin{pmatrix}1&-1&1\\0&1&-4\\0&0&2\\0&0&5\end{pmatrix}\longrightarrow\begin{pmatrix}1&-1&1\\0&1&-4\\0&0&1\\0&0&0\end{pmatrix}$$

$$\longrightarrow\begin{pmatrix}1&-1&0\\0&1&0\\0&0&1\\0&0&0\end{pmatrix}\longrightarrow\begin{pmatrix}1&0&0\\0&1&0\\0&0&1\\0&0&0\end{pmatrix}.$$

因此方程组解为

$$\begin{cases}x_1=0,\\x_2=0,\\x_3=0.\end{cases}$$

例 14-9 解齐次线性方程组

$$\begin{cases}x_1+x_2-x_3-x_4=0,\\2x_1+2x_2+x_4=0,\\x_1+x_2+x_3+2x_4=0.\end{cases}$$

解 利用初等行变换将方程组的系数矩阵化为行最简形:

$$\boldsymbol{A}=\begin{pmatrix}1&1&-1&-1\\2&2&0&1\\1&1&1&2\end{pmatrix}\xrightarrow[r_3-r_1]{r_2-2r_1}\begin{pmatrix}1&1&-1&-1\\0&0&2&3\\0&0&2&3\end{pmatrix}$$

$$\xrightarrow{r_3-r_2}\begin{pmatrix}1&1&-1&-1\\0&0&2&3\\0&0&0&0\end{pmatrix}\xrightarrow[r_1+r_2]{r_2\times\frac{1}{2}}\begin{pmatrix}1&1&0&1/2\\0&0&1&3/2\\0&0&0&0\end{pmatrix},$$

得同解方程组为

$$\begin{cases}x_1+x_2+\dfrac{1}{2}x_4=0,\\x_3+\dfrac{3}{2}x_4=0,\end{cases}$$

写成

$$\begin{cases}x_1=-x_2-\dfrac{1}{2}x_4,\\x_3=-\dfrac{3}{2}x_4.\end{cases}$$

令 $x_2=k_1, x_4=k_2$,得原方程组解为

$$\begin{cases} x_1 = -k_1 - \frac{1}{2}k_2, \\ x_2 = k_1, \\ x_3 = -\frac{3}{2}k_2, \\ x_4 = k_2, \end{cases}$$

写成向量形式

$$\begin{pmatrix} x_1 \\ x_2 \\ x_3 \\ x_4 \end{pmatrix} = k_1 \begin{pmatrix} -1 \\ 1 \\ 0 \\ 0 \end{pmatrix} + k_2 \begin{pmatrix} -\frac{1}{2} \\ 0 \\ -\frac{3}{2} \\ 1 \end{pmatrix},$$

其中 k_1, k_2 为任意常数.

二、非齐次线性方程组

解线性方程组的高斯消元法

例 14-10 解线性方程组

$$\begin{cases} x_1 + 2x_2 + 3x_3 = 2, \\ 2x_1 - x_2 - x_3 = 1, \\ x_1 - 2x_2 - 2x_3 = -1. \end{cases}$$

解 利用初等行变换将方程组的增广矩阵化为行最简形：

$$(\boldsymbol{A} \quad \boldsymbol{b}) = \begin{pmatrix} 1 & 2 & 3 & 2 \\ 2 & -1 & -1 & 1 \\ 1 & -2 & -2 & -1 \end{pmatrix} \xrightarrow[r_3 - r_1]{r_2 - 2r_1} \begin{pmatrix} 1 & 2 & 3 & 2 \\ 0 & -5 & -7 & -3 \\ 0 & -4 & -5 & -3 \end{pmatrix}$$

$$\xrightarrow{r_3 - \frac{4}{5}r_2} \begin{pmatrix} 1 & 2 & 3 & 2 \\ 0 & -5 & -7 & -3 \\ 0 & 0 & 3/5 & -3/5 \end{pmatrix} \xrightarrow[\substack{r_2 + 7r_3 \\ r_1 - 3r_3}]{r_3 \times \frac{5}{3}} \begin{pmatrix} 1 & 2 & 0 & 5 \\ 0 & -5 & 0 & -10 \\ 0 & 0 & 1 & -1 \end{pmatrix}$$

$$\xrightarrow[r_1 - 2r_2]{r_2 \times \left(-\frac{1}{5}\right)} \begin{pmatrix} 1 & 0 & 0 & 1 \\ 0 & 1 & 0 & 2 \\ 0 & 0 & 1 & -1 \end{pmatrix}.$$

所以原方程组的解为

$$x_1 = 1, \quad x_2 = 2, \quad x_3 = -1.$$

例 14-11 解线性方程组

$$\begin{cases} x_1 + x_2 - x_3 - x_4 = 1, \\ 2x_1 + 2x_2 + x_4 = 2, \\ x_1 + x_2 + x_3 + 2x_4 = 1. \end{cases}$$

解 对增广矩阵做初等行变换：

$$(\boldsymbol{A}\quad \boldsymbol{b})=\begin{pmatrix}1&1&-1&-1&1\\2&2&0&1&2\\1&1&1&2&1\end{pmatrix}\xrightarrow[r_3-r_1]{r_2-2r_1}\begin{pmatrix}1&1&-1&-1&1\\0&0&2&3&0\\0&0&2&3&0\end{pmatrix}$$

$$\xrightarrow{r_3-r_2}\begin{pmatrix}1&1&-1&-1&1\\0&0&2&3&0\\0&0&0&0&0\end{pmatrix}\xrightarrow[r_1+r_2]{r_3\times\frac{1}{2}}\begin{pmatrix}1&1&0&\frac{1}{2}&1\\0&0&1&\frac{3}{2}&0\\0&0&0&0&0\end{pmatrix}=(\boldsymbol{U}\quad \boldsymbol{d}),$$

得同解方程组

$$\begin{cases}x_1+x_2+\dfrac{1}{2}x_4=1,\\x_3+\dfrac{3}{2}x_4=0,\end{cases}\quad 或 \quad \begin{cases}x_1=1-x_2-\dfrac{1}{2}x_4,\\x_3=-\dfrac{3}{2}x_4,\end{cases}$$

令 $x_2=k_1,x_4=k_2$，得原方程组的解

$$\begin{cases}x_1=1-k_1-\dfrac{1}{2}k_2,\\x_2=k_1,\\x_3=-\dfrac{3}{2}k_2,\\x_4=k_2,\end{cases}\quad 或 \quad \begin{pmatrix}x_1\\x_2\\x_3\\x_4\end{pmatrix}=\begin{pmatrix}1\\0\\0\\0\end{pmatrix}+k_1\begin{pmatrix}-1\\1\\0\\0\end{pmatrix}+k_2\begin{pmatrix}-1/2\\0\\-3/2\\1\end{pmatrix},$$

其中 k_1,k_2 为任意常数.

例 14-12 解线性方程组

$$\begin{cases}x_1+2x_2+3x_3=2,\\2x_1-x_2-x_3=1,\\3x_1+x_2+2x_3=0.\end{cases}$$

解 对增广矩阵做初等行变换：

$$(\boldsymbol{A}\quad \boldsymbol{b})=\begin{pmatrix}1&2&3&2\\2&-1&-1&1\\3&1&2&0\end{pmatrix}\xrightarrow[r_3-3r_1]{r_2-2r_1}\begin{pmatrix}1&2&3&2\\0&-5&-7&-3\\0&-5&-7&-6\end{pmatrix}$$

$$\xrightarrow{r_3-r_2}\begin{pmatrix}1&2&3&2\\0&-5&-7&-3\\0&0&0&-3\end{pmatrix}=(\boldsymbol{U}\quad \boldsymbol{d}),$$

阶梯阵$(\boldsymbol{U}\quad \boldsymbol{d})$中最后一个非零行所表示的方程是 $0x_1+0x_2+0x_3=-3$，即 $0=-3$，这是一个矛盾方程，所以原方程组无解.

由上面的例子可以看出，一个线性方程组可能有解，也可能无解；有解时，可能有唯一解，也可能有无穷多解. 方程组 $\boldsymbol{Ax}=\boldsymbol{b}$ 是否有解，取决于它的增广矩阵化成的阶梯阵$(\boldsymbol{U}\quad \boldsymbol{d})$的最后一个非零行，当$(\boldsymbol{U}\quad \boldsymbol{d})$的最后一个非零行仅最后一个元素不为 0 时，该行

所表示的方程是矛盾的，方程组 $\boldsymbol{Ax}=\boldsymbol{b}$ 无解；否则，方程组 $\boldsymbol{Ax}=\boldsymbol{b}$ 有解. $(\boldsymbol{U} \quad \boldsymbol{d})$ 的最后一个非零行仅最后一个元素不为 0 等价于 $r(\boldsymbol{A} \quad \boldsymbol{b})=r(\boldsymbol{A})+1$，而 $r(\boldsymbol{A} \quad \boldsymbol{b})$ 只可能等于 $r(\boldsymbol{A})$ 或 $r(\boldsymbol{A})+1$. 于是，我们得到下面的定理.

定理 14-8 非齐次线性方程组 $\boldsymbol{Ax}=\boldsymbol{b}$ 有解的充分必要条件是 $r(\boldsymbol{A})=r(\boldsymbol{A} \quad \boldsymbol{b})$；有唯一解的充分必要条件是 $r(\boldsymbol{A})=r(\boldsymbol{A} \quad \boldsymbol{b})=n$；有无穷多解的充分必要条件是 $r(\boldsymbol{A})=r(\boldsymbol{A} \quad \boldsymbol{b})<n$.

例 14-13 当 a 为何值时，线性方程组

$$\begin{cases}2x_1-x_2+x_3+x_4=1,\\ x_1+2x_2-x_3+4x_4=2,\\ x_1+7x_2-4x_3+11x_4=a.\end{cases}$$

有解？有解时求出它的解.

解 对增广矩阵做初等行变换：

$$(\boldsymbol{A} \quad \boldsymbol{b})=\begin{pmatrix}2&-1&1&1&1\\1&2&-1&4&2\\1&7&-4&11&a\end{pmatrix}\xrightarrow{r_2\leftrightarrow r_1}\begin{pmatrix}1&2&-1&4&2\\2&-1&1&1&1\\1&7&-4&11&a\end{pmatrix}$$

$$\xrightarrow[r_3-r_1]{r_2-2r_1}\begin{pmatrix}1&2&-1&4&2\\0&-5&3&-7&-3\\0&5&-3&7&a-2\end{pmatrix}\xrightarrow{r_3+r_2}\begin{pmatrix}1&2&-1&4&2\\0&-5&3&-7&-3\\0&0&0&0&a-5\end{pmatrix}$$

$$=(\boldsymbol{U} \quad \boldsymbol{d}).$$

当 $a=5$ 时，$r(\boldsymbol{A} \quad \boldsymbol{b})=r(\boldsymbol{A})=2$，方程组有解；当 $a\neq5$ 时，$r(\boldsymbol{A} \quad \boldsymbol{b})=3$，方程组无解. 方程组有解时，继续用初等行变换将 $(\boldsymbol{U} \quad \boldsymbol{d})$ 化为行最简形：

$$(\boldsymbol{U} \quad \boldsymbol{d})\xrightarrow[r_1-2r_2]{r_2\times\left(-\frac{1}{5}\right)}\begin{pmatrix}1&0&1/5&6/5&4/5\\0&1&-3/5&7/5&3/5\\0&0&0&0&0\end{pmatrix},$$

同解方程组为

$$\begin{cases}x_1+\dfrac{1}{5}x_3+\dfrac{6}{5}x_4=\dfrac{4}{5},\\[2mm] x_2-\dfrac{3}{5}x_3+\dfrac{7}{5}x_4=\dfrac{3}{5},\end{cases}$$

令 $x_3=k_1, x_4=k_2$，得原方程组的解

$$\begin{cases}x_1=\dfrac{4}{5}-\dfrac{1}{5}k_1-\dfrac{6}{5}k_2,\\[2mm] x_2=\dfrac{3}{5}+\dfrac{3}{5}k_1-\dfrac{7}{5}k_2,\\[2mm] x_3=k_1,\\ x_4=k_2.\end{cases}$$

拓展阅读

一则历史注记:《九章算术》解方程组实例

关于《九章算术》,我们在第一篇数学文化中已有所介绍,此处再简单地介绍其发展历史.《九章算术》其作者已不可考,一般认为它是经由历代各家的增补修订,而逐渐发展完备成为现今定本的. 基本可以确定,此书是从西周时期贵族子弟必修的六门课程(六艺)之一的"九数"发展而来,经过西汉的两位数学家张苍、耿寿昌的整理和删补,其时大体已成定本,而最终成书应是东汉初期. 为首的张苍曾为汉文帝的丞相,在位期间亲自制定了律法和度量衡.《九章算术》内容十分丰富,全书总结了春秋、战国、秦、汉时期的数学成就,是一部综合性的历史著作,是当时世界上最简练有效的应用数学,它的出现标志中国古代数学形成了完整的体系. 下面特举"方程"中关于解三元一次方程组的一例:

今有上禾三秉,中禾二秉,下禾一秉,实三十九斗;上禾二秉,中禾三秉,下禾一秉,实三十四斗;上禾一秉,中禾二秉,下禾三秉,实二十六斗. 问上、中、下禾实一秉各几何?

答曰:上禾一秉,九斗四分斗之一;中禾一秉,四斗四分斗之一;下禾一秉,二斗四分斗之三.

方程术曰:置上禾三秉,中禾二秉,下禾一秉,实三十九斗,于右方. 中、左禾列如右方. 以右行上禾遍乘中行而以直除. 又乘其次,亦以直除. 然以中行中禾不尽者遍乘左行而以直除. 左方下禾不尽者,上为法,下为实. 实即下禾之实. 求中禾,以法乘中行下实,而除下禾之实. 余如中禾秉数而一,即中禾之实. 求上禾亦以法乘右行下实,而除下禾、中禾之实. 余如上禾秉数而一,即上禾之实. 实皆如法,各得一斗.

以上是《九章算术》中先问后答,最后置以解题方法的一贯过程. 解题的口诀是"术曰",解题的实际操作是用筹算. 为方便计,我们代之以阿拉伯数字将上述过程演算如下:

$$\begin{pmatrix}1&2&3\\2&3&2\\3&1&1\\26&34&39\end{pmatrix}\longrightarrow\begin{pmatrix}1&6&3\\2&9&2\\3&3&1\\26&102&39\end{pmatrix}\longrightarrow\begin{pmatrix}1&0&3\\2&5&2\\3&1&1\\26&24&39\end{pmatrix}\longrightarrow\begin{pmatrix}3&0&3\\6&5&2\\9&1&1\\78&24&39\end{pmatrix}$$

$$\longrightarrow\begin{pmatrix}0&0&3\\4&5&2\\8&1&1\\39&24&39\end{pmatrix}\longrightarrow\begin{pmatrix}0&0&3\\20&5&2\\40&1&1\\195&24&39\end{pmatrix}\longrightarrow\begin{pmatrix}0&0&3\\0&5&2\\36&1&1\\99&24&39\end{pmatrix}\longrightarrow\begin{pmatrix}0&0&3\\0&5&2\\4&1&1\\11&24&39\end{pmatrix}$$

$$\longrightarrow\begin{pmatrix}0&0&12\\0&20&8\\4&4&4\\11&96&156\end{pmatrix}\longrightarrow\begin{pmatrix}0&0&12\\0&20&8\\4&0&0\\11&85&145\end{pmatrix}\longrightarrow\begin{pmatrix}0&0&12\\0&4&8\\4&0&0\\11&17&145\end{pmatrix}\longrightarrow\begin{pmatrix}0&0&12\\0&4&0\\4&0&0\\11&17&111\end{pmatrix}$$

$$\longrightarrow\begin{pmatrix}0&0&4\\0&4&0\\4&0&0\\11&17&37\end{pmatrix}.$$

最后得：

下禾一秉为 11/4，即二斗四分斗之三；中禾一秉为 17/4，即四斗四分斗之一；上禾一秉为 37/4，即九斗四分斗之一.

上述方程组的解题方法称为“遍乘直除法”，这与通常所讲的“高斯消元法”完全一致，但是在时间上却早了大约 1800 年. 由于中国古代没有发展出一套数学符号，因此一般的代数运算法则及过程，都是通过口诀并且借着几个典型问题解法的演示，来达到说明的目的. “方程术”正是通过黍米产量这一具体问题演示了一般线性方程组的消元解法. 但符号系统的缺乏，客观上使得中国古代以及近代的数学难以得到进一步的发展.

第四节　线性方程组的应用

一、经济学中的线性方程组

1949 年夏末，哈佛大学教授里昂惕夫（Leontief，1906—1999）将包含美国经济信息（包括美国劳动统计局两年紧张工作所得到的总共 25 万多条信息）的最后一部分穿孔卡片插入 Mark Ⅱ计算机，经分类、归并，得到了 Mark Ⅱ计算机还不能处理的包含 500 个未知量、500 个方程的方程组. 里昂惕夫只好把问题简化为包含 42 个未知量、42 个方程的方程组. 经几个月的编程并在 Mark Ⅱ计算机上运行了 56 个小时后，才得到最后的答案，并由此打开了研究经济数学模型新时代的大门.

投入产出方法主要用于分析国民经济各个生产部门在产品的生产与消耗上的数量依存关系，反映各个部门之间的直接与间接联系，研究各个部门的综合平衡问题，因而是进行经济平衡与计划管理的一个重要工具. 现举下列一则简单例子用以说明.

例 14-14　里昂惕夫“投入-产出”简单交易模型：假设一个经济体系由煤炭、电力和钢铁三个部门组成，各部门之间的分配如表 14-2 所示，其中每一列中的数表示该部门总产出的比例，如表 14-3 中第二列，将电力的总产出分配如下：50%给钢铁部门，40%给煤炭部门，剩下 10%给电力部门（作为运转费用）. 求平衡价格使各部门的收支平衡.

表 14-2

部门的产出分配			采购部门
煤炭	电力	钢铁	
0.0	0.4	0.6	煤炭
0.6	0.1	0.2	电力
0.4	0.5	0.2	钢铁

解 设煤炭、电力和钢铁部门年度总产出的价格（单位：元）分别记为 p_C, p_E, p_S. 某一部门所在的一列表示它的产出的去向，它所在的一行表示它从哪些部门获得了投入. 例如，第一行表示煤炭部门接受（采购）40%的电力产出和 60%的钢铁产出，所以煤炭部门必须支付给电力部门 $0.4p_E$ 元，支付给钢铁部门 $0.6p_S$ 元，煤炭部门的总支出为 $(0.4p_E+0.6p_S)$元.

为使煤炭部门的总收入 p_C 等于它的总支出，有

$$p_C=0.4p_E+0.6p_S.$$

同理，电力部门和钢铁部门的收支平衡条件为

$$p_E=0.6p_C+0.1p_E+0.2p_S,$$

$$p_S=0.4p_C+0.5p_E+0.2p_S.$$

根据上述三个等式，得到以下齐次线性方程组

$$\begin{cases} p_C-0.4p_E-0.6p_S=0, \\ -0.6p_C+0.9p_E-0.2p_S=0, \\ -0.4p_C-0.5p_E+0.8p_S=0, \end{cases}$$

解此方程组

$$\begin{pmatrix} 1 & -0.4 & -0.6 \\ -0.6 & 0.9 & -0.2 \\ -0.4 & -0.5 & 0.8 \end{pmatrix} \longrightarrow \begin{pmatrix} 1 & -0.4 & -0.6 \\ 0 & 0.66 & -0.56 \\ 0 & -0.66 & 0.56 \end{pmatrix} \longrightarrow \begin{pmatrix} 1 & 0 & -0.94 \\ 0 & 1 & -0.85 \\ 0 & 0 & 0 \end{pmatrix},$$

得 $p_C=0.94p_S, p_E=0.85p_S$，其中 p_S 为自由未知量，可以任意取值. 按此比例关系，则每个部门的总收入和总支出相等，因而达到平衡.

二、构造有营养的减肥食谱

剑桥食谱是一种在 20 世纪 80 年代很流行的食谱，由剑桥大学 Howard 博士领导的科学家团队经过 8 年对过度肥胖者的临床研究后完成. 这种低热量的粉状食品精确地平衡了碳水化合物、高质量的蛋白质和脂肪，配合维生素、矿物质、微量元素和电解质. 近年来，众多肥胖者应用这一食谱实现了快速和有效的减肥.

例 14-15 表 14-3 是该食谱中的 3 种食物以及每 100 克食物所含某些营养素数量. 求出脱脂奶粉、大豆粉和乳清的某种组合,使该食谱每天能供给表 14-3 中规定的蛋白质、碳水化合物和脂肪的含量.

表 14-3

单位:克

营养素	每 100 克食物所含营养素数量			剑桥食谱每天供应量
	脱脂奶粉	大豆粉	乳清	
蛋白质	36	51	13	33
碳水化合物	52	34	74	45
脂肪	0	7	1.1	3

解 以 100 克为一个单位,为了保证减肥所要求的每日营养量,设每日需食用的脱脂牛奶 x_1 个单位,大豆面粉 x_2 个单位,乳清 x_3 个单位,则由所给条件得

$$\begin{cases} 36x_1 + 51x_2 + 13x_3 = 33, \\ 52x_1 + 34x_2 + 74x_3 = 45, \\ 7x_2 + 1.1x_3 = 3. \end{cases}$$

解此方程组得 $x_1 = 0.277$, $x_2 = 0.392$, $x_3 = 0.233$. 所以根据剑桥食谱,每天需要 27.7 克脱脂奶粉,39.2g 克大豆粉以及 23.3 克乳清.

习题十四

1. 求下列矩阵的秩:

(1) $\boldsymbol{A} = \begin{pmatrix} 2 & 0 & 3 & 1 & 4 \\ 3 & -5 & 4 & 2 & 7 \\ 1 & 5 & 2 & 0 & 1 \end{pmatrix}$;　(2) $\boldsymbol{A} = \begin{pmatrix} 1 & a & a & a \\ a & 1 & a & a \\ a & a & 1 & a \\ a & a & a & 1 \end{pmatrix}$.

2. 求下列矩阵的逆矩阵:

(1) $\boldsymbol{A} = \begin{pmatrix} 1 & 2 & 3 \\ 2 & 2 & 1 \\ 3 & 4 & 3 \end{pmatrix}$;　(2) $\boldsymbol{A} = \begin{pmatrix} 2 & 2 & 3 \\ 1 & -1 & 0 \\ -1 & 2 & 1 \end{pmatrix}$;

(3) $\boldsymbol{A} = \begin{pmatrix} 2 & 0 & 1 \\ 2 & -1 & 2 \\ 3 & 2 & 1 \end{pmatrix}$;　(4) $\boldsymbol{A} = \begin{pmatrix} 0 & 0 & 1 \\ 4 & 3 & 2 \\ 3 & 2 & -1 \end{pmatrix}$;

(5)$\boldsymbol{A}=\begin{pmatrix}1&1&1&1\\1&-1&1&-1\\1&-1&-1&1\\1&1&-1&-1\end{pmatrix}$;　　(6)$\boldsymbol{A}=\begin{pmatrix}1&2&3&4\\2&3&4&3\\3&4&3&2\\4&3&2&1\end{pmatrix}$.

3. 求下列矩阵方程中的 $\boldsymbol{X}$:

(1)$\begin{pmatrix}2&0&1\\2&-1&2\\3&2&1\end{pmatrix}\boldsymbol{X}=\begin{pmatrix}0&0&1\\4&3&2\\3&2&-1\end{pmatrix}$;　　(2)$\begin{pmatrix}0&0&1\\4&3&2\\3&2&-1\end{pmatrix}\boldsymbol{X}=\begin{pmatrix}2&0&1\\2&-1&2\\3&2&1\end{pmatrix}$.

4. 求解下列线性方程组:

(1)$\begin{cases}x_1+2x_2+3x_3+x_4=0,\\2x_1+x_2-2x_3-2x_4=0,\\x_1-x_2-4x_3-3x_4=0;\end{cases}$　　(2)$\begin{cases}x_1-2x_2+3x_3-x_4=1,\\3x_1-x_2+5x_3-3x_4=2,\\2x_1+x_2+2x_3-2x_4=3;\end{cases}$

(3)$\begin{cases}x_1+x_2+x_3+4x_4-3x_5=0,\\2x_1+x_2+3x_3+5x_4-5x_5=0,\\x_1-x_2+3x_3-2x_4-x_5=0,\\3x_1+x_2+5x_3+6x_4-7x_5=0;\end{cases}$　　(4)$\begin{cases}x_1+x_2+x_3+x_4+x_5=7,\\3x_1+x_2+2x_3+x_4-3x_5=-2,\\2x_2+x_3+2x_4+6x_5=23,\\8x_1+3x_2+4x_3+3x_4-x_5=12.\end{cases}$

5. 设有线性方程组

$$\begin{cases}(1+\lambda)x_1+x_2+x_3=0,\\x_1+(1+\lambda)x_2+x_3=3,\\x_1+x_2+(1+\lambda)x_3=\lambda,\end{cases}$$

问:λ 取何值时,此方程组(1)有唯一解;(2)无解;(3)有无穷多解?并在有无穷多解时求其通解.

6. 要调配一种酒,其主要成分 C_1,66.5%;C_2,19.5%;C_3,14.0%. 现有三种其他酒,其中含量为

	C_1	C_2	C_3
酒 1	0.7	0.2	0.1
酒 2	0.6	0.2	0.2
酒 3	0.65	0.15	0.2

问:能否配出所要的酒?配方比例为多少?

第四篇

概率统计

第十五章　概率统计

第一节　概　率

三四百年前，欧洲的许多国家盛行赌博之风，经常以“掷骰子”的形式进行赌博．赌徒在赌博的过程中发现了一些有趣的现象．例如，将一枚骰子连掷4次，至少出现一个6点的机会比较多，而同时将两枚骰子掷24次，至少出现一次“两个6点”的机会却很少．1654年，赌徒写信向法国数学家帕斯卡求教，帕斯卡与另一法国数学家费马进行了书信讨论，这是概率论(probability theory)史上最早的文献．此后，许多数学家，例如荷兰的惠更斯、瑞士的伯努利、法国的拉普拉斯等，在概率论的发展史上都作出了巨大的贡献．苏联数学家柯尔莫哥罗夫于1933年在他的《概率论基础》一书中首次给出了概率的公理化定义．他的公理化方法成为现代概率论的基础，使概率论成为一个严谨的数学分支．所以，经历了将近300年概率论才发展成为一门独立的学科．

一、随机试验与随机事件

自然界与人类社会中存在着两类现象：①确定性现象，指在一定条件下必定发生或必定不发生的现象．例如，在标准大气压下，水在100℃时会沸腾．②随机现象，指在一定条件下可能发生也可能不发生的现象．例如，买了一张彩票会中奖．概率论感兴趣的对象是随机现象，它是一门研究随机现象的数量规律性的学科．

在生活中，人们对概率的朴素认识是：它是对随机现象发生的可能性大小的一个度量，是一个取值在0到1之间的实数．例如：

(1)抛一枚均匀的硬币，出现正面朝上的概率为0.5；

(2)明天下雨的概率为0.8.

考察随机现象，必须分析这个随机现象的各种结果．弄清了随机现象的各种结果后，才能进一步研究随机现象的各种结果出现的可能性大小．满足下面三个条件的关于随机现象的观察、记录或实验被称为**随机试验**(random experiment)：

(1)可以在相同的条件下重复进行；

(2)事先知道所有可能出现的结果；

(3)在试验之前，无法预知哪一个结果会出现．

抛一枚质量均匀的硬币，观察正、反面，这是一个随机试验. 对某教室的听课人数进行登记，也是一个随机试验. 对于随机试验，每次试验不能预测其结果，这反映了随机试验结果的出现具有偶然性. 但如果进行大量重复试验，所出现的结果往往又具有某种规律性，称这种规律性为统计规律性. 例如，多次抛一枚质量均匀的硬币，正、反面出现的次数大致相等，这就是统计规律性.

称随机试验的所有可能结果构成的集合为**样本空间**(sample space)，记为 S. 称样本空间里的每一个元素，即随机试验的每一个基本结果，为**样本点**(sample point). 对于"抛一枚质量均匀的硬币，观察正、反面"这个随机试验，样本空间是

$$S=\{正面朝上,反面朝上\},$$

"正面朝上"和"反面朝上"是两个样本点.

例 15-1 考察杭州今天发生交通事故的次数，写出样本空间.

解 很显然，样本点是非负整数，其最小值是 0. 因为很难确定样本点的最大值，所以可以认为样本空间是全体非负整数：

$$S=\{0,1,2,\cdots\}.$$

有了样本空间，就可以定义随机事件(random event)了. 称样本空间的任一子集为随机事件，简称事件. 只含有一个样本点的子集称为基本事件. 在例 15-1 中，$A=\{0,1,2,\cdots,100\}$就是一个随机事件，它表示杭州今天发生交通事故的次数不超过 100 次；$B=\{0\}$也是一个随机事件，它表示杭州今天没有发生交通事故.

把事件定义为集合的好处是可以用集合论的方法来定义与理解事件的关系和运算规则. 全集 S 和空集 $\varnothing$ 都是 S 的子集，因此它们都是事件. 由于在每次试验中，S 一定发生(因为它包含了所有的样本点)，所以称 S 为必然事件；由于在每次试验中，$\varnothing$ 一定不发生(因为它不包含任何样本点)，所以称 $\varnothing$ 为不可能事件.

下面介绍事件的几种相互关系和运算规则. 设 A,B 为同一样本空间 S 中的两个事件.

(1)**事件的包含与相等**. 若事件 A 发生一定能导致事件 B 发生，则称事件 A 包含于事件 B，记为 $A\subset B$ 或 $B\supset A$.

若 $A\subset B$ 且 $B\subset A$，则称事件 A 与事件 B 相等，记为 $A=B$.

(2)**和事件**. 在集合论里，符号 $A\cup B$ 表示由集合 A 或集合 B 的元素构成的新集合，

$$A\cup B=\{x\mid x\in A 或 x\in B\}.$$

现 A,B 是随机事件，$A\cup B$ 是一个新的随机事件，称它是事件 A 和事件 B 的和事件. $A\cup B$ 发生当且仅当 A 与 B 至少有一个发生.

(3)**积事件**. 在集合论里，符号 $A\cap B$ 表示由集合 A 和集合 B 的公共元素构成的新集合，

$$A\cap B=\{x\mid x\in A 且 x\in B\}.$$

现 A,B 是随机事件，$A\cap B$ 是一个新的随机事件，称它是事件 A 和事件 B 的积事件(或交事件). $A\cap B$ 发生当且仅当 A 与 B 同时发生. 通常把 $A\cap B$ 写成 AB.

(4)**逆事件**. 在集合论里,符号 $\overline{A}$ 表示集合 A 的补集,它是由不属于 A 的元素构成的集合,

$$\overline{A}=\{x \mid x \notin A\}.$$

显然,$\overline{A}$ 也是一个随机事件,称它是 A 的逆事件(或余事件、对立事件). $\overline{A}$ 表示 A 不发生这一随机事件.

(5)**差事件**. 在集合论里,符号 $A\backslash B$ 表示集合 A 与集合 B 的差集,它是由属于集合 A 但不属于集合 B 的元素构成的集合,

$$A\backslash B=\{x \mid x \in A \text{ 且 } x \notin B\}.$$

现 A,B 是随机事件,$A\backslash B$ 是一个新的随机事件,称它是事件 A 和事件 B 的差事件. $A\backslash B$发生当且仅当 A 发生且 B 不发生,因此也可以把 $A\backslash B$ 写成 $A\cap\overline{B}=A\overline{B}$. 若 $B\subset A$,则 $A\backslash B$ 可写成 $A-B$.

(6)**互不相容事件**. 若事件 A 与事件 B 不能同时发生,即 $AB=\varnothing$,则称事件 A 与事件 B 互不相容(或互斥). 若 A 与 B 互不相容,则可把 $A\cup B$ 写成 $A+B$.

可以借助维恩图来理解事件的关系和运算,见图 15-1.

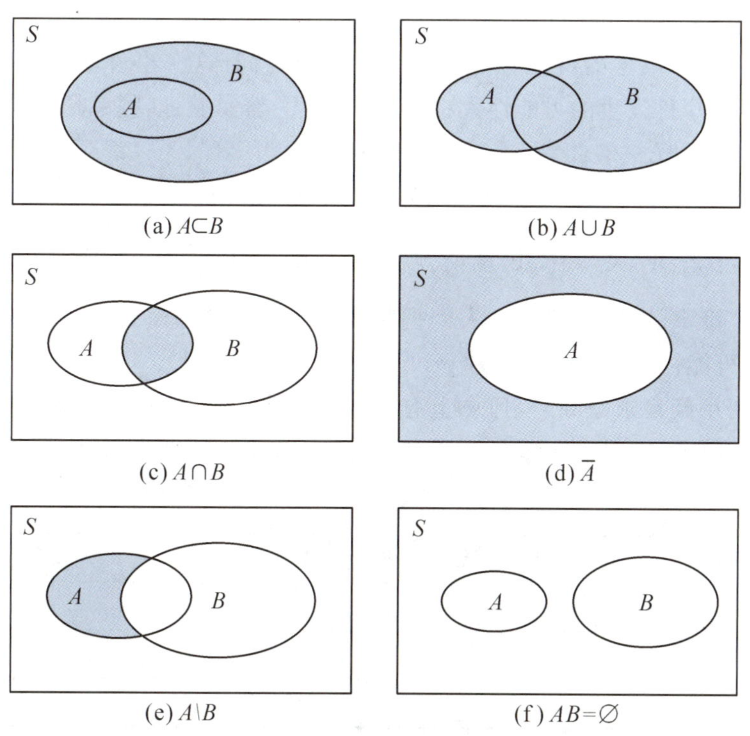

图 15-1

事件具有集合的一切运算规则:

(1)交换律:$A\cup B=B\cup A$,　　$A\cap B=B\cap A$;

(2)结合律:$A\cup(B\cup C)=(A\cup B)\cup C$,　　$A(BC)=(AB)C$;

(3)分配律:$A(B\cup C)=(AB)\cup(AC)$,　　$(AB)\cup C=(A\cup C)(B\cup C)$;

(4)对偶律：$\overline{\bigcup_{i=1}^{n} A_i} = \bigcap_{i=1}^{n} \overline{A_i}$，　　$\overline{\bigcap_{i=1}^{n} A_i} = \bigcup_{i=1}^{n} \overline{A_i}$.

例 15-2　假设 A,B,C 是 3 个事件. 用集合论的符号表示以下新的事件：

(1)A 与 B 都发生而 C 不发生；　　(2)A,B,C 都发生.

解　(1) $AB\overline{C} = AB\backslash C$；

(2)ABC.

二、概率的定义

下面介绍概率的统计定义. 首先介绍与此概念有密切关系的一个概念——频率. 在相同的条件下重复做 N 次试验，各次试验互不影响. 考察事件 A 出现的次数(称为频数)n，称

$$F_N(A) = \frac{n}{N}$$

为 A 在 N 次试验中出现的频率(frequency). 人们发现：当 N 很大时，频率会呈现某种稳定性，即在某常数附近摆动；当 $N\to\infty$时，频率趋向于某常数. 事件 A 发生的频率越大，人们就会感觉 A 发生的可能性越大；频率越小，就有这一事件不易发生的感觉. 因此，频率是人们对事件发生的可能性大小的第一认识. 容易验证，频率具有以下三种性质：

(1)非负性：对任一事件 A，$F_N(A) \geqslant 0$；

(2)规范性：$F_N(S) = 1$　(其中，S 为样本空间)；

(3)可加性：若 $A_1,A_2,\cdots,A_k$ 两两互不相容，则 $F_N\left(\sum_{i=1}^{k} A_i\right) = \sum_{i=1}^{k} F_N(A_i)$.

定义 15-1(概率的统计定义)　人们把频率所稳定到的那个常数表示事件 A 在一次试验中发生的可能性大小，称作**概率**(probability)，记为 $P(A)$.

例 15-3(利用频率求概率)　历史上有一些数学家进行抛硬币试验，结果见表 15-1. 记 A={抛一枚硬币，出现正面}，自然地，根据概率的统计定义，可以认为 $P(A)=0.5$.

表 15-1

试验者	抛硬币次数	出现正面次数	频率
浦丰	4040	2048	0.5069
皮尔逊	12000	6019	0.5016
皮尔逊	24000	12012	0.5005

下面介绍概率的古典定义，首先介绍与此概念有密切关系的一个概念——古典概率模型.

定义 15-2　在某随机试验中，若试验的样本点是有限个，且所有的样本点都是等可能发生的，则称这样的随机试验为古典概率模型.

定义 15-3(概率的古典定义)　在古典概率模型中，假设试验的样本点总数是 n，事

件 A 包含了其中的 n_A 个样本点，则定义 A 发生的概率为

$$P(A)=\frac{n_A}{n}.$$

容易验证，概率的古典定义具有以下三种性质：

(1)非负性：对任一事件 A，$P(A)\geqslant 0$；

(2)规范性：$P(S)=1$ （其中，S 为样本空间）；

(3)可加性：若 $A_1,A_2,\cdots,A_k$ 两两互不相容，则 $P\left(\sum_{i=1}^{k}A_i\right)=\sum_{i=1}^{k}P(A_i)$.

例 15-4 掷一颗均匀的骰子，记 $A=\{$所得点数为偶数$\}$，求 $P(A)$.

解 容易看出，样本空间 $S=\{1,2,3,4,5,6\}$，且这是一个古典概率模型，而 $A=\{2,4,6\}$，所以

$$P(A)=\frac{3}{6}=\frac{1}{2}.$$

例 15-5 袋子里中有 a 只白球，b 只黑球，随机地一只只摸球. (1)若是有放回地摸球，求第 k 次摸球为白球的概率；(2)若是不放回地摸球，求第 k 次摸球为白球的概率.

解 记 $A=\{$第 k 次摸球为白球$\}$.

(1)把球编号，不妨记 a 只白球的号码为 $1,2,\cdots,a$；b 只黑球的号码为 $a+1,a+2,\cdots,a+b$. 把第 k 次摸球所得的号码看成样本点. 则 $S=\{1,2,\cdots,a+b\}$，而 A 包含了其中的 a 个样本点：$A=\{1,2,\cdots,a\}$. 注意到这是一个古典概率模型，所以

$$P(A)=\frac{a}{a+b}.$$

(2)把球编号，编号方法同上. 把第 k 次摸球所得的号码看成样本点，可知样本空间仍是 $S=\{1,2,\cdots,a+b\}$，而 A 仍包含了其中的 a 个样本点：$A=\{1,2,\cdots,a\}$. 注意到这仍然是一个古典概率模型，所以

$$P(A)=\frac{a}{a+b}.$$

注 在例 15-5 中，不管是有放回地摸球还是不放回地摸球，第 k 次摸球为白球的概率大小是相同的. 更重要的是，此概率大小与摸球的顺序 k 无关. 所以摸球(或抽签)是公平的.

例 15-6 一个班级有 n 个同学，求至少有 2 个同学生日相同的概率.

解 记 $A=\{n$ 个同学中至少有 2 个同学生日相同$\}$. 把 n 个同学的生日情况看成样本点，则样本空间中有 365^n 个样本点(假设一年有 365 天). 容易看出这是一个古典概率模型，而事件 A 包含了其中的 $365^n-\mathrm{A}_{365}^n$ 个样本点，其中 A_{365}^n 是“没有同学生日相同”这一事件所包含的样本点个数，所以

$$P(A)=\frac{365^n-\mathrm{A}_{365}^n}{365^n}=1-\frac{\mathrm{A}_{365}^n}{365^n}.$$

对于给定的 n，可计算得到表 15-2 中的概率大小.

表 15-2

n	20	30	40	50	60	70	80
$P(A)$	0.411	0.706	0.891	0.970	0.994	0.9992	0.9999

```
> 1 - (choose(365,20) * factorial(20)/365^20)
[1] 0.4114384
```

注　在上面的 R 代码框里，第一行是代码，choose(365,20)表示组合数 C_{365}^{20}，factorial(20)表示 20!（即 20 的阶乘），第二行是 R 的输出结果．把 20 依次换成 30，40，…，80，即可算出其他的概率值．

概率的统计定义属于描述性定义，古典定义建立在"等可能性"基础之上，只适用于某些特定的概率模型．同时，对于"等可能性"的不同理解可能会导致不同的答案．因此，需要把统计概率和古典概率的性质进行抽象化，提出概率的公理化定义．这一工作由苏联数学家柯尔莫哥罗夫在 1933 年完成．

定义 15-4（概率的公理化定义）　设某随机试验所对应的样本空间为 S，对 S 中的事件，定义一个实值集函数 $P(\cdot)$，若它满足：

(1)非负性：对任一事件 A，$P(A)\geqslant 0$；

(2)规范性：$P(S)=1$；

(3)可列可加性：对可列个两两互不相容的事件 $A_1,A_2,\cdots,A_n,\cdots$，有

$$P\left(\sum_{i=1}^{\infty}A_i\right)=\sum_{i=1}^{\infty}P(A_i),$$

则称函数 $P(\cdot)$ 为概率函数，简称为概率．

根据概率的公理化定义，概率具有下列的性质．

(1) $P(\varnothing)=0$.

证明　对可列个两两互不相容的事件 $S,\varnothing,\varnothing,\cdots$，根据可列可加性，有

$$P(S+\varnothing+\varnothing+\cdots)=P(S)+P(\varnothing)+P(\varnothing)+\cdots,$$

又因为 $P(S+\varnothing+\varnothing+\cdots)=P(S)$，所以

$$P(S)=P(S)+P(\varnothing)+P(\varnothing)+\cdots,$$

两边消去 $P(S)$，就可得到

$$P(\varnothing)=0.$$

(2)有限可加性：若 $A_1,A_2,\cdots,A_n$ 两两互不相容，则

$$P\left(\sum_{i=1}^{n}A_i\right)=\sum_{i=1}^{n}P(A_i).$$

证明　令 $A_i=\varnothing,i>n$，再利用可列可加性和性质(1)即可推得有限可加性．

(3) $P(\overline{A})=1-P(A)$.

证明　因为 $S=A+\overline{A}$，所以根据有限可加性得

$$P(S)=P(A+\overline{A})=P(A)+P(\overline{A}),$$

此外，由概率的规范性知 $P(S)=1$，所以

$$P(\overline{A})=1-P(A).$$

(4)若 $B\subset A$，则 $P(A-B)=P(A)-P(B)$.

证明 因为 $A=B+(A-B)$ 且 B 与 $A-B$ 互不相容(可借助图 15-2(a)进行理解)，所以

$$P(A)=P(B)+P(A-B).$$

推论 15-1 若 $B\subset A$，则 $P(B)\leqslant P(A)$.

推论 15-2 对任何事件 B，有 $P(B)\leqslant 1$.

(5)加法公式：$P(A\cup B)=P(A)+P(B)-P(AB)$.

证明 因为 $A\cup B=A+(B-AB)$ 且 $AB\subset B$(可借助图 15-2(b)进行理解)，所以根据性质(2)和性质(4)得

$$P(A\cup B)=P(A)+P(B-AB)=P(A)+P(B)-P(AB).$$

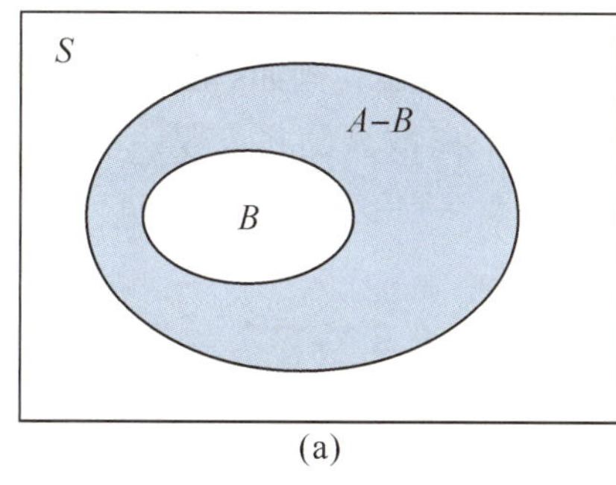

(a)

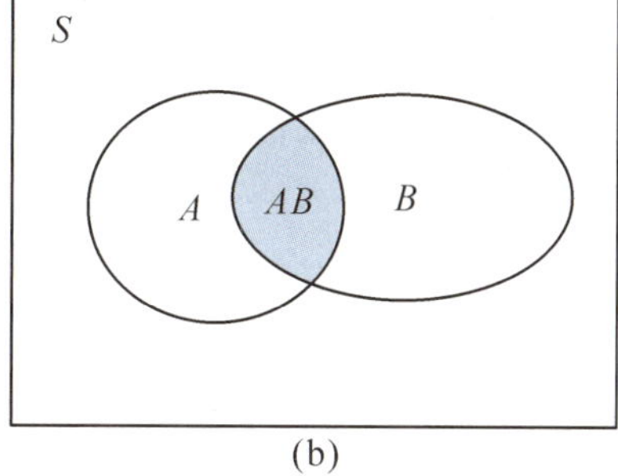

(b)

图 15-2

例 15-7 甲、乙两人从两地出发去火车站乘坐 8:00 的高铁列车. 已知甲、乙能赶上这趟车的概率分别是 0.7 和 0.8，甲、乙两人都能赶上的概率是 0.6. 求两人都没赶上这趟车的概率.

解 记 $A=\{$甲能赶上火车$\}$，$B=\{$乙能赶上火车$\}$. 由题意，

$$P(A)=0.7,\quad P(B)=0.8,\quad P(AB)=0.6,$$

所求概率为

$$\begin{aligned}P(\overline{A}\cap\overline{B})&=P(\overline{A\cup B})=1-P(A\cup B)=1-[P(A)+P(B)-P(AB)]\\&=1-(0.7+0.8-0.6)=0.1.\end{aligned}$$

三、随机变量

随机试验通常有两种类型的结果：数值型的和非数值型的. 例如，记录一天内手机收到的短信数，某高速公路一天的车流量，它们的试验结果都可以用数字来表示，我们称这些试验的结果是数值型结果. 此外，也有一些试验的结果不属于这种类型. 例如，抛一枚硬币观察正、反面，试验结果是正面朝上或反面朝上，这种试验结果就是非数值型的. 为了能够用数学的方法更好地描述和研究随机现象，必要时人们常常将非数值型

的试验结果数量化，即定义一个实数与非数值型的试验结果相对应．称这种随机试验结果的实值函数为随机变量．

定义 15-5 称定义在样本空间 S 上的实值函数 $X = X(e)$ 为随机变量．若一个随机变量仅取有限个或可列个实值，则称其为**离散型随机变量**．若一个随机变量的可能取值充满数轴上的某一个区间，则称其为**连续型随机变量**．

注 常用大写字母 X,Y,Z 等表示随机变量，其取值用小写字母 x,y,z 等表示．

与微积分中的变量不同，概率论中的随机变量 X 是一种"随机取值的变量"．以认识离散型随机变量为例，我们不仅要知道 X 取哪些值，而且还要知道它取这些值的概率分别是多大，这就需要概率分布的概念．有没有概率分布是区分一般变量与随机变量的主要标志．先来讨论随机变量的分布函数．

随机变量 X 是样本点 e 的一个实值函数，若 A 是某些实数组成的集合，则 $\{X \in A\}$ 表示如下的随机事件

$$\{e:X(e) \in A\}.$$

这就是可以用随机变量的某些取值来表示随机事件的依据．例如，记 X 表示掷一颗骰子出现的点数，则 X 的可能取值为 $1,2,\cdots,6$．这是一个离散型随机变量．事件 $A=\{$点数小于等于 3$\}$，可以表示为 $A=\{X \leqslant 3\}$．

定义 15-6 设 X 是一个随机变量，称

$$F(x) = P(X \leqslant x), \quad x \in \mathbf{R}$$

为随机变量 X 的**分布函数**．同时称 X 服从 $F(x)$，记为 $X \sim F(x)$．有时也用 $F_X(x)$ 来表明它是随机变量 X 的分布函数，而不是随机变量 Y 的分布函数．

对于离散型随机变量，除了可用分布函数描述它的概率分布外，还可用下面定义的分布列来描述其概率分布．

定义 15-7 设 X 是一个离散型随机变量，如果 X 的可能取值是 $x_1,x_2,\cdots,x_n,\cdots$，则称以下表达式

$$p(x_i):=P(X=x_i), \quad i=1,2,\cdots,n,\cdots$$

为 X 的**分布列**或**分布律**．

分布列也可用如下的方式来表示：

$$\begin{bmatrix} X: & x_1 & x_2 & \cdots & x_n & \cdots \\ P: & p(x_1) & p(x_2) & \cdots & p(x_n) & \cdots \end{bmatrix}.$$

分布列有以下两种基本性质：

(1)非负性：$p(x_i) \geqslant 0, \quad i \geqslant 1$；

(2)规范性：$\sum\limits_{i=1}^{\infty} p(x_i) = 1$．

由离散型随机变量 X 的分布列很容易写出 X 的分布函数：

$$F(x) = \sum_{x_i \leqslant x} p(x_i).$$

它是有限级(或无限级)的阶梯函数．在离散场合，常用来描述其分布的是分布列，而不

是分布函数,因为在求离散型随机变量 X 有关事件的概率大小的时候,用分布列比用分布函数来得更方便.

对于连续型随机变量,除了可用前面定义的分布函数描述它的概率分布外,还可用下面定义的概率密度函数来描述其概率分布.

定义 15-8 对于连续型随机变量 X,若存在某个非负的可积函数 $p(x)$,使得其分布函数 $F(x)$ 可写成

$$F(x)=\int_{-\infty}^{x}p(t)\mathrm{d}t,\quad x\in\mathbf{R},$$

则称 $p(x)$ 为 X 的**概率密度函数**,简称为**密度函数**.

注 $\int_{-\infty}^{x}p(t)\mathrm{d}t$ 的积分区间是无穷区间,所以称该积分为无穷积分,也称为广义积分. 该积分大小等于 $\lim\limits_{a\to-\infty}\int_{a}^{x}p(t)\mathrm{d}t$.

密度函数有以下两种基本性质:

(1)非负性:$p(x)\geqslant 0,\quad x\in\mathbf{R}$;

(2)规范性:$\int_{-\infty}^{\infty}p(x)\mathrm{d}x=1$.

根据密度函数的定义,连续型随机变量的分布函数 $F(x)$ 是连续函数,在 $p(x)$ 的连续点上 $F(x)$ 可导,且 $F'(x)=p(x)$. 连续型随机变量 X 落在任何一个区间 $(a,b]$ 上的概率可通过求定积分来确定:

$$P(a<X\leqslant b)=F(b)-F(a)=\int_{-\infty}^{b}p(x)\mathrm{d}x-\int_{-\infty}^{a}p(x)\mathrm{d}x=\int_{a}^{b}p(x)\mathrm{d}x.$$

因此,对任意的实数 c,

$$P(X=c)=\lim_{\varepsilon\to 0}\int_{c-\varepsilon}^{c}p(x)\mathrm{d}x=0.$$

也就是说,连续型随机变量等于任何一个实数的概率都为 0,这与离散型随机变量有本质的区别.

接下来介绍一个常见的连续型随机变量:正态(normal)分布随机变量.

定义 15-9 若随机变量 X 的密度函数为

$$p(x)=\frac{1}{\sqrt{2\pi}\sigma}\mathrm{e}^{-\frac{(x-\mu)^2}{2\sigma^2}},\quad x\in\mathbf{R},$$

其中,$\mu\in R,\sigma>0$,则称 X 服从参数为 (μ,σ^2) 的**正态分布**,记作

$$X\sim N(\mu,\sigma^2).$$

正态分布参数的几何和统计意义

$X\sim N(\mu,\sigma^2)$的密度函数的图像是一条钟形曲线,中间高,两头低,左右关于 $x=\mu$ 对称,μ 是正态分布的中心,X 在 $x=\mu$ 附近取值的可能性大,在两侧较远处取值的可能性小. 称参数 μ 为 $X\sim N(\mu,\sigma^2)$的均值,它度量了 X 的取值的平均大小;称参数 σ 为$X\sim N(\mu,\sigma^2)$的标准差,称 σ^2 为 $X\sim N(\mu,\sigma^2)$的方差,它们都度量了 X 的取值的散布程度.

此外,也称 μ 为正态分布的位置参数,如果 σ 保持不变,则密度函数曲线随着 μ 的变

化沿水平轴移动，形状不变，见图 15-3；称 σ 为尺度参数，如果 μ 保持不变，那么 σ 越大的正态分布其散布程度越大，曲线的峰越低，曲线越扁平，见图 15-4.

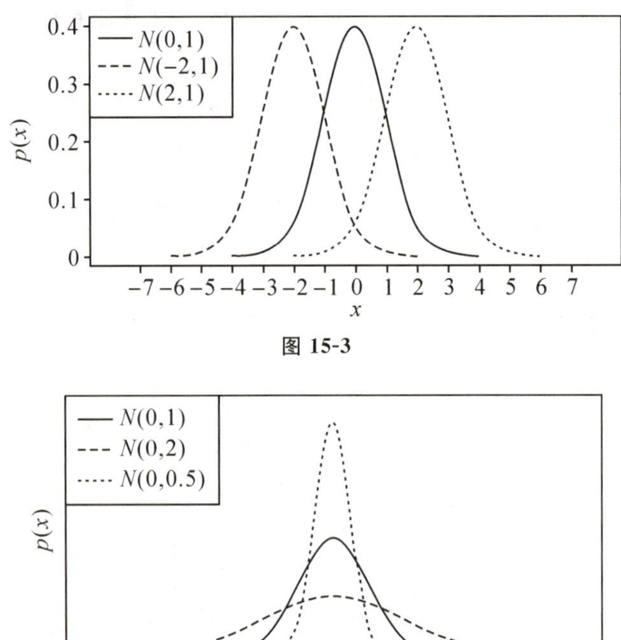

图 15-3

图 15-4

正态分布是概率论中最重要的分布. 这是因为：①正态分布是自然界中最常见的一种分布，如测量的误差、炮弹落点的分布、人的身高/体重、农作物的收获量、工厂产品的尺寸(如直径、宽度、高度、长度)等都近似服从正态分布；②一般说来，若影响某一数量指标的随机因素有很多，而每个因素所起的作用又不太大，则这个指标服从正态分布；③数理统计中一些重要的分布可以通过正态分布来导出(参考后面的统计知识).

$X \sim N(\mu,\sigma^2)$ 的分布函数为

$$F(x)=\frac{1}{\sqrt{2\pi}\sigma}\int_{-\infty}^{x}\mathrm{e}^{-\frac{(t-\mu)^2}{2\sigma^2}}\mathrm{d}t,\quad t\in\mathbf{R}.$$

它是一条单调增加的、连续的 S 形曲线，见图 15-5.

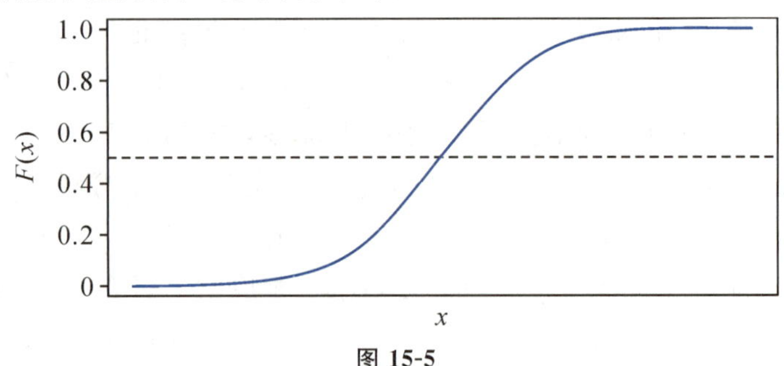

图 15-5

称 $\mu=0,\sigma=1$ 的正态分布 $N(0,1)$ 为**标准正态分布**. 通常记标准正态随机变量为 Z, 其密度函数记为 $\varphi(x)$, 分布函数记为 $\Phi(x)$, 即

$$\varphi(x)=\frac{1}{\sqrt{2\pi}}\mathrm{e}^{-x^2/2},\quad \Phi(x)=\frac{1}{\sqrt{2\pi}}\int_{-\infty}^{x}\mathrm{e}^{-t^2/2}\mathrm{d}t.$$

显然, $\varphi(x)$ 的图像关于 y 轴对称. 因此,不难看出

$$\Phi(-x)=1-\Phi(x),\quad x\in\mathbf{R},$$
$$P(Z>x)=1-\Phi(x),\quad x\in\mathbf{R},$$
$$P(a<Z<b)=\Phi(b)-\Phi(a),\quad a\leqslant b,$$
$$P(|Z|<c)=2\Phi(c)-1,\quad c\geqslant 0.$$

定理 15-1 若 $X\sim N(\mu,\sigma^2)$, 则 $(X-\mu)/\sigma\sim N(0,1)$.

证明 记 $Z=(X-\mu)/\sigma$. 此外, X 和 Z 的分布函数分别记为 $F_X(x)$ 和 $F_Z(z)$, 它们的密度函数分别记为 $p_X(x)$ 和 $p_Z(z)$. 由分布函数的定义,

$$F_Z(z)=P(Z\leqslant z)=P\left(\frac{X-\mu}{\sigma}\leqslant z\right)=P(X\leqslant \mu+\sigma z)$$
$$=\int_{-\infty}^{\mu+\sigma z}\frac{1}{\sqrt{2\pi}\sigma}\mathrm{e}^{-\frac{(t-\mu)^2}{2\sigma^2}}\mathrm{d}t$$
$$=\int_{-\infty}^{z}\frac{1}{\sqrt{2\pi}}\mathrm{e}^{-s^2/2}\mathrm{d}s\quad\left(令\frac{t-\mu}{\sigma}=s\right).$$

由于此分布函数处处可导,所以 Z 的密度函数为

$$p_Z(z)=\frac{\mathrm{d}}{\mathrm{d}z}F_Z(z)=\frac{1}{\sqrt{2\pi}}\mathrm{e}^{-z^2/2},\quad z\in\mathbf{R}.$$

即

$$Z=(X-\mu)/\sigma\sim N(0,1).$$

若 $X\sim N(\mu,\sigma^2)$, 则称 $(X-\mu)/\sigma$ 为 X 的标准化变换.

例 15-8("3σ"原则) 设 $X\sim N(\mu,\sigma^2)$. 求 $P(|X-\mu|<\sigma)$, $P(|X-\mu|<2\sigma)$, $P(|X-\mu|<3\sigma)$.

解 因为 $Z=(X-\mu)/\sigma\sim N(0,1)$, 所以

$$P(|X-\mu|<\sigma)=P(|Z|<1)=2\Phi(1)-1=0.6827,$$
$$P(|X-\mu|<2\sigma)=P(|Z|<2)=2\Phi(2)-1=0.9545,$$
$$P(|X-\mu|<3\sigma)=P(|Z|<3)=2\Phi(3)-1=0.9973.$$

这说明 X 的取值有 99.73%的可能性落在 $(\mu-3\sigma,\mu+3\sigma)$ 之间,落在该区间之外的可能性几乎为零.

```
> 2 * pnorm(1,0,1) - 1; 2 * pnorm(2,0,1) - 1; 2 * pnorm(3,0,1) - 1
[1] 0.6826895
[1] 0.9544997
[1] 0.9973002
```

注 pnorm(x,μ,σ)表示求均值为 μ，标准差为 σ 的正态分布随机变量的分布函数值$\Phi(x)$. 若 $\mu=0,\sigma=1$，则 pnorm(x,μ,σ)可写成 pnorm(x).

下面定义随机变量的独立性.

定义 15-10 对于随机变量 X 和 Y，若对任意的 $x,y\in\mathbf{R}$，都有

$$P(X\leqslant x,Y\leqslant y)=P(X\leqslant x)P(Y\leqslant y),$$

则称随机变量 X 和 Y 相互独立. 类似地，对于随机变量 $X_1,X_2,\cdots,X_n$，若对任意的 $x_1,x_2,\cdots,x_n\in\mathbf{R}$，都有

$$P(X_1\leqslant x_1,\cdots,X_n\leqslant x_n)=P(X_1\leqslant x_1)\cdots P(X_n\leqslant x_n),$$

则称随机变量 $X_1,X_2,\cdots,X_n$ 相互独立.

粗略地来说，如果随机变量 X 和 Y 的取值(或落在各自的取值区间内)互不影响，那么就说 X 和 Y 相互独立.

对于正态分布随机变量，有下面的深刻结论.

定理 15-2 假设 $X_1,X_2,\cdots,X_n$ 是相互独立的正态分布随机变量，$X_i\sim N(\mu_i,\sigma_i^2)$，$i=1,2,\cdots,n$，则对于任意的不全为零的实数 $c_1,c_2,\cdots,c_n$，线性组合

$$\sum_{i=1}^{n}c_iX_i\sim N\left(\sum_{i=1}^{n}c_i\mu_i,\sum_{i=1}^{n}c_i^2\sigma_i^2\right).$$

注 在定理 15-2 中，若 c_0 是另一实数，那么有

$$c_0+\sum_{i=1}^{n}c_iX_i\sim N\left(c_0+\sum_{i=1}^{n}c_i\mu_i,\sum_{i=1}^{n}c_i^2\sigma_i^2\right),$$

c_0 不影响 $c_0+\sum\limits_{i=1}^{n}c_iX_i$ 这个随机变量的方差. 这是因为一个随机变量加上一个常数相当于对这个随机变量的取值做了一个整体性平移，这种平移并不改变随机变量取值的散布程度.

例 15-9 假设每瓶速溶咖啡的注入量服从均值为 200 g，标准差为 2 g 的正态分布. 现在随机地抽取 10 瓶速溶咖啡，求平均重量超过 201 g 的概率.

解 记 X_i 为第 i 瓶速溶咖啡的注入量，$i=1,2,\cdots,10$，则 $X_i\sim N(200,2^2)$. 把 $X_1,X_2,\cdots,X_{10}$ 看成是相互独立的，则根据定理 15-2，有

$$Y=\frac{1}{10}\sum_{i=1}^{10}X_i\sim N\left(200,\frac{2^2}{10}\right).$$

因此，所求概率为

$$P(Y>201)=P\left(\frac{Y-200}{2/\sqrt{10}}>\frac{201-200}{2/\sqrt{10}}\right)=1-\Phi\left(\frac{\sqrt{10}}{2}\right)=0.0569.$$

```
> 1 - pnorm(sqrt(10)/2)
[1] 0.05692315
```

第二节 统 计

近代统计学的发展起源于20世纪初，它是在概率论的基础上发展起来的，但统计性质的工作可以追溯到远古的“结绳记事”和《二十四史》中大量的关于我国人口、钱粮、水文、天文、地震等资料的记录. 西方则把收集和整理国情资料的活动称为统计. “统计学”一词最早源于现代拉丁文 statisticum collegium（国会）. 亚里士多德写了150多种纪要，这些纪要被称为“城邦纪要”，其内容包括各城邦的历史、行政、科学、艺术、人口、资源和财富等社会和经济情况的比较分析，具有社会科学的特点. “城邦政情”式的统计研究延续了一两千年，直至17世纪中叶才逐渐被“政治算数”这个名词替代，并且很快演化为“统计学”（statistics）. 统计学依然保留了城邦（state）这个词根.

“政治算数”的特点是统计方法与数学计算和推理方法开始结合. 分析社会经济问题的方式更加注重运用定量分析方法. 1662年，英国统计学家格兰特组织调查伦敦的人口死亡率，并发表专著《从自然和政治方面观察死亡统计表》，称其学问为“政治算术”. 他发现人口出生率与死亡率相对稳定，提出了“大数恒静定律”. 之后，统计学的数学性质逐渐加重.

1690年英国学者配第出版《政治算数》一书作为这个阶段的起始标志. 配第用数字、重量和尺度将社会经济现象数量化，这些方法是近代统计学的重要特征. 因此，配第的《政治算数》被后来的学者评价为近代统计学的来源，配第本人也被评价为近代统计学之父.

1763年，英国统计学家贝叶斯发表《论机会学说问题的求解》，给出“贝叶斯定理”，从结果对原因进行后验概率的计算，可视为最早的数学化的统计推断.

19世纪末，欧洲大学开设的“国情纪要”或“政治算数”等课程名称逐渐消失，取而代之的是“统计分析科学”课程. 当时的“统计分析科学”课程的内容仍然是分析和研究社会经济问题.

现代统计学的代表人物首推比利时统计学家凯特勒和英国生物学家高尔顿，他们在数理统计方面的工作对现代数理统计的发展影响甚大. 凯特勒把统计方法应用于天文、数学、气象、物理、生物和社会学，且强调了正态分布的用途，他曾长期进行比利时国力调查且组织国际统计工作，使数理统计方法被方方面面的科学技术领域接受和重视. 高尔顿于1889年出版著作《自然的遗传》，引入回归分析方法，给出回归直线和相关系数的重要概念. 在同一时期，爱尔兰经济学家埃奇沃思引入了方差的概念.

从19世纪末到第二次世界大战结束，数理统计得到蓬勃发展并日臻成熟. 这一时期，英国数学家皮尔逊用数理统计的方法得出生物统计学和社会统计学的基本法则，进一步发展了回归分析和相关的理论，他于1900年提出检验拟合程度的 χ^2 统计量和 χ^2 分布，建立了 χ^2 检验法. 1908年，英国科学家戈塞特推导出 t 统计量及其精确分布，建立

了 t 检验法. χ^2 检验法讨论的是总体概念与群体现象，t 检验法则讨论小样本理论与随机现象.

随着研究的不断深入和社会实践发展的推动，统计学的理论与方法已渗透到自然科学、社会科学、工程技术以及日常生活等各个领域，并衍生出了一些新的学科分支，例如环境统计学、卫生统计学、生物统计学、金融统计学、人口统计学、体育统计学、管理统计学等.

一、统计量与抽样分布

在统计中，把研究对象的全体称为总体，总体中的每个成员称为个体. 例如，如果要调查全国的大学生，那么全国的大学生就构成了一个总体，而每一个大学生都是个体. 通常不会对总体的所有信息感兴趣，而只是对他的某个指标 X 感兴趣. 这个指标对于不同的个体有不同的取值，因此可看成是一个随机变量. 有时就把 X 称为总体. 假设 X 的分布函数为 $F(\cdot)$，也称 $F(\cdot)$ 为总体. 在实际中，总体的概率分布一般是未知的，或只是知道它具有某种形式，但其中包含着未知参数. 数理统计的主要任务是从总体中抽取一部分个体，根据这部分个体的信息对总体分布作出推断. 被抽取的那部分个体叫作总体的一个样本，其包含的个体数称为样本容量.

假设从总体 X 中随机地抽取 n 个个体，随着抽取个体的不同，指标 X 的取值也不同，分别记为 $X_1,X_2,\cdots,X_n$，称其为随机样本. 如果在抽取样本时，确保总体中的每个个体均有相同的概率被抽中，即 X_i 可能是总体中的任意一个个体，那么从理论上看，X_i 与总体 X 有相同的概率分布. 进一步地，假设每个个体被独立地抽取，则 $X_1,X_2,\cdots,X_n$ 可看成是独立同分布(都与 X 同分布)的随机变量序列.

定义 15-11 设总体 X 是具有分布函数 $F(\cdot)$ 的随机变量，$X_1,X_2,\cdots,X_n$ 是来自总体 X 的随机样本，若它们满足：

(1) $X_1,X_2,\cdots,X_n$ 是相互独立的随机变量序列；

(2)每一个 X_i 都与总体 X 有相同的概率分布，

则称 $X_1,X_2,\cdots,X_n$ 为来自总体 X 的**简单随机样本**.

我们约定：本章后面提到的“样本”均指简单随机样本. 对抽取的样本进行观察，得到一组实数：$x_1,x_2,\cdots,x_n$，称 $x_1,x_2,\cdots,x_n$ 为样本 $X_1,X_2,\cdots,X_n$ 的样本观察值(或观测值).

样本是对总体进行统计推断的依据，在获得了样本之后，下一步就是对样本进行加工、整理，从中提取出有用的信息，并根据这些信息对总体作出推断. 例如，某人计划利用国庆假期去北京旅游，出发之前想预估此次北京之旅的费用. 通过询问和调查，得到了 n 个人的北京旅行费用：$X_1,X_2,\cdots,X_n$，然后对这些数据进行分析，计算得到这 n 个人的平均旅行费用 $\overline{X}=\dfrac{1}{n}\sum\limits_{i=1}^{n}X_i$，那么可把 $\overline{X}$ 当作他的此次北京旅行费用的一个估计值.

定义 15-12 设 $X_1, X_2, \cdots, X_n$ 是来自总体 X 的一个样本，$g(X_1, X_2, \cdots, X_n)$ 是样本的函数，若 $g(X_1, X_2, \cdots, X_n)$ 不含任何未知参数，则称 $g(X_1, X_2, \cdots, X_n)$ 为统计量.

由于统计量不含未知参数，因此一旦有了样本观察值，就可以计算出统计量的值. 在统计学中，根据不同的统计推断目的可以构造出许多不同的统计量，下面是几种常见的统计量.

(1)样本均值： $\overline{X} = \dfrac{1}{n}\sum_{i=1}^{n} X_i$；

(2)样本方差： $S^2 = \dfrac{1}{n-1}\sum_{i=1}^{n}(X_i - \overline{X})^2$；

(3)样本标准差： $S = \sqrt{\dfrac{1}{n-1}\sum_{i=1}^{n}(X_i - \overline{X})^2}$.

样本的均值、方差和标准差的计算

一般地，用样本均值 $\overline{X}$ 作为总体均值的一个估计，用样本方差 S^2 作为总体方差的一个估计，用样本标准差 S 作为总体标准差的一个估计. 这一类的估计都称为**点估计**.

例 15-10 某寝室的 6 位同学在“微积分”期中考试中的成绩为

85， 88， 64， 76， 96， 71，

求该寝室同学的平均成绩和标准差.

解 平均成绩为

$$\bar{x} = \frac{1}{6}(85 + 88 + 64 + 76 + 96 + 71) = 80,$$

样本标准差为

$$s = \sqrt{\frac{(85-80)^2 + (88-80)^2 + (64-80)^2 + (76-80)^2 + (96-80)^2 + (71-80)^2}{6-1}} = 11.82.$$

```
> x = c(85,88,64,76,96,71)
> mean(x); sd(x)
[1] 80
[1] 11.81524
```

注 在样本方差的定义中，分母是 $n-1$，而不是 n. 分母“$n-1$”其实是 S^2 的自由度，为何它不等于 n? 可以这么理解：在表达式 $\sum_{i=1}^{n}(X_i - \overline{X})^2$ 中，每一个 $X_i - \overline{X}$ 都是随机变量，它们的取值看起来都是“自由的”. 但从整体看，$X_1 - \overline{X}, X_2 - \overline{X}, \cdots, X_n - \overline{X}$ 受制于一个线性约束：$\sum_{i=1}^{n}(X_i - \overline{X}) = 0$，即 $X_1 - \overline{X}, X_2 - \overline{X}, \cdots, X_n - \overline{X}$ 其实只有 $n-1$ 项是自由取值的. 因此，$\sum_{i=1}^{n}(X_i - \overline{X})^2$ 的自由度是 $n-1$.

统计量的概率分布称为抽样分布. 下面介绍数理统计中的两个重要的抽样分布：χ^2 分布和 t 分布.

定义 15-13 设 $X_1,X_2,\cdots,X_n$ 为独立同分布的随机变量序列，且都服从 $N(0,1)$. 记 $Y=\sum_{i=1}^{n}X_i^2$，则称 Y 服从自由度为 n 的 **χ^2 分布**，记为 $Y\sim\chi^2(n)$.

$\chi^2(n)$ 的密度函数的图像如图 15-6 所示(因为 χ^2 分布随机变量的取值是非负的，所以它的密度函数图像只出现在第一象限).

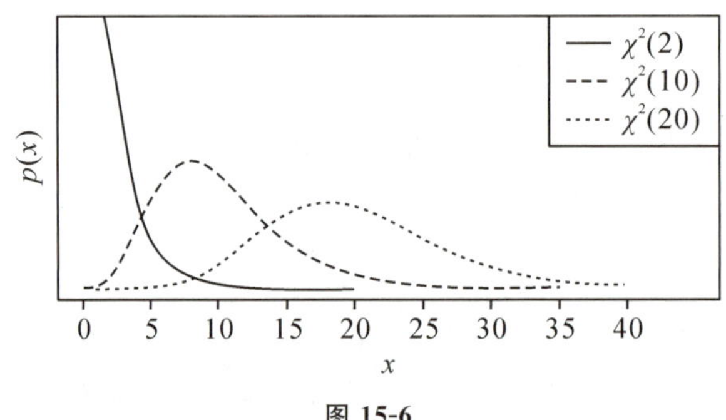

图 15-6

定义 15-14 设 $X\sim N(0,1)$，$Y\sim\chi^2(n)$，且 X 与 Y 相互独立，则称随机变量

$$t=\frac{X}{\sqrt{Y/n}}$$

服从自由度为 n 的 **t 分布**，记为 $t\sim t(n)$.

$t(n)$ 的密度函数图像如图 15-7 所示. t 分布的密度函数图像与标准正态随机变量的密度函数图像很相似，均是钟形、关于 y 轴对称. 实际上，若记 $t(n)$ 的密度函数为 $p_n(x)$，则可证明

$$\lim_{n\to\infty}p_n(x)=\frac{1}{\sqrt{2\pi}}\mathrm{e}^{-x^2/2},\quad x\in\mathbf{R},$$

即当自由度 $n\to\infty$ 时，$t(n)$ 就变成了标准正态随机变量(参考图 15-7).

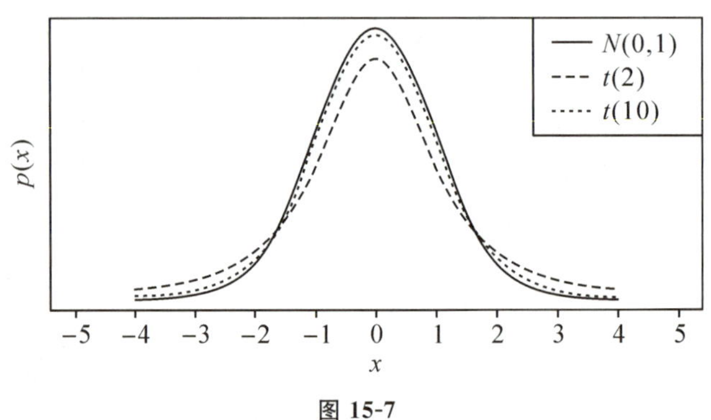

图 15-7

对于正态总体，样本均值的抽样分布有很漂亮的结果，这些结果为总体均值的统计推断打下了理论基础.

定理 15-3 设 $X_1,X_2,\cdots,X_n$ 是来自正态总体 $N(\mu,\sigma^2)$ 的样本，则

(1) $\overline{X} \sim N\left(\mu,\frac{\sigma^2}{n}\right)$;

(2) $\frac{(n-1)S^2}{\sigma^2} \sim \chi^2(n-1)$;

(3) $\overline{X}$ 与 S^2 相互独立.

定理 15-3(1)可由定理 15-2 直接推得. 定理 15-3(2)和定理 15-3(3)的证明较复杂,这里略去. 此外,利用标准化变换,由定理 15-3(1)可推出

$$\frac{\overline{X}-\mu}{\sigma/\sqrt{n}} \sim N(0,1).$$

但若把总体标准差 σ 替换成样本标准差 S,则左边不再服从 $N(0,1)$,而是服从 $t(n-1)$ 了,即有下面的定理.

定理 15-4 设 $X_1,X_2,\cdots,X_n$ 是来自正态总体 $N(\mu,\sigma^2)$ 的样本,则

$$\frac{\overline{X}-\mu}{S/\sqrt{n}} \sim t(n-1).$$

这个结论可由定理 15-3 和 t 分布的定义推得,有兴趣的读者可自行尝试一下.

注 t 分布是由英国人戈塞特(Gosset)发现的. 戈塞特是小样本统计理论的开创者、现代统计方法发展的先驱. 戈塞特出生于英国坎特伯雷市,求学于曼彻斯特学院和牛津大学,主要学习化学和数学. 1899 年他在一家酿酒厂工作,担任数据分析师. 在当时,由于分析的数据量往往很大,分析师们通常认为 $(\overline{X}-\mu)/(S/\sqrt{n})$ 服从 $N(0,1)$ 分布,并依据此结论进行数据分析. 但戈塞特发现当数据量不大时,$(\overline{X}-\mu)/(S/\sqrt{n})$ 的分布与 $N(0,1)$ 的分布有较大的差异. 他推导出前者的精确分布,称之为 t 分布. 1908 年,戈塞特以“学生”(student)为笔名在统计学杂志 *Biometrika* 上发表了他的这项成果. 因此,t 分布也被称为学生氏分布.

二、区间估计

前面曾简单介绍了点估计. 显然,总体参数的点估计值会随着样本观察值的不同而不同,基于某组样本资料计算得到的估计值与参数的真值之间往往存在一点偏差. 但由于参数的真值是未知的,因此偏差也是未知的. 如何正确地描述这个偏差呢? 点估计无法作出回答,这也是点估计的局限性. 下面介绍的区间估计正好弥补了这一缺陷.

定义 15-15 设 θ 是总体 X 的一个未知参数,$X_1,X_2,\cdots,X_n$ 是来自 X 的样本,若统计量 $\hat{\theta}_L=\hat{\theta}_L(X_1,X_2,\cdots,X_n)$ 和 $\hat{\theta}_U=\hat{\theta}_U(X_1,X_2,\cdots,X_n)$ 满足 $\hat{\theta}_L<\hat{\theta}_U$,且对给定的 $\alpha\in(0,1)$,有

$$P(\hat{\theta}_L<\theta<\hat{\theta}_U)\geqslant 1-\alpha,$$

则称随机区间 $(\hat{\theta}_L,\hat{\theta}_U)$ 是参数 θ 的置信水平为 $1-\alpha$ 的(双侧)置信区间,$\hat{\theta}_L$ 和 $\hat{\theta}_U$ 分别被称为参数 θ 的置信水平为 $1-\alpha$ 的双侧置信下限和双侧置信上限.

注 有时人们只关心未知参数 θ 取值的下限或者上限，例如，电池的寿命要越长越好，药品的毒性要越小越好. 所以，还需考虑单侧置信区间. 若 $P(\hat{\theta}_L<\theta)\geqslant 1-\alpha$，则称 $\hat{\theta}_L$ 是 θ 的置信水平为 $1-\alpha$ 的单侧置信下限，此时的置信区间是 $(\hat{\theta}_L,\infty)$；若 $P(\theta<\hat{\theta}_U)\geqslant 1-\alpha$，则称 $\hat{\theta}_U$ 是 θ 的置信水平为 $1-\alpha$ 的单侧置信上限，此时的置信区间是 $(-\infty,\hat{\theta}_U)$.

置信水平是置信区间覆盖 θ 的最低把握，因此它不能太小，即 α 通常取一个比较小的值，例如 0.01，0.05，0.1. 给定置信水平，置信区间不是唯一的，例如，若 $(\hat{\theta}_L,\hat{\theta}_U)$ 是 θ 的置信水平为 $1-\alpha$ 的置信区间，那么 $(\hat{\theta}_L-c,\hat{\theta}_U+c)$ 也是 θ 的置信水平为 $1-\alpha$ 的置信区间，只要 $c>0$ 即可. 但 c 越大，置信区间的精确度就越差，特别地，当 $c=\infty$ 时，置信区间为 $(-\infty,\infty)$，显然，这样的置信区间就没有什么意义了. 给定置信水平后，需要尽可能寻找长度最短的那个置信区间.

寻找置信区间的典型方法是枢轴量法. 所谓的枢轴量，其实就是一个与待估参数和样本有关的函数，同时要求它的概率分布完全已知（即不能含有任何未知参数）.

枢轴量法的具体步骤：

(1) 构造一个枢轴量 $G(X_1,X_2,\cdots,X_n;\theta)$；

(2) 给定置信水平 $1-\alpha$，若枢轴量是连续型随机变量，则选择一对常数 (a,b) 使得

$$P(a<G(X_1,X_2,\cdots,X_n;\theta)<b)=1-\alpha.$$

若枢轴量是离散型随机变量，则选择一对常数 (a,b) 使得

$$P(a<G(X_1,X_2,\cdots,X_n;\theta)<b)\geqslant 1-\alpha$$

且尽可能地接近 $1-\alpha$.

(3) 解步骤(2)中的不等式 $a<G(X_1,X_2,\cdots,X_n;\theta)<b$，求解后把它等价地写成

$$\hat{\theta}_L<\theta<\hat{\theta}_U,$$

那么 $(\hat{\theta}_L,\hat{\theta}_U)$ 就是 θ 的置信水平为 $1-\alpha$ 的置信区间.

注 (1) 当枢轴量 $G(X_1,X_2,\cdots,X_n;\theta)$ 的概率分布关于 y 轴对称时（如 $N(0,1)$ 和 t 分布），取 a 为此分布的 $\alpha/2$ 分位数（分位数的定义见本章最后一节），b 为此分布的 $1-\alpha/2$ 分位数，则可保证求得的置信区间 $(\hat{\theta}_L,\hat{\theta}_U)$ 是最优的，即它的区间长度最短. 若枢轴量 $G(X_1,X_2,\cdots,X_n;\theta)$ 的概率分布没有关于 y 轴对称，最优的置信区间仍是存在的，但往往不容易求解. 但为了计算方便，仍取 a 为此分布的 $\alpha/2$ 分位数，b 为此分布的 $1-\alpha/2$ 分位数.

(2) 若求 θ 的置信水平为 $1-\alpha$ 的单侧置信下限，则只需取出双侧置信区间 $(\hat{\theta}_L,\hat{\theta}_U)$ 的左端点 $\hat{\theta}_L$，把其表达式中的 $\alpha/2$ 改成 α 即可；若求 θ 的置信水平为 $1-\alpha$ 的单侧置信上限，则只需取出双侧置信区间 $(\hat{\theta}_L,\hat{\theta}_U)$ 的右端点 $\hat{\theta}_U$，把其表达式中的 $\alpha/2$ 改成 α 即可.

下面介绍总体均值 μ 的区间估计. 假设总体 $X\sim N(\mu,\sigma^2)$，$X_1,X_2,\cdots,X_n$ 是来自 X 的样本.

(1) 若 σ^2 已知，则由定理 15-3 知

$$\frac{\overline{X}-\mu}{\sigma/\sqrt{n}}\sim N(0,1)$$

是枢轴量. 给定置信水平 $1-\alpha$，取 $a=Z_{\alpha/2}, b=Z_{1-\alpha/2}$，则

$$P(Z_{\alpha/2}<\frac{\overline{X}-\mu}{\sigma/\sqrt{n}}<Z_{1-\alpha/2})=1-\alpha,$$

它等价于

$$P(\overline{X}-Z_{1-\alpha/2}\sigma/\sqrt{n}<\mu<\overline{X}-Z_{\alpha/2}\sigma/\sqrt{n})=1-\alpha.$$

注意到 $Z_{\alpha/2}=-Z_{1-\alpha/2}$，因此，$\mu$ 的置信水平为 $1-\alpha$ 的置信区间为

$$(\overline{X}-Z_{1-\alpha/2}\sigma/\sqrt{n}, \overline{X}+Z_{1-\alpha/2}\sigma/\sqrt{n}). \tag{15-1}$$

此外，μ 的置信水平为 $1-\alpha$ 的单侧置信下限是 $\overline{X}-Z_{1-\alpha}\sigma/\sqrt{n}$，$\mu$ 的置信水平为 $1-\alpha$ 的单侧置信上限是 $\overline{X}+Z_{1-\alpha}\sigma/\sqrt{n}$.

(2)若 σ^2 未知，则 $\dfrac{\overline{X}-\mu}{\sigma/\sqrt{n}}$ 不再是枢轴量，因为它包含了其他未知参数 σ. 由定理 15-4 知，此时的枢轴量是

$$\frac{\overline{X}-\mu}{S/\sqrt{n}}\sim t(n-1).$$

给定置信水平 $1-\alpha$，取 $a=t_{\alpha/2}(n-1), b=t_{1-\alpha/2}(n-1)$，则

$$P(t_{\alpha/2}(n-1)<\frac{\overline{X}-\mu}{S/\sqrt{n}}<t_{1-\alpha/2}(n-1))=1-\alpha,$$

可解出 μ 的置信水平为 $1-\alpha$ 的置信区间为

$$(\overline{X}-t_{1-\alpha/2}(n-1)S/\sqrt{n}, \overline{X}+t_{1-\alpha/2}(n-1)S/\sqrt{n}). \tag{15-2}$$

此外，μ 的置信水平为 $1-\alpha$ 的单侧置信下限是 $\overline{X}-t_{1-\alpha}(n-1)S/\sqrt{n}$，$\mu$ 的置信水平为 $1-\alpha$ 的单侧置信上限是 $\overline{X}+t_{1-\alpha}(n-1)S/\sqrt{n}$.

例 15-11 某工厂生产的零件长度 X 被认为服从 $N(\mu, 0.04)$，现从该产品中随机抽取 6 个，其长度的测量值(单位：毫米)为

14.6， 15.1， 14.9， 14.8， 15.2， 15.1.

求 μ 的置信水平为 0.95 的置信区间.

解 这是 $\sigma^2=0.04$ 已知的情形，可利用式(15-1)求解.

$$\sigma=0.2,\quad n=6,\quad 1-\alpha/2=1-0.05/2=0.975,$$

$$Z_{0.975}=1.96,\quad \bar{x}=14.95,$$

因此，μ 的置信水平为 0.95 的置信区间为

$$(14.95-1.96\times0.2/\sqrt{6}, 14.95+1.96\times0.2/\sqrt{6})=(14.79,15.11).$$

```
> x = c(14.6, 15.1, 14.9, 14.8, 15.2, 15.1)
> mean(x) - qnorm(0.975) * 0.2/sqrt(6); mean(x) + qnorm(0.975) * 0.2/sqrt(6)
[1] 14.78997
[1] 15.11003
```

例 15-12 设新生儿体重(单位：克) $X \sim N(\mu,\sigma^2)$，现测得某妇产医院的 16 名新生儿体重数据：

3200，3050，2600，3530，3840，4450，2900，4180，
2150，2650，2750，3450，2830，3730，3620，2270.

求 μ 的置信水平为 0.95 的置信区间.

解 这是 σ^2 未知的情形，可利用式(15-2)求解.

$$s = 665.4823,\quad n-1=15,\quad 1-\alpha/2 = 1-0.05/2 = 0.975,$$
$$t_{0.975}(15) = 2.13145,\quad \bar{x} = 3200,$$

因此，μ 的置信水平为 0.95 的置信区间为

$$(3200-2.13145\times665.4823/\sqrt{16},\ 3200+2.13145\times665.4823/\sqrt{16})=(2845.39,3554.61).$$

```
> x = c(3200, 3050, 2600, 3530, 3840, 4450, 2900, 4180, 2150, 2650, 2750,3450, 2830, 3730,
3620, 2270)
> mean(x) - qt(0.975,15) * sd(x)/sqrt(16); mean(x) + qt(0.975,15) * sd(x)/sqrt(16)
[1] 2845.39
[1] 3554.61
```

三、假设检验

每个人都会根据自己的认知和经验给出自己的判断，例如，医生通过临床经验对患者是否患有某种疾病进行初步的诊断. 这些依赖于经验所作出的判断有时与实际相一致，有时与实际有较大的偏差. 错误的判断会带来不同程度的损失，有时甚至会造成不可估量的后果. 因此，人们希望从实际的数据资料出发，不依赖人为主观因素，利用统计方法对感兴趣的问题作出合理的判断. 这就是本节要介绍的另一类统计推断——假设检验.

假设检验主要由英国的统计学家推动发展. 皮尔逊(Pearson)在 1900 年发表了一篇文章，讨论一组数据是否可看成来自某个特定的概率分布. 他把这个特定的概率分布看成一个假设，然后构造一个统计量来度量这组数据与该假设的差异. 他认为，若该差异仅仅是由抽样误差引起的，我们应接受这个假设；否则，应拒绝该假设. 后来，费歇尔(Fisher)、皮尔逊的儿子(称为小皮尔逊)以及奈曼(Neyman)发展了皮尔逊的思想并建立了假设检验的理论框架.

假设检验的基本思想与法院的审判过程是相似的. 无罪推定原则是现代法治国家刑事司法通行的一项重要原则. 所谓的无罪推定原则，是指“未经审判证明有罪前，假定被控告者无罪”. 法院在判定一个被告是否犯了某种罪之前，先假定被告是无罪的，当原告提供了足够的证据证明被告有罪时，法官便推翻了原先的“被告无罪”假设，从而宣判被告犯了某种罪行. 下面通过一个例子来分析如何进行假设检验.

例 15-13 设某种清漆的 9 个样品，其干燥时间(单位：小时)分别为

$$6.8,\quad 6.2,\quad 6.0,\quad 7.0,\quad 7.5,\quad 6.3,\quad 5.7,\quad 6.6,\quad 5.5.$$

根据以往经验，干燥时间服从正态分布 $N(6.0, 0.36)$，现根据样本检验均值是否与以往有显著差异？

解 根据假设，清漆的干燥时间 $X \sim N(\mu, \sigma^2)$，其中 $\sigma^2 = 0.36$. 联想到法院对被告的审判过程，假设"被告无罪"类似于假设"$\mu = 6.0$"，9 个样品的样本观察值类似于原告提供的证据. 这里，称"$\mu = 6.0$"为原假设或零假设(null hypothesis)，记为 H_0. 与之对立的假设，即"$\mu \neq 6.0$"，称为备择假设或对立假设(alternative hypothesis)，记为 H_1. 因此，对于这个例子，我们先写出假设：

$$H_0: \mu = 6.0, \quad H_1: \mu \neq 6.0. \tag{15-3}$$

接下来就是在样本观察值中寻找证据，作出接受 H_0 还是拒绝 H_0 的统计决策.

一般地，关于总体参数 θ 的假设有三种情形：

(1) $H_0: \theta \geqslant \theta_0, H_1: \theta < \theta_0$；

(2) $H_0: \theta \leqslant \theta_0, H_1: \theta > \theta_0$；

(3) $H_0: \theta = \theta_0, H_1: \theta \neq \theta_0$.

其中，θ_0 是已知常数. 在以上三种情形中，根据 H_1 中的 θ 落在 θ_0 的哪一边，称第(1)种情形为左边假设检验，称第(2)种情形为右边假设检验，称第(3)种情形为双边假设检验.

对于双边假设检验(3)，因样本均值 $\overline{X}$ 是总体均值 μ 的一个无偏估计(即 $E(\overline{X}) = \mu$)，$\overline{X}$ 的大小反映了 μ 的大小，因此，当 $H_0: \mu = 6.0$ 成立时，$|\overline{X} - 6.0|$ 的取值应偏小，若 $|\overline{X} - 6.0|$ 的取值偏大，大到一定程度后，我们就有充分的理由"判定原告有罪"，即拒绝 $H_0: \mu = 6.0$. 因此，制定如下检验规则：

当 $|\overline{X} - 6.0| > C$ 时，拒绝 $H_0: \mu = 6.0$；

当 $|\overline{X} - 6.0| \leqslant C$ 时，接受 $H_0: \mu = 6.0$.

如果统计量 $T = T(X_1, X_2, \cdots, X_n)$ 的取值大小与原假设是否成立有密切关系，那么可将 T 称为该假设检验问题的检验统计量，拒绝 H_0 时的样本空间称为拒绝域，记为 W，其补集称为接受域. 对于上述例子，我们把 $\overline{X} - 6.0$ 看成(初步的)检验统计量，其拒绝域为

$$W = \{\text{样本}: |\overline{X} - 6.0| > C\}.$$

如何确定临界值 C 呢？这与假设检验的两类错误有关.

由于样本的随机性，任何一个检验规则在应用时都有可能作出错误的决策. 称"原假设为真，但拒绝了原假设"的错误决策为**第Ⅰ类错误**(也称**弃真错误**)，其概率记为 α；称"原假设不真，但接受了原假设"的错误决策为**第Ⅱ类错误**(也称**存伪错误**)，其概率记为 β. 值得一提的是，$\alpha = \alpha(C)$ 是 C 的单调减少函数，$\beta = \beta(C)$ 是 C 的单调增加函数(感兴趣的读者可尝试自行推导这两个结论). 即，给定样本容量 n，无法找到临界值 C 使得 $\alpha(C)$ 和 $\beta(C)$ 都尽可能小，或者说犯两类错误的概率大小会相互制约. 统计学家奈曼和皮尔逊给出了下面的原则：首先控制犯第Ⅰ类错误的概率，即选定一个常数 $\alpha \in (0,1)$，

要求犯第Ⅰ类错误的概率不超过 α，再在满足这个约束条件的检验中，寻找使犯第Ⅱ类错误的概率尽可能小的检验．这就是假设检验理论中的奈曼-皮尔逊原则，其中的常数 α 称为**显著性水平**(significance level)．通常，取 $\alpha=0.1, 0.05$ 或 0.01.

在上述例子中，若取 $\alpha=0.05$，因为

$$\begin{aligned}\alpha=\alpha(C)&=P(|\overline{X}-6.0|>C \mid \mu=6.0)\\&=P\left(\frac{|\overline{X}-6.0|}{\sigma/\sqrt{n}}>\frac{C}{\sigma/\sqrt{n}} \mid \mu=6.0\right)\\&=P\left(|Z|>\frac{C}{\sigma/\sqrt{n}}\right)=2\left[1-\Phi\left(\frac{C}{\sigma/\sqrt{n}}\right)\right],\end{aligned}$$

那么根据奈曼-皮尔逊原则，C 必须满足

$$2\left[1-\Phi\left(\frac{C}{\sigma/\sqrt{n}}\right)\right]\leqslant 0.05, \tag{15-4}$$

即 $C\geqslant Z_{0.975}\sigma/\sqrt{n}$．由于犯第Ⅱ类错误的概率 $\beta(C)$ 是 C 的单调增加函数，所以取

$$C=Z_{0.975}\frac{\sigma}{\sqrt{n}}=1.96\times\frac{0.6}{\sqrt{9}}=0.392.$$

因此，假设检验的拒绝域为

$$W=\{\text{样本}:|\overline{X}-6.0|>0.392\}.$$

现在来分析当前的样本，寻找“证据”．根据样本观察值，计算得到 $\bar{x}=6.4$，$|\bar{x}-6.0|=0.4>0.392$．因此，“证据充分，判原告有罪”，即根据当前的样本数据，我们有 95%的把握拒绝原假设 H_0.

注 (1)从奈曼-皮尔逊原则可以看出，该原则是保护原假设的.

(2)若检验统计量是连续型随机变量，则可以简化奈曼-皮尔逊原则：直接让犯第Ⅰ类错误的概率达到允许的上界 α，这样可直接解出临界值 C．例如，把式(15-4)的不等号改为等号：$2\left[1-\Phi\left(\frac{C}{\sigma/\sqrt{n}}\right)\right]=0.05$，则可直接解出临界值 $C=Z_{0.975}\sigma/\sqrt{n}=0.392$.

回顾前面的分析过程，可把 $\frac{\overline{X}-6.0}{\sigma/\sqrt{n}}$ 看成此假设检验的最终检验统计量，其拒绝域为

$$W=\left\{\text{样本}:\frac{|\overline{X}-6.0|}{\sigma/\sqrt{n}}>C\right\}.$$

给定显著性水平 $\alpha=0.05$，根据奈曼-皮尔逊原则，可确定 $C=Z_{1-\alpha/2}=Z_{0.975}=1.96$．若 $H_0:\mu=6.0$ 为真，则 $P\left(\frac{|\overline{X}-6.0|}{\sigma/\sqrt{n}}>1.96\right)=P(|Z|>1.96)=0.05$，此概率值很小．我们把发生概率很小的事件称为小概率事件(通常要求概率值小于 0.05)，小概率事件在实际生活中几乎不会发生(在统计学中称为实际推断原理)．若根据当前的样本观察值，发现小概率事件发生了，那么我们自然就有充分的理由拒绝原假设了.

对于此例子，经过分析可知：左边假设检验和右边假设检验的检验统计量仍是 $\frac{\overline{X}-6.0}{\sigma/\sqrt{n}}$. 给定显著性水平 α，左边假设检验

$$H_0:\mu \geqslant 6.0,\quad H_1:\mu < 6.0 \tag{15-5}$$

的拒绝域为

$$W=\left\{\text{样本}:\frac{\overline{X}-6.0}{\sigma/\sqrt{n}}<-Z_{1-\alpha}\right\};$$

右边假设检验

$$H_0:\mu \leqslant 6.0,\quad H_1:\mu > 6.0 \tag{15-6}$$

的拒绝域为

$$W=\left\{\text{样本}:\frac{\overline{X}-6.0}{\sigma/\sqrt{n}}>Z_{1-\alpha}\right\}.$$

因此可认为：左边假设检验的拒绝域其实就是取出双边假设检验的左边拒绝域 $\left\{\text{样本}:\frac{\overline{X}-6.0}{\sigma/\sqrt{n}}<-Z_{1-\alpha/2}\right\}$ 并把 $\alpha/2$ 替换成 α 后而得到的样本空间，而右边假设检验的拒绝域其实就是取出双边假设检验的右边拒绝域 $\left\{\text{样本}:\frac{\overline{X}-6.0}{\sigma/\sqrt{n}}>Z_{1-\alpha/2}\right\}$ 并把 $\alpha/2$ 替换成 α 后而得到的样本空间.

在假设检验过程中，除了利用拒绝域作决策外，还可利用 p 值（p-value）来作决策. 实际上，统计分析软件通常都会计算 p 值，我们只需根据 p 值来作出相应的统计决策即可.

定义 15-16 当原假设为真时，检验统计量取比观察到的结果更为极端的数值的概率，称为 p 值.

p 值很小时，意味着极端事件（即小概率事件）发生了，而根据实际推断原理，小概率事件在一次试验中是几乎不会发生的，所以我们有充分的理由认为原假设不真. 事实上，p 值越小，证据就越充分，法官判定被告有罪的把握就越大，即拒绝原假设的信心就越足.

在刚才的例子中，记检验统计量 $\frac{\overline{X}-6.0}{\sigma/\sqrt{n}}$ 的样本观察值为 $z_0=\frac{\bar{x}-6.0}{\sigma/\sqrt{n}}$. 那么，对于双边假设检验(15-3)，

$$\begin{aligned} p\text{ 值} &= P\left(\frac{|\overline{X}-6.0|}{\sigma/\sqrt{n}}>|z_0|\,|\,H_0\text{ 为真}\right) \\ &= P(|Z|>|z_0|)=2[1-\Phi(|z_0|)]. \end{aligned}$$

显然，p 值 $<\alpha$ 等价于样本落入了拒绝域. 因此可根据 p 值来作统计决策：

当 p 值 $<\alpha$ 时，拒绝 $H_0:\mu=6.0$；

当 p 值 $\geqslant\alpha$ 时，接受 $H_0:\mu=6.0$.

给定显著性水平 $\alpha=0.05$，由于

$$z_0 = \frac{6.4-6.0}{0.6/\sqrt{9}} = 2,\quad p\text{ 值} = 2[1-\Phi(|z_0|)] = 0.0455 < \alpha,$$

所以我们作出拒绝 $H_0:\mu = 6.0$ 的决策. 对于左边假设检验(15-5),

$$p\text{ 值} = P\left(\frac{\overline{X}-6.0}{\sigma/\sqrt{n}} < z_0 \mid H_0\text{ 为真}\right) = P(Z < z_0) = \Phi(z_0);$$

对于右边假设检验(15-6),

$$p\text{ 值} = P\left(\frac{\overline{X}-6.0}{\sigma/\sqrt{n}} > z_0 \mid H_0\text{ 为真}\right) = P(Z > z_0) = 1-\Phi(z_0).$$

```
> 2 * (1 - pnorm(2))
[1] 0.04550026
```

总结假设检验的步骤,它包含以下 3 步:

(1)根据实际问题写出原假设和备择假设;

(2)写出检验统计量,并根据奈曼-皮尔逊原则确定假设检验的拒绝域;

(3)根据当前的样本是否落入拒绝域,作出相应的统计决策(若落入拒绝域,则拒绝 H_0).

其中,第(2)和第(3)步可改成:

(2)′写出检验统计量,并根据当前的样本资料计算 p 值;

(3)′比较 p 值与假设检验的显著性水平 α 的大小,作出相应的统计决策(若 p 值$<\alpha$,则拒绝 H_0).

注 在写出原假设和备择假设的时候需要注意以下几点:①等号一定要放在 H_0,否则无法确定 C 的大小;②基于无罪推定原则,假设检验的 H_0 应受到充分的保护(只有当证据非常充分时,才否定 H_0). 因此,H_0 代表了旧的信息,而 H_1 代表了新的信息(如工艺的改进、重要的新发现等). 此外,想要支持的新结论应放在 H_1.

假设检验与区间估计具有密切的联系. 例如,对于双边假设检验(15-3),若 μ 的置信水平为 $1-\alpha$ 的置信区间包含 6.0,则意味着在显著性水平 α 下,我们没有充分的理由拒绝原假设 $H_0:\mu = 6.0$. 反之,若 μ 的置信水平为 $1-\alpha$ 的置信区间不包含 6.0,则意味着在显著性水平 α 下,我们有 $(1-\alpha)\times 100\%$ 的把握拒绝原假设 $H_0:\mu = 6.0$. 对于上述例子,计算 μ 的置信水平为 0.95 的区间估计:

$$\begin{aligned}(\bar{x}-Z_{1-\alpha/2}\sigma/\sqrt{n},\ \bar{x}+Z_{1-\alpha/2}\sigma/\sqrt{n}) &= (6.4-1.96\times 0.6/\sqrt{9},\ 6.4+1.96\times 0.6/\sqrt{9})\\ &= (6.008, 6.792),\end{aligned}$$

该区间不包含 6.0,因此(以 95%的把握)作出拒绝 $H_0:\mu = 6.0$ 的决策.

```
> x = c(6.8, 6.2, 6.0, 7.0, 7.5, 6.3, 5.7, 6.6, 5.5)
> mean(x) - qnorm(0.975) * 0.6/sqrt(9); mean(x) + qnorm(0.975) * 0.6/sqrt(9)
[1] 6.008007
[1] 6.791993
```

在上述例子中，σ^2 是已知的. 但在实际问题中，σ^2 通常是未知的. 为解决这个问题，接下来介绍在实际生活中常用的 t 检验.

假设总体 $X \sim N(\mu, \sigma^2)$，σ^2 未知，$X_1, X_2, \cdots, X_n$ 是来自 X 的样本. 我们对 μ 的大小进行假设检验. 考虑双边假设检验：

$$H_0: \mu = \mu_0, \quad H_1: \mu \neq \mu_0,$$

其中 μ_0 是给定的常数. 若 H_0 为真，则 $\dfrac{|\overline{X} - \mu_0|}{S/\sqrt{n}}$ 的取值应偏小，拒绝域的形式为 $\left\{\text{样本}: \dfrac{|\overline{X} - \mu_0|}{S/\sqrt{n}} > C\right\}$. 给定显著性水平 α，让犯第 Ⅰ 类错误的概率达到允许的最大值 α，即令

$$P\left(\frac{|\overline{X} - \mu_0|}{S/\sqrt{n}} > C \mid \mu = \mu_0\right) = \alpha.$$

由定理 15-4 知，当 H_0 为真时，$\dfrac{\overline{X} - \mu_0}{S/\sqrt{n}} \sim t(n-1)$. 所以 $C = t_{1-\alpha/2}(n-1)$. 因此，该假设检验的检验统计量为

$$\frac{\overline{X} - \mu_0}{S/\sqrt{n}},$$

给定显著性水平 α，拒绝域为

$$W = \left\{\text{样本}: \frac{|\overline{X} - \mu_0|}{S/\sqrt{n}} > t_{1-\alpha/2}(n-1)\right\}.$$

记 t_0 为检验统计量 $\dfrac{\overline{X} - \mu_0}{S/\sqrt{n}}$ 的样本观察值，则相应的 p 值为

$$p\text{ 值} = P\left(\frac{|\overline{X} - \mu_0|}{S/\sqrt{n}} > |t_0| \mid \mu = \mu_0\right) = P(|t(n-1)| > |t_0|) = 2P(t(n-1) > |t_0|).$$

注 *左边假设检验 $H_0: \mu \geqslant \mu_0$，$H_1: \mu < \mu_0$ 的拒绝域为*

$$W = \left\{\text{样本}: \frac{\overline{X} - \mu_0}{S/\sqrt{n}} < -t_{1-\alpha}(n-1)\right\},$$

相应的 p 值为

$$p\text{ 值} = P\left(\frac{\overline{X} - \mu_0}{S/\sqrt{n}} < t_0 \mid \mu = \mu_0\right) = P(t(n-1) < t_0).$$

右边假设检验 $H_0: \mu \leqslant \mu_0$，$H_1: \mu > \mu_0$ 的拒绝域为

$$W = \left\{\text{样本}: \frac{\overline{X} - \mu_0}{S/\sqrt{n}} > t_{1-\alpha}(n-1)\right\},$$

相应的 p 值为

$$p\text{ 值} = P\left(\frac{\overline{X} - \mu_0}{S/\sqrt{n}} > t_0 \mid \mu = \mu_0\right) = P(t(n-1) > t_0).$$

例 15-14 某种原件的寿命 X（单位：小时）服从正态分布 $N(\mu, \sigma^2)$，其中 μ 和 σ^2 均未知. 现测得 16 个元件的寿命如下：

159， 280， 101， 212， 224， 379， 179， 264，

222， 362， 168， 250， 149， 260， 485， 170.

问：在显著性水平 0.05 下是否有理由认为元件的平均寿命大于 225 小时？

解 根据题意，我们想要支持的结论是 $\mu > 225$（或者根据样本观察值计算出 $\bar{x} = 241.5$，因此我们的新结论是 $\mu > 225$，把它放入 H_1）. 因此，这是右边假设检验：

$$H_0: \mu \leqslant 225, \quad H_1: \mu > 225.$$

给定显著性水平 $\alpha = 0.05$，检验统计量是 $\dfrac{\overline{X} - \mu_0}{S/\sqrt{n}}$，相应的拒绝域是

$$W = \left\{ 样本: \frac{\overline{X} - \mu_0}{S/\sqrt{n}} > t_{1-\alpha}(n-1) \right\}.$$

临界值 $t_{0.95}(15) = 1.75305$，$\dfrac{\overline{X} - \mu_0}{S/\sqrt{n}}$ 的样本观察值为

$$t_0 = \frac{241.5 - 225}{98.72588/\sqrt{16}} = 0.66852 < t_{0.95}(15),$$

因此样本没有落入拒绝域，我们没有充分的理由拒绝原假设. 所以，接受 H_0，认为元件的平均寿命不大于 225 小时.

用 R 软件进行分析，代码及结果如下，发现 p 值 $= 0.257 \geqslant \alpha = 0.05$. 因此，我们没有充分的理由拒绝原假设.

```
> x = c(159, 280, 101, 212, 224, 379, 179, 264, 222, 362, 168, 250, 149, 260, 485, 170)
> t.test(x, alternative = "greater", mu = 225, conf.level = 0.95)
        One Sample t-test
data: x
t = 0.66852, df = 15, p-value = 0.257
alternative hypothesis: true mean is greater than 225
95 percent confidence interval: 198.2321 Inf
sample estimates:
mean of x
    241.5
```

第三节　大数据介绍及应用

一、什么是大数据

大数据已经以多种形式渗透到我们的工作和生活之中. 使用搜索引擎在网络上查找信息或用手机查询出行路线等，都是在与大数据产品进行着交互. 近年来，建立在大

数据基础上的数据科学一直在帮助我们解决生活中最常见的问题.

大多数大数据分析方法都不是新的. 统计学是一门古老的学科,它的起源可以追溯到18世纪的数学家,如拉普拉斯和贝叶斯等. 机器学习是一门新兴学科,但已经有很多深入的研究和广泛的应用. 计算机科学从几十年前诞生起就在改变着我们的生活,但没有人认为它是一门新的学科. 那么,为什么大数据和数据科学被视为一个新的趋势呢?大数据的新颖性并非植根于最新的科学知识,而是源于一个重要的、颠覆性的技术演变——数据化. 数据化使以前从未量化过的世界得以进入数据时代. 从个人层面来看,商业网络、书籍、电影、食物、体育运动、购物、出行等等,无不在持续地数据化. 当我们在社交网络上与人交流时,我们的思想也在数据化. 在商务层面,公司正在把以前丢弃的半结构化数据,如网络活动日志、计算机网络活动记录、机械信号等进行数据化. 非结构化数据,如书面报告、电子邮件、语音记录等,现在不仅只是出于存档目的,还能加以分析利用.

然而,数据化并不是大数据革命的唯一要素. 另一个因素是数据分析的普遍化. 当大数据的概念还没有被提出来的时候,谷歌、雅虎、IBM 或 SAS 等大公司是这一领域的少数参与者. 在21世纪初,这些公司庞大的计算资源使它们能够利用分析技术开发和创新产品,对自己的业务作出决策,从而占据优势. 如今,这些公司与其他公司(还有个人)之间在分析技术上的差距正在缩小. 云计算允许任何个人或公司在短时间内分析大量数据. 实现解决方案所需的大多数关键算法不难找到,而且分析技术是免费的,因为开源开发是该领域的标准做法. 因此,几乎任何个人或公司都可以使用丰富的数据来作出基于数据的决策.

"大数据"这个词最早被提及是在1980年,著名的未来学家托夫勒在其所著的《第三次浪潮》中将其称颂为"第三次浪潮的华彩乐章". 2010年,库克尔在《经济学人》上发表的大数据专题报告《数据,无所不在的数据》中提到:"世界上有着无法想象的巨量数字信息,并以极快的速度增长. 从经济界到科学界,从政府部门到艺术领域,很多方面都已经感受到了这种巨量信息的影响. 科学家和计算机工程师已经为这个现象创造了一个新词汇:大数据." 库克尔也因此成为最早洞察大数据时代趋势的数据科学家之一.

关于"什么是大数据"这个问题,大家比较认可关于大数据的"**4V**"说法. 大数据的4个"V",或者说是大数据的四个特点,包含四个层面:数量(volume)、多样性(variety)、速度(velocity)和价值(value).

数量(volume),指数据量大. 人类进入信息社会以后,数据以自然方式增长,其产生不以人的意志为转移. 从1986年开始到2010年的20多年时间里,全球的数据量增长了100倍,今后的数据量增长速度将更快,我们正生活在一个"数据爆炸"的时代. 今天,人们已经可以随时随地、随心所欲地发布包括博客、微博、微信等在内的各种信息,产生大量的数据. 以后,随着物联网的推广和普及,各种传感器和摄像头将遍布我们工作和生活的各个角落,这些设备每时每刻都在自动产生海量数据.

多样性(variety),指数据类型繁多. 大数据的数据来源众多,科学研究、企业应用和

Web 应用等都在源源不断地生成新的数据. 生物大数据、交通大数据、医疗大数据、电信大数据、电力大数据、金融大数据等,都呈现出井喷式增长. 大数据的数据类型丰富,包括结构化数据和非结构化数据. 其中,前者占 10%左右,后者占 90%左右,种类繁多,主要包括邮件、音频、视频、微信、微博、位置信息、链接信息、手机呼叫信息、网络日志等.

速度(velocity),指处理速度快. 大数据时代的很多应用都需要基于快速生成的数据给出实时分析结果,用于指导生产和生活实践. 著名的"1 秒定律"就是指对处理速度方面一般要在秒级时间范围内给出分析结果,时间太长就失去价值了. 这个速度要求是大数据处理技术与传统的数据挖掘技术最大的区别.

价值(value),指价值密度低. 大数据虽然看起来很美,但是价值密度却远远低于传统数据库中已经有的那些数据. 在大数据时代,很多有价值的信息都是分散在海量数据中的. 以小区监控视频为例,如果没有意外事件发生,连续不断产生的数据都是没有价值的,即使发生偷盗等意外情况时,也只有记录了事件发生过程的那一小段视频是有价值的. 但是,为了能够获得发生偷盗等意外情况时的那一段宝贵的视频,我们不得不投入大量资金购买监控设备、网络设备、存储设备等,耗费大量的电能和存储空间来保存摄像头连续不断传来的监控数据.

数据科学是统计学的进化和扩展. 它将计算机科学的方法添加到统计学工具库中,所以能够处理大量的数据. 数据科学家与统计学家的主要区别是前者具有处理大数据以及在机器学习、计算和算法构建方面的经验和能力. 他们的工具也有所不同,数据科学家的工作会更频繁地使用 Hadoop、Pig、Spark、R、Python 和 Java 等软件. 本章的最后内容将介绍 R 语言,它是一种免费的、优秀的数据科学语言.

在商业和非商业环境中使用大数据几乎无处不在. 例如,金融机构使用数据科学来预测股票市场、确定贷款风险,并学习如何吸引新客户. 目前世界上至少有 50%的交易是基于量化交易算法自动执行的,这些都是在大数据和数据科学的帮助下实现的.

商业大数据分析的一个典型例子是"啤酒与尿布"的关联关系挖掘. "啤酒与尿布"这个案例刊登在 1998 年的《哈佛商业评论》上. 在 20 世纪 90 年代的美国沃尔玛超市中,超市的管理人员在分析销售数据时发现了一个令人难以理解的现象:啤酒与尿布这两种看上去毫无关系的商品经常会出现在同一个购物篮里,这种独特的销售现象引起了管理人员的注意,经过调查发现,这种现象基本发生在年轻的父亲身上. 销售人员对这种现象的解释为:在美国有婴儿的家庭中,一般是母亲在家照看婴儿,年轻的父亲前去超市购买尿布. 年轻的父亲在购买尿布的同时,往往会顺便为自己购买啤酒,这样就会发生啤酒和尿布这两种看上去不相干的商品经常会出现在同一个购物篮里的现象. 沃尔玛超市的管理人员发现了这一独特的现象,在卖场尝试将啤酒与尿布摆放在相同的区域,让年轻的父亲可以同时找到这两种商品,沃尔玛超市也因此提高了销售收入.

政府也意识到大数据的价值. 许多政府组织不仅依靠内部的数据科学家挖掘有价值的信息,还与公众分享他们的数据. 政府组织中的数据科学家研究各种项目,例如识别电信欺诈和其他犯罪活动. 斯诺登向我们提供了一个著名的例子,他泄露了美国国家安全局和英国政府通信总部的内部文件，显示了他们如何使用大数据和数据科学来监控数百万人．这些组织从广泛的应用程序，例如谷歌地图、愤怒的小鸟、电子邮件和短信，以及许多其他数据来源中收集了 5 亿条数据记录，然后应用数据科学技术来提取信息．

数据科学领域有许多经典的数据分析算法，例如，决策树、支持向量机、AdaBoost、K-means、EM、朴素贝叶斯等．下面介绍其中的两种算法：决策树和 K-means．决策树是一种用于回归和分类的算法，K-means 是一种用于聚类的算法．

二、决策树

决策树(decision tree)采用“分而治之”的策略处理问题，这种方法简单且易于解释．决策树根据分层和分割的方式把自变量空间(即由自变量的所有可能取值构成的集合)划分为一些简单区域．对于给定的待预测的观测，用它所属区域中的训练观测(即用于统计建模的样本数据)的平均值或众数对其进行预测．由于划分自变量空间的分裂规则可以被形容为一棵树，所以此类方法被称为决策树方法．

决策树具有非常直观的结构，能根据安排在树形结构里的一系列规则来对因变量进行预测．建模的因变量可以是数值型的，此时利用决策树来处理回归问题；建模的因变量也可以是类别型的，此时利用决策树来处理分类问题．决策树应用于回归问题时称为**回归树**(regression tree)，应用于分类问题时则称为**分类树**(classification tree)．决策树的主要优点是模型具有可读性，预测的速度快．学习时，利用训练观测，根据一定的原则建立决策树模型．得到新的观测后，可马上利用决策树模型进行预测．下面仅介绍分类树．

为引入分类树，先来看一个简单的例子．假设某工厂在年末对一线工人进行考核，考核分为“普通”“良好”和“优秀”三类，优秀的比例需限制在一定的百分比之内．为此目的，随机选取 100 个工人(这就是训练观测)，分析他们的出勤数(记为 X_1，单位：天)和完成的产品数(记为 X_2，单位：件)，并制定如下规则：若出勤数小于 280 天，则认为表现“普通”；若出勤数不小于 280 天，则根据完成的产品数进一步细分，若完成的产品数小于 1500 件，则认为表现“良好”，否则认为表现“优秀”．上面这个过程就是利用训练观测进行统计建模的过程，建模得到的回归树如图 15-8 所示．有了这棵分类树，对于一个训练观测之外的工人，就可以按照出勤数和完成的产品数对该工人进行分类．

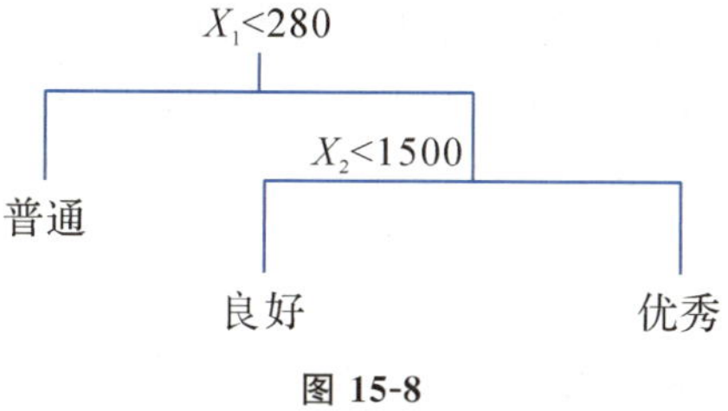

图 15-8

这棵树将工人们归入关于自变量 X_1 和 X_2 的三个区域：出勤数小于 280 天的、出勤数不小于 280 天且完成的产品数小于 1500 件的、出勤数不小于 280 天且完成的产品数不小于 1500 件的. 记 $X=(X_1,X_2)$，这三个区域可记为

$$R_1=\{X \mid X_1<280\},$$
$$R_2=\{X \mid X_1\geqslant 280, X_2<1500\},$$
$$R_3=\{X \mid X_1\geqslant 280, X_2\geqslant 1500\}.$$

在这三个区域中，预测的类别分别是“普通”“良好”和“优秀”. 区域 R_1，R_2 和 R_3 被称为树的**叶节点**(leaf node). 在图 15-8 中，决策树是从上到下绘制而成的，叶节点位于树的底部.

一般情况下，$X=(X_1,X_2,\cdots,X_p)$，总类别数为 J. 那么，建立分类树的过程大致可分为两步：

第一步，将自变量空间分割成 J 个互不相容的区域 $R_1,R_2,\cdots,R_J$.

第二步，对落入区域 R_j 的每个观测作同样的预测，预测值取为 R_j 上训练观测的因变量的众数(即最常见的类别).

举个例子，若在第一步中得到两个区域 R_1 和 R_2，R_1 上的训练观测的因变量的众数为类别 i，R_2 上训练观测的因变量的众数为类别 j. 那么，对于给定的观测 $x=(x_1,x_2,\cdots,x_p)$，若 $x\in R_1$，则给出的类别预测为 i；若 $x\in R_2$，则给出的类别预测为 j.

建立分类树的第一步是至关重要的. 如何构建区域 $R_1,R_2,\cdots,R_J$ 呢？理论上，区域的形状可以是任意的，但出于简化模型和增加模型的可解释性的考虑，通常将自变量空间划分为高维矩形，或称为盒子. 划分(或分裂)的标准是什么呢？通常采用以下三个指标：

(1)**分类错误率**(classification error rate). 既然要将给定区域内的观测都分到此区域的训练观测中最常出现的类别中，那么分类错误率可以如下定义：此区域的训练观测中非最常出现的类别所占的比例，其数学表达式为

$$E_m=1-\max_k \hat{p}_{mk},$$

其中 $\hat{p}_{mk}$ 表示第 m 个区域的训练观测中第 k 类所占的比例. 但实践表明，分类错误率在构建分类树的过程中不够敏感.

(2)**基尼指数**(Gini index). 第 m 个节点的基尼指数定义为

$$G_m=\sum_{k=1}^{K}\hat{p}_{mk}(1-\hat{p}_{mk}),$$

这里，K 表示类别总数. 基尼指数衡量了 K 个类别的差异程度. 容易看出，若所有的 $\hat{p}_{mk}$ 的取值都接近 0 或 1，那么基尼指数会很小. 因此基尼指数可用来衡量节点的纯度. 如果它的值较小，则意味着第 m 个节点所包含的观测值几乎都来自同一类别.

(3)**熵**(entropy). 它的定义为

$$D_m=-\sum_{k=1}^{K}\hat{p}_{mk}\ln(\hat{p}_{mk}).$$

由于 $0\leqslant\hat{p}_{mk}\leqslant1$，可知 $-\hat{p}_{mk}\ln(\hat{p}_{mk})\geqslant0$. 显然，如果所有的 $\hat{p}_{mk}$ 的取值都接近于 0 或 1，那么熵的取值接近于 0. 因此，与基尼指数类似，若第 m 个节点的纯度较高，则熵的值较小.

例 15-15 假设有一批数据：0.2，0.4，0.8，0.5，0.1，求相应的基尼指数和熵. 若有另一批数据：0.05，0.1，0.9，1，0.95，求相应的基尼指数和熵.

解 对于第一批数据，其基尼指数为

$$\begin{aligned}G&=0.2\times(1-0.2)+0.4\times(1-0.4)+0.8\times(1-0.8)+0.5\times(1-0.5)+\\&\quad 0.1\times(1-0.1)\\&=0.9;\end{aligned}$$

熵为

$$\begin{aligned}D&=-[0.2\times\ln(0.2)+0.4\times\ln(0.4)+0.8\times\ln(0.8)+0.5\times\ln(0.5)+\\&\quad 0.1\times\ln(0.1)]\\&=1.4438.\end{aligned}$$

对于第二批数据，其基尼指数为

$$\begin{aligned}G&=0.05\times(1-0.05)+0.1\times(1-0.1)+0.9\times(1-0.9)+1\times(1-1)+\\&\quad 0.95\times(1-0.95)\\&=0.275;\end{aligned}$$

熵为

$$\begin{aligned}D&=-[0.05\times\ln(0.05)+0.1\times\ln(0.1)+0.9\times\ln(0.9)+1\times\ln(1)+\\&\quad 0.95\times\ln(0.95)]\\&=0.5236.\end{aligned}$$

所以，无论是用基尼指数还是用熵来衡量，第二批数据的纯度都要高于第一批数据.

```
> a = c(0.2,0.4,0.8,0.5,0.1)
> sum(a[1:5] * (1 - a[1:5])); - sum(a[1:5] * log(a[1:5]))
[1] 0.9
[1] 1.443751
> b = c(0.05,0.1,0.9,1,0.95)
> sum(b[1:5] * (1 - b[1:5])); - sum(b[1:5] * log(b[1:5]))
[1] 0.275
[1] 0.5235982
```

因为基尼指数和熵这两个指标对节点的纯度更敏感，所以在构建分类树的过程中常用它们来衡量特定分裂点的分裂效果. 但若我们的目标是追求更高的预测准确性的话，此时建议选择分类错误率这一指标.

遗憾的是，即使有了上述的划分标准，但要考虑将自变量空间划分为 J 个矩形区域的所有可能性在计算上往往是不可行的. 因此，一般采用一种自上而下、贪婪的方法：递归二叉分裂. 自上而下指的是它从树的顶端开始依次分裂自变量空间，每个分裂点产

生两个新的分支. 贪婪指的是在构建树的每一过程中,“最优”分裂仅限于某一局部过程,而不是针对全局过程.

在执行递归二叉分裂时,先选择自变量 X_j 和分割点 s, 将自变量空间划分为两个区域 $\{X \mid X_j < s\}$ 和 $\{X \mid X_j \geqslant s\}$, 使划分指标(即分类错误率、基尼指数或熵)尽可能地减少. 也就是说,考虑所有自变量 $X_1, X_2, \cdots, X_p$ 以及与每个自变量对应的分割点的所有取值,然后选择其中的一对自变量和分割点,使构造出的树具有最小的划分指标. 重复上述步骤,继续寻找分割数据集的最优自变量和最优分割点,使随之产生的区域的划分指标达到最小. 此时被分割的不再是整个自变量空间,而是之前确定的两个区域之一. 这样将得到三个区域. 接着仍以最小化划分指标为准则进一步分割三个区域中的一个. 这一过程不断持续,直到符合某个停止准则,例如,当所有区域包含的观测个数都不大于 5 时,分裂停止. 区域 $R_1, R_2, \cdots, R_J$ 产生后,就可以确定某一给定观测所属的区域,并用这一区域的训练观测的因变量的众数对其进行类别预测.

上述方法会在训练集上取得良好的预测效果,却很有可能造成数据的过拟合(即过分精确地匹配特定数据集,以至于无法良好地匹配其他数据集的现象),导致在测试集上表现不佳. 主要的原因在于这种方法产生的树可能过于复杂. 一棵分裂点更少、规模更小(即区域 $R_1, R_2, \cdots, R_J$ 的个数更少)的树将会有更好的预测稳定性和可解释性(以增加微小的预测错误率为代价). 针对上述问题,一个可能的解决办法是:仅当分裂能使得划分指标的减少量超过某阈值时,才分裂树的节点. 这种策略能生成较小的树,但可能会引发一个短视问题:一些起初看起来不值得的分裂却可能在后面的过程中成为非常好的分裂(即能使划分指标大幅度减少).

因此,更好的一种策略是先生成一棵很大的树 T_0, 然后通过剪枝(prune)得到子树(sub-tree). 该如何剪枝呢? 直观上看,剪枝的目的是选出测试错误率(指在测试集上的分类错误率)最小的子树. 子树的测试错误率可以通过交叉验证或者验证集来计算. 但由于可能的子树数量极其庞大,对每一棵子树都用交叉验证或者验证集计算其测试错误率将太过复杂,因此需要从所有可能的子树中先选出一小部分,然后再进行剪枝.

成本复杂性剪枝(cost complexity pruning)可以完成上述任务. 这种方法不是考虑每一棵可能的子树,而是考虑以非负调节参数 α 标记的一列子树. 每一个 α 的取值对应一棵子树 $T \subset T_0$. 当 α 值给定时,其对应的子树需使下式最小:

$$\text{子树 } T \text{ 的划分指标大小} + \alpha |T|, \tag{15-7}$$

这里的 $|T|$ 表示树的叶节点个数,调节参数 α 在子树的复杂性和树与训练观测的匹配度之间控制权衡. 当 $\alpha = 0$ 时,子树 T 即为原树 T_0. 当 α 增大时,叶节点数多的树将为它的复杂性付出代价,所以使式(15-7)取到最小值的子树的规模会变小.

在式(15-7)中,当 α 从 0 开始逐渐增大时,树枝以一种嵌套的模式被修剪. 因此容易获得与 α 对应的子树序列. 可以用交叉验证或者验证集来挑选最优的 α, 从而确定相应的最优子树. 把完整地建立一棵分类树的算法概括如下:

拓展阅读

分类树算法

(1)利用递归二叉分裂在训练集中生成一棵大树,当叶节点包含的观测个数小于某个阈值时才停止.

(2)对大树进行成本复杂性剪枝,得到一列(相对)最优子树,子树是 α 的函数.

(3)利用 K 折交叉验证选择最优的 α. 具体做法是,先将训练集分成 K 折,然后对所有的 $k=1,2,\cdots,K$, 对训练集上所有不属于第 k 折的数据重复步骤(1)和(2),得到与 α 对应的子树. 求出上述子树在全部 K 折上的平均预测错误率,并选取使平均预测错误率达到最小的 α 值.

(4)在步骤(2)中找到与选出的 α 值相对应的子树.

上面曾多次提到交叉验证,图 15-9 以 $K=10$ 为例描述 10 折交叉验证的基本思想和步骤.

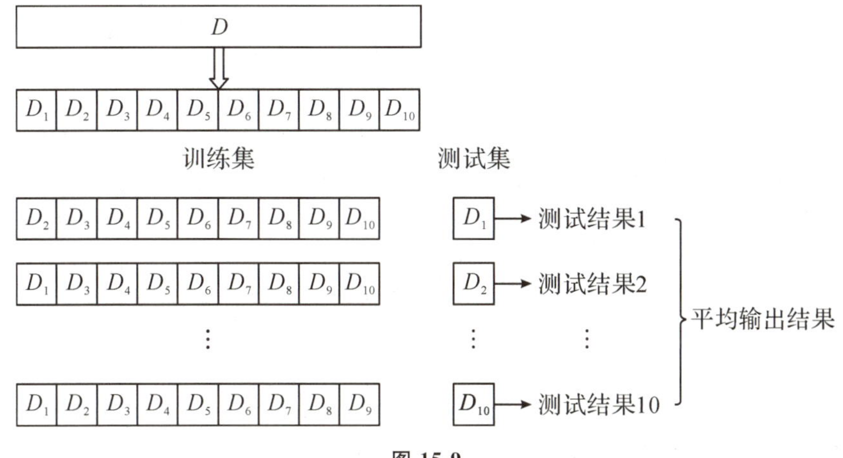

图 15-9

例 15-16 对 R 软件中的 ISLR 库中的 Carseats 数据集构建一棵分类树. 该数据集收集了 400 家不同商店里的儿童汽车座椅的销售数据. 它含有 10 个自变量: CompPrice, Income, Advertising, Population, Price, ShelveLoc, Age, Education, Urban, US. 因变量是 Sales(单位: 千),表示儿童汽车座椅的销量. 因为因变量是定量变量,所以先把它变换为定性变量(即类别变量). 定义

$$\text{High}=\begin{cases}\text{Yes}, & \text{Sales}>8,\\ \text{No}, & \text{Sales}\leqslant 8.\end{cases}$$

表 15-3 给出了这个数据集中的前 6 组观测数据. 这一步骤的 R 代码见下面的代码框(在 R 中事先安装 ISLR(为了调用 Carseats 数据集)和 tree(为了使用其中的 tree()函数去构建决策树)两个程序包).

表 15-3

No.	Sales	CompPrice	Income	Advertising	Population	Price
1	9.50	138	73	11	276	120
2	1.22	111	48	16	260	83
3	10.06	113	35	10	269	80
4	7.40	117	100	4	466	97
5	4.15	141	64	3	340	128
6	10.81	124	113	13	501	72
No.	ShelveLoc	Age	Education	Urban	US	High
1	Bad	42	17	Yes	Yes	Yes
2	Good	65	10	Yes	Yes	Yes
3	Medium	59	12	Yes	Yes	Yes
4	Medium	55	14	Yes	Yes	No
5	Bad	38	13	Yes	No	No
6	Bad	78	16	No	Yes	Yes

```
> library(ISLR)      # 调用 ISLR 程序包
> library(tree)      # 调用 tree 程序包
> attach(Carseats)
> High = factor(ifelse(Sales< = 8, "No", "Yes"))
> Carseats = data.frame(Carseats, High)      # 把变量 High 并入 Carseats 数据集
> head(Carseats)      # 展示前 6 组观测数据
```

接下来,随机选择一半的数据作为训练集,另一半作为测试集,并用训练集构建一棵分类树.数据分析的过程和结果如下:

```
> set.seed(123)
> train = sample(1:nrow(Carseats), 200)
> Carseats.test = Carseats[ - train,]
> High.test = High[ - train]
> tree.carseats = tree(High~. - Sales, data = Carseats, subset = train)
> summary(tree.carseats)
Classification tree:
tree(formula = High~. - Sales, data = Carseats, subset = train)
Variables actually used in tree construction:
[1] "ShelveLoc" "Price" "Income" "CompPrice" "Advertising" "Age"
[7] "Education" "Population" "US"
```

```
Number of terminal nodes: 20
Residual mean deviance: 0.5056 = 91.02 / 180
Misclassification error rate: 0.115 = 23 / 200
```

需要说明的是,tree()函数默认采用 split="deviance"进行二叉递归分裂,这里的 deviance 的定义是

$$-2\sum^{m}\sum^{k}n_{mk}\ln(\hat{p}_{mk}),$$

其中 n_{mk} 表示第 m 个叶节点处属于第 k 类的观测个数. 这里的 deviance 与前面的熵的定义是类似的. 若想采用基尼指数进行二叉递归分裂,则只需在 tree()函数里加上参数 split="gini". summary()函数列出了在构建树的过程中使用的所有变量(这里使用了除 Urban 以外的其他 9 个变量)、叶节点个数(20 个)以及在训练集上的分类错误率 11.5%. Residual mean deviance 的大小等于 deviance 除以 $n-|T_0|(=200-20=180)$. 决策树最吸引人的特点之一是它可以可视化. plot()函数可以显示树的结构,text()函数可以显示节点标记,参数 pretty=0 能使 R 输出所有使用到的定性变量的类别名,而不是类别名的首字母.

```
> plot(tree.carseats)
> text(tree.carseats, pretty = 0)
```

本例中,生成的分类树见图 15-10. 这棵树表明,对销售量影响最大的指标是货架位置(ShelveLoc),因为这棵树的第一个分支就将好位置(Good)与差位置(Bad)以及普通位置(Medium)进行了区分.

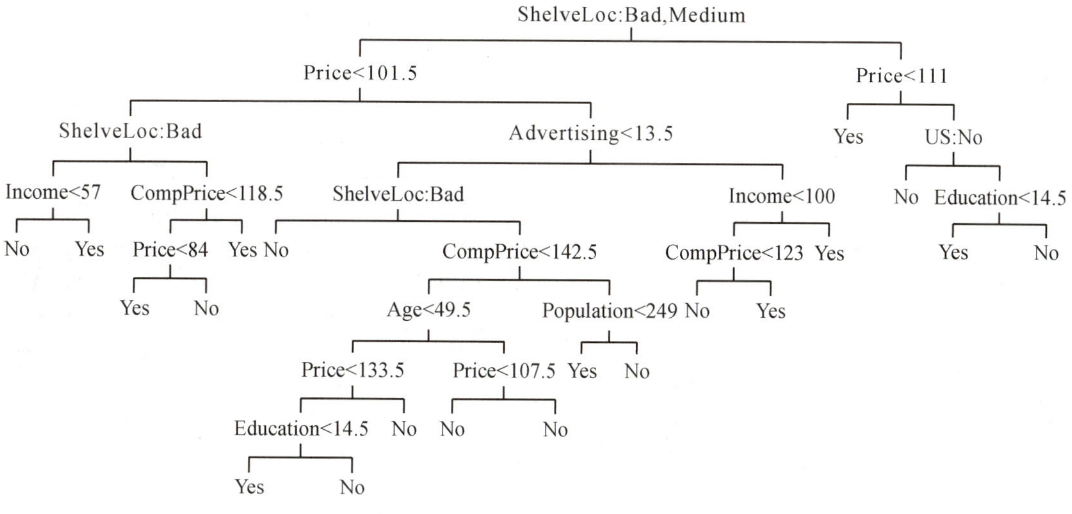

图 15-10

为了合理地评价这棵分类树的分类效果,我们不能只关注它在训练集上的分类错误率,而是重点关注把它应用于测试集后,它在测试集上的分类错误率. predict()函数

可以完成在测试集上的预测任务，参数 type＝“class”使 R 返回真实的类别预测. 从预测结果来看，这棵树在测试集上的预测准确率为(87＋65)/200＝76%.

```
> tree.pred = predict(tree.carseats, Carseats.test, type = "class")
> table(tree.pred, High.test)
High.test tree .pred    No    Yes
              No        87    13
              Yes       35    65
```

这棵分类树过于庞大，下面采用成本复杂性方法对树进行剪枝. cv. tree()函数采用交叉验证的方法来寻找最优的子树，参数 FUN＝prune. misclass 是指用分类错误率而不是 cv. tree()函数默认的 deviance 来控制交叉验证和剪枝过程. cv. tree()汇报了所考虑的每棵树的叶节点个数(size)、这棵树的分类错误的个数(dev)以及成本复杂性的调节参数(k，它其实就是式(15-7)里的 α).

```
> prune.carseats = prune.misclass(tree.carseats, best = 13)
> plot(prune.carseats)
> text(prune.carseats, pretty = 0)
> tree.pred = predict(prune.carseats, Carseats.test, type = "class")
> table(tree.pred, High.test)
High.test tree.pred    No    Yes
         No            86    13
         Yes           36    65
```

可以看出，当叶节点个数为 13 时，分类错误的个数最小. 因此用函数 prune. misclass()进行剪枝可得到一棵只有 13 个叶节点的子树，见图 15-11. 把这棵树应用于测试集，预测准确率为(86＋65)/200＝75.5%.

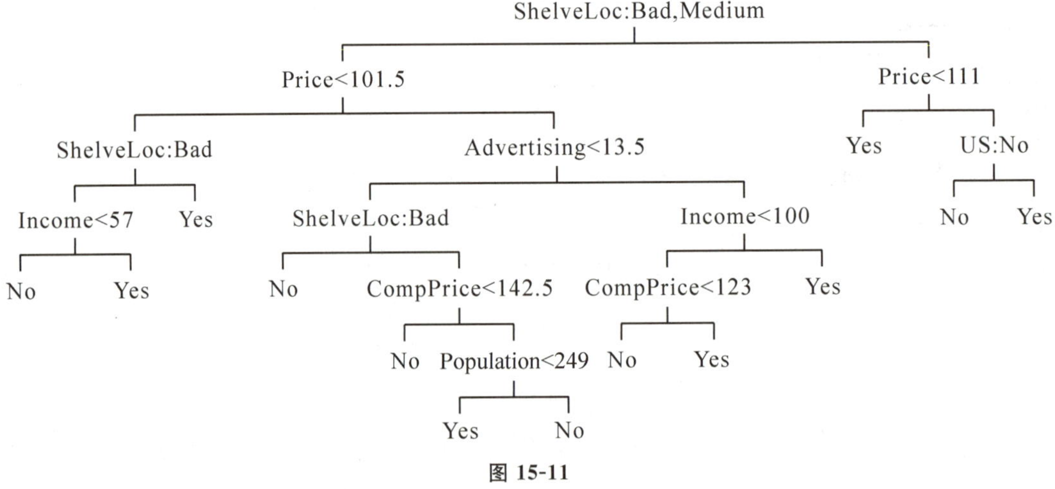

图 15-11

需要说明的是，剪枝后的分类树的预测准确率并不一定就比原来的那棵大树差. 例如，选择叶节点个数为 8，相应的剪枝后的子树见图 15-12，把它应用于测试集，可以发现预测准确率为(88+66)/200=77%. 这棵树比前面的两棵树都有更好的可解释性(因为树的结构更简单了)和更高的预测准确率.

```
> prune.carseats = prune.misclass(tree.carseats, best = 8)
> plot(prune.carseats)
> text(prune.carseats, pretty = 0)
> tree.pred = predict(prune.carseats, Carseats.test, type = "class")
> table(tree.pred, High.test)
High.test tree.pred     No      Yes
         No             88      12
         Yes            34      66
```

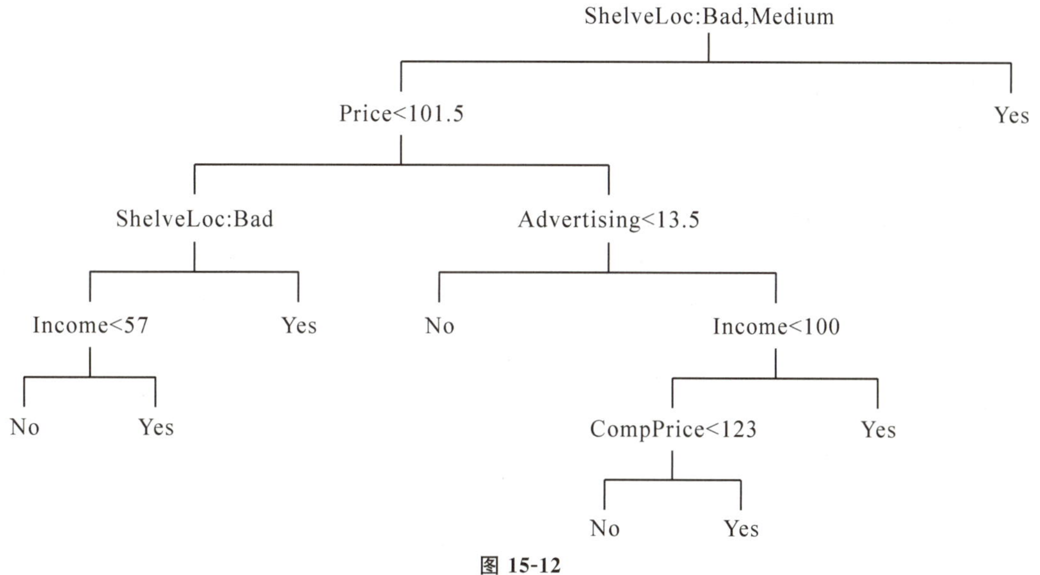

图 15-12

*三、*K*-means

K-means 也称为 *K*-均值，它是一种把数据集分成 *K* 个类的方法，这里的类别数 *K* 是事先给定的，也就是说，在进行 *K*-均值聚类时，需要先确定想要得到的类别数 *K*，然后 *K*-均值聚类算法会将所有的观测(即数据)分配到 *K* 个类中.

在介绍 *K*-均值聚类的思想之前，先来定义一些符号. 假设有 n 个观测 $\{x_i=(x_{i1},x_{i2},\cdots,x_{ip}),i=1,2,\cdots,n\}$，$C_1,C_2,\cdots,C_K$ 表示包含观测的集合，这些集合满足以下两个性质：

(1) $C_1\cup C_2\cup\cdots\cup C_K=\{1,2,\cdots,n\}$，即每个观测属于 K 类中的至少一个类；

(2)对所有的 $k\neq k'$ 有 $C_k\cap C_{k'}=\varnothing$，即类与类之间是无重叠的(或者说，没有一个

观测是同时属于两个类或更多的类).

K-均值聚类的思想是：一个好的聚类可以使类内差异尽可能小. C_k 这个类的类内差异是对 C_k 类中观测的差异性的度量，不妨记为 $W(C_k)$. 因此，K-均值聚类需要解决以下优化问题：

$$\min_{C_1,C_2,\cdots,C_K}\sum_{k=1}^{K}W(C_k). \tag{15-8}$$

上式的意思是：把所有的观测分配到 K 个类中，使得 K 个类的总的类内差异尽可能小.

为了能通过式(15-8)实现聚类，需要给类内差异一个定义. 有很多种方法可以定义这个概念，但用得最多的是平方欧氏距离，即定义

$$W(C_k)=\frac{1}{|C_k|}\sum_{i,i'\in C_k}\|x_i-x_{i'}\|^2=\frac{1}{|C_k|}\sum_{i,i'\in C_k}\sum_{j=1}^{p}(x_{ij}-x_{i'j})^2, \tag{15-9}$$

其中 $|C_k|$ 表示在 C_k 类中的观测的个数. 由式(15-8)和式(15-9)，可以得到 K-均值聚类的优化问题：

$$\min_{C_1,C_2,\cdots,C_K}\sum_{k=1}^{K}\frac{1}{|C_k|}\sum_{i,i'\in C_k}\sum_{j=1}^{p}(x_{ij}-x_{i'j})^2. \tag{15-10}$$

现在，需要找到一种算法来解决式(15-10)的最小化问题，即将 n 个观测分配到 K 个类中使得式(15-10)的目标函数达到最小值的一种分配方法. 找到这个最优解是非常困难的，因为有 K^n 种方法可以把 n 个观测分配到 K 个类中. 除非 K 和 n 都很小，否则这将是一个极为巨大的数字. K-均值聚类法采用了贪心(greedy)策略，通过迭代优化来近似求解式(15-10)，但要注意，得到的解是一个局部最优解. 把 K-均值聚类的算法概括如下：

拓展阅读

K-均值聚类法

(1)输入：样本观测 $x_1,x_2,\cdots,x_n$ 和类别数 K.

(2)过程：

a)为每个观测随机分配一个从 1 到 K 的数字，这些数字可以看作是这些观测的初始类别；

b)重复执行 c)和 d)直到类的分配停止更新为止；

c)分别计算 K 个类的类重心，第 k 个类的类重心取为第 k 个类中的所有 p 维观测向量的均值向量；

d)将每个观测分配到距离其最近的类重心所在的类中(用欧氏距离来度量)；

e)循环结束.

(3)输出：K 个类 $C_1,C_2,\cdots,C_K$.

这个算法可以保证在每次迭代后，式(15-10)的目标函数值都会减少(至少不会增大). 由于 K-均值聚类算法找到的是局部最优解，所以算法停止时的聚类未必是全局最优解，所得结果依赖于算法中的过程 a)中每个观测被随机分配到的初始类形态. 正因为如此，有必要从不同的随机初始类形态开始多次运行这个算法，从中挑选出一个最优的方案.

另外，要进行 K-均值聚类必须先要确定类别数 K，但选择 K 的问题并非那么简单. 在实际应用中，通常可以先尝试几种不同的 K 值，然后从中挑选出最有用且最容易解释的一个 K. 至于如何选择，则没有统一的标准答案.

例 15-17 产生 50 个二维的正态随机数：$\{x_1, x_2, \cdots, x_{50}\}$，其中 $x_i = (x_{i1}, x_{i2})$. 然后对前 25 个随机数进行如下的位移变换：

$$x_{i1} = x_{i1} + 3, \quad x_{i2} = x_{i2} - 4, \quad i = 1, 2, \cdots, 25.$$

最后得到表 15-4 中的 50 个二维观测. 这个数据集有两个类，前 25 个观测是一类，后 25 个观测为另一类，因为前 25 个观测有一个均值漂移.

表 15-4

No.	x_{i1}	x_{i2}	No.	x_{i1}	x_{i2}	No.	x_{i1}	x_{i2}	No.	x_{i1}	x_{i2}
1	1.44	−2.75	14	2.11	−4.02	26	−1.69	1.03	39	−0.31	−0.33
2	1.77	−3.03	15	1.44	−4.07	27	0.84	−0.28	40	−0.38	1.15
3	3.56	−3.04	16	3.79	−2.70	28	0.15	−1.22	41	−0.69	0.99
4	2.07	−1.63	17	2.50	−2.55	29	−1.14	0.18	42	−0.21	0.55
5	2.13	−3.23	18	0.03	−2.95	30	1.25	−0.14	43	−1.27	0.24
6	3.72	−1.48	19	2.70	−2.08	31	0.43	0.01	44	2.17	−0.63
7	2.46	−4.55	20	1.53	−0.95	32	−0.30	0.39	45	1.21	1.36
8	0.73	−2.42	21	0.93	−3.49	33	0.90	−0.37	46	−1.12	−0.60
9	1.31	−2.88	22	1.78	−5.31	34	0.88	0.64	47	−0.40	2.19
10	1.55	−2.78	23	0.97	−1.99	35	0.82	−0.22	48	−0.47	1.53
11	3.22	−2.62	24	1.27	−3.71	36	0.69	0.33	49	0.78	−0.24
12	2.36	−3.50	25	1.37	−3.69	37	0.55	1.10	50	−0.08	−1.03
13	2.40	−3.33				38	−0.06	0.4			

画出这 50 个二维观测的散点图，见图 15-13. 现在利用 K-均值聚类法进行聚类，R 中的函数 kmeans()可以完成这一任务. 取 $K = 2$，重复运行 K-均值算法 20 次，然后返回最优结果(用式(15-10)的目标函数值衡量，越小越好). 所得分类结果(类标签)见下面代码框第 8 行.

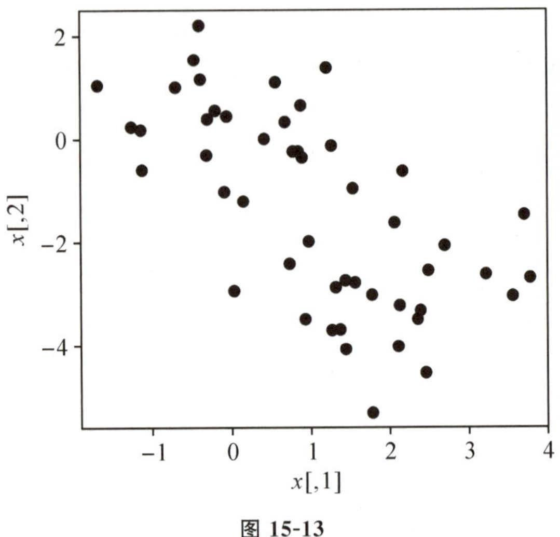

图 15-13

```
> set.seed(123)
> x = matrix(rnorm(50 * 2), ncol = 2)
> x[1:25,1] = x[1:25,1] + 2
> x[1:25,2] = x[1:25,2] - 3
> plot(x, pch = 20, cex = 2)
> km.out = kmeans(x, 2, nstart = 20)
> km.out $ cluster
[1] 2 2 2 2 2 2 2 2 2 2 2 2 2 2 2 2 2 2 2 1 2 2 2 2 2 1 1 1 1 1 1 1 1 1 1 1 1 1 1 1 1 1 1 1 1 1 1 1 1 1
> km.out $ tot.withinss
> [1] 79.89777
```

可以看出，K-均值聚类法把 50 个观测完美地分配到两个类中，其中前 25 个观测和后 25 个观测各被聚为一类. 式(15-10)的目标函数值为 79.89777. 还可以绘制出包含这些聚类信息的图，见图 15-14(a). 这个例子的数据是人为产生的，真实的类别数是 2. 对于现实中的数据，真实的类别数是未知的，所以在这个例子中，不妨再取 $K=3$ 进行聚类，结果见下面的代码框. 此时，式(15-10)的目标函数值为 59.58615(这个值比前面的 79.89777 小并不奇怪，因为我们取了不同的 K 值). 绘制出的聚类结果的图像见图 15-14(b).

```
> km.out = kmeans(x, 3, nstart = 20)
> km.out $ cluster
[1] 1 1 3 3 1 3 1 1 1 1 3 1 1 1 1 3 3 1 3 3 1 1 1 1 1 2 2 2 2 2 2 2 2 2 2 2 2 2 2 2 2 2 2 3 2 2 2 2
[49] 2 2
> km.out $ tot.withinss
> [1] 59.58615
```

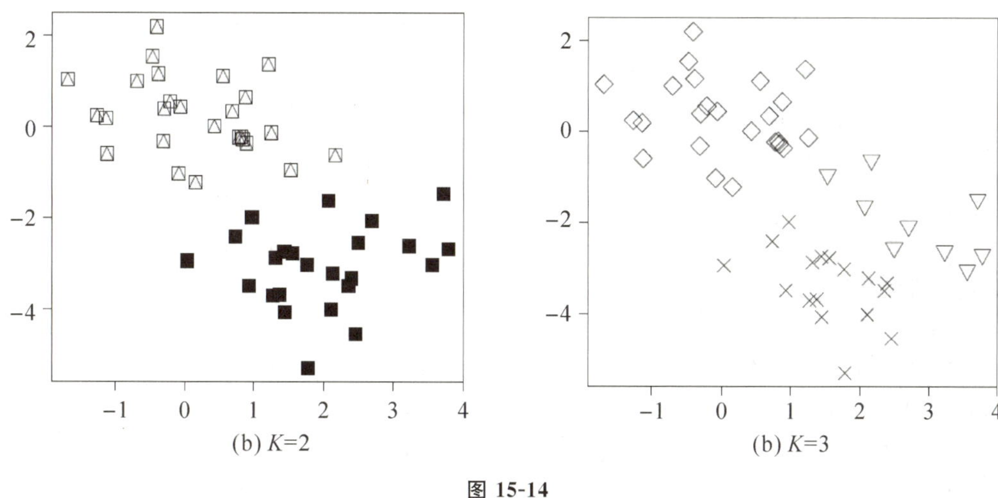

(b) $K=2$

(b) $K=3$

图 15-14

第四节　R 语言简介

R 是用于统计分析、绘图的语言和操作环境. R 最初是由来自新西兰奥克兰大学的 Ross Ihaka 和 Robert Gentleman 开发的,因此称为 R. 现在由"R 开发核心团队"负责开发和维护.

一、特　点

R 作为一种统计分析软件,集统计分析与图形显示于一体. 它可以运行于 UNIX、FreeBSD、Windows 和 macOS 等操作系统,具有以下特点:

(1)R 是完全免费、开放源代码的. 可以在它的官方网站(https://cran. r-project. org)及其镜像上下载任何有关的安装程序、工具包及其源代码、文档资料等. 标准的安装文件自身就带有许多模块和内嵌的统计函数,安装完成后可以直接实现许多常用的统计分析功能.

(2)R 是一种可编程的语言. 作为一个开放的统计编程环境,它的语法通俗易懂,很容易学会,而且可以编制自己的函数进行扩展.

(3)R 提供了各种各样的数据处理和分析技术,几乎任何数据分析过程都可以在 R 中完成. 而且它能从多个数据源导入数据,包括文本文件、数据库等. 它和其他统计软件、编程语言和数据库之间也有很好的接口.

(4)R 具有很强的可视化功能,尤其对于复杂数据的可视化问题,R 的优势更加明显. 一方面,R 语言中有各种绘图函数,结合绘图参数的综合使用,可以得到各式各样的图形结果;另一方面,计算结果可以直接保存为 jpg、bmp、png、eps 等图片格式,还可以保存为 pdf 文件.

(5)R 具有各式各样的 GUI (graphical user interface,图形用户界面)工具,如 RStudio、Rattle、Red-R、Deducer、R Commander 等,其中 RStudio 较常用.

(6)R 社区由全球大量维护者共同维护,几乎每天都有人为 R 社区提供新的方法和统计计算案例(包括其他软件中尚不可用的、新颖的统计计算案例). 因此,R 的更新速度很快.

二、安装和运行

我们主要讨论在 Windows 操作系统下 R 语言的安装和运行. 其他操作系统,如 macOS 或者 Linux,可能需要做少量的调整.

首先打开网站 https://cran.r-project.org,显示的是 R 的 CRAN 社区网页. 单击"Download R for Windows"进入下一个窗口,然后点击"base"进入下载窗口,单击"Download R-4.2.1 for Windows (79 megabytes,64 bit)",见图 15-15,下载 Windows 操作系统下的 R 软件(R 软件每隔一段时间会更新一次,本次使用的版本是 R-4.2.1).

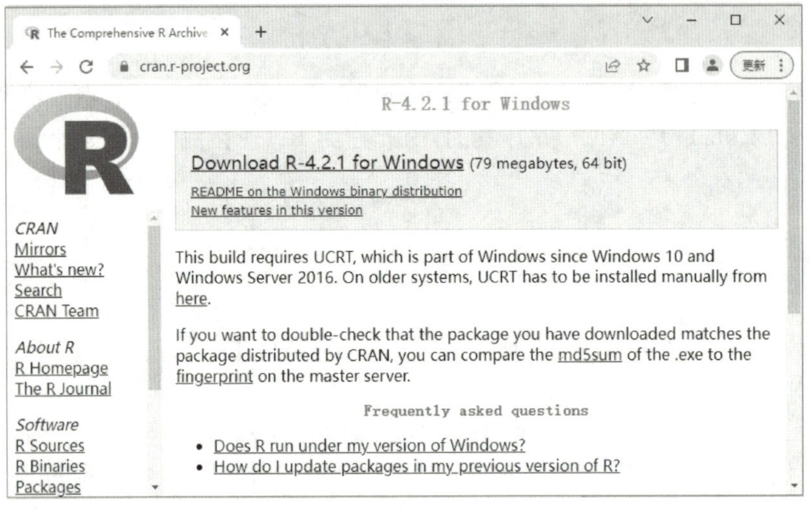

图 15-15

R 的安装非常容易,运行刚才下载的软件,按照 Windows 的提示安装即可. 安装完成后,程序会创建 R 软件程序组,并在桌面上创建 R 主程序的快捷方式(也可以在安装过程中选择不要创建). 启动 R,进入工作状态,如图 15-16 所示.

R 软件的界面与 Windows 的其他编程软件相类似,由菜单、快捷按钮和操作窗口等组成. 操作窗口既是命令的输入窗口,也是大部分计算结果的输出窗口,有些结果(如图像)会在另一个窗口显示.

启动 R 后,操作窗口会出现一些文字(如果是中文操作系统,则显示中文),它们是 R 软件启动时给出的说明和指引. 文字下方的">"符号是 R 软件的命令提示符,在其后输入命令. R 软件一般采用交互式工作方式,在命令提示符后输入命令,回车后便会显

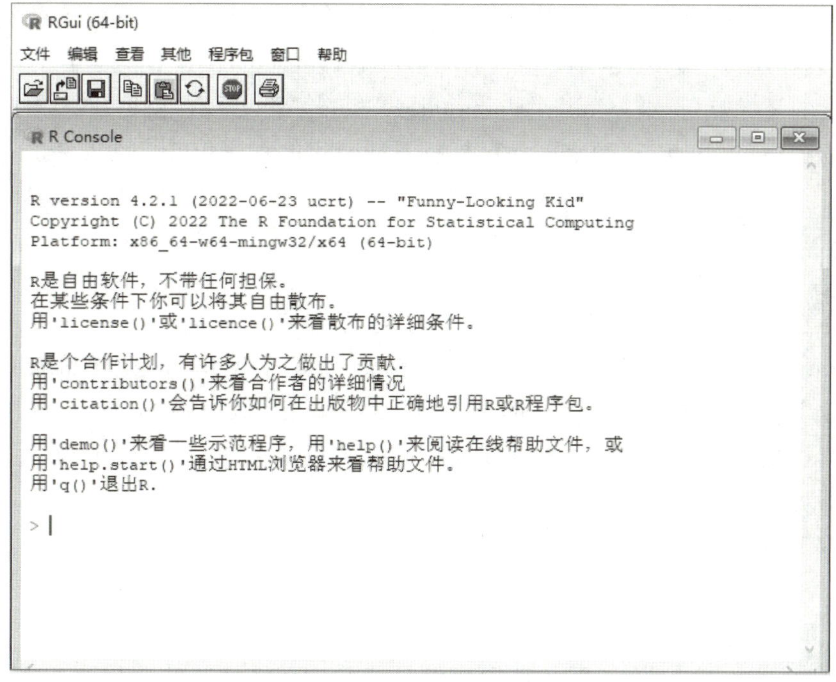

图 15-16

示计算结果. 当然也可以将所有的命令先建成一个文件(程序),运行文件中的全部或部分语句来执行相应的命令,从而得到相应的结果.

三、帮助命令和帮助工具

R 的主界面提供了帮助功能,点击菜单栏上的“帮助”,弹出下拉式菜单,可发现有“R 函数帮助”“Html 帮助”“搜索帮助”等. 也可通过输入“help”或者加“?”得到函数的帮助,如想得到命令“numeric”的使用说明,可以输入

```
> help(numeric)
```

或者

```
> ? numeric
```

即可得到帮助. 对于有特殊含义的字符,可以加上双引号或者单引号,得到该字符的使用说明. 如关键字 if,输入

```
> help("if")
```

或者

```
> ?"if"
```

安装程序包可使用命令 install. packages(“包名”),或者点击菜单栏上的“程序包”,再点击“安装程序包”,会跳出“Secure CRAN mirrors”,即 CRAN 镜像窗口,从中选择一个离你最近的镜像点(例如,China(Shanghai2)),点击“确定”后,就会进入程序包窗口,选择所需的程序包,并点击“确定”,计算机将下载指定的程序包并自动安装.

四、RStudio

下面介绍 RStudio,相对 R 来说它提供了更好的编程体验. RStudio 有 Windows,Mac 和 Linux 版本. 对于 Windows 用户,RStudio 适用于 Windows Vista 及更高版本. 按照以下步骤安装 RStudio:打开网址 https://www. rstudio. com/products/rstudio/download/,根据操作系统选择并点击 RStudio 安装程序,点击后开始下载,下载完成后进行安装即可.

启动 RStudio,其界面包含以下内容:

(1)R 控制台(console):此区域显示运行的代码输出. 此外还可以直接在控制台中编写代码. 但是直接在 R 控制台中输入的代码无法保留.

(2)R 脚本(script):顾名思义是用来编写代码的. 要运行这些代码只需选择代码行,然后按 Ctrl+Enter;或者可以单击 R 脚本右上角的“运行”按钮.

(3)R 环境(environment):此空间显示添加的外部元素集,包括数据集、变量、向量、函数等. 要检查数据是否已在 R 中正确加载,可查看此区域.

(4)图形输出(graphical output):此空间显示在探索性数据分析期间创建的图形. 这里还可以安装程序包以阅读嵌入式的 R 帮助文档.

五、一些常用的命令

四则运算是 R 语言的基本运算,有:加(+)、减(−)、乘(*)、除(/)和乘方(^). 例如:

```
> 1 + 2; 2 - 3; 1/2; 1 + 2 * 3; 3^4
[1] 3
[1] -1
[1] 0.5
[1] 7
[1] 81
```

注意,在命令中增加“;”号,可以在一行中执行多组命令.

在 R 语言中,可以完成各种初等函数的运算,如开方、指数、对数、三角函数和反三角函数等. 例如:

```
> sqrt(4); log(10); log10(10); sin(1)
[1] 2
[1] 2.302585
[1] 1
[1] 0.841471
```

表 15-5 列出了 R 语言中常用的一些函数.

表 15-5

函数	含义
abs(x)	x 的绝对值或模
sqrt(x)	x 的开方
exp(x)	指数(e^x)
log(x),log10(10),log(x,n)	对数(分别以 e,10 和 n 为底)
sin(x),cos(x),tan(x)	三角函数(正弦、余弦和正切)
asin(x),acos(x),atan(x)	反三角函数(正弦、余弦和正切)
sinh(x),cosh(x),tanh(x)	双曲函数(正弦、余弦和正切)
asinh(x),acosh(x),atanh(x)	反双曲函数(正弦、余弦和正切)
factorial(x)	阶乘 x!
choose(n,k)	二项系数 C_n^k
floor(x)	下取整,<x 的最大整数
ceiling(x)	上取整,>x 的最小整数
trunc(x)	靠近 0 取整,例如 trunc(1.5)=1,trunc(−1.5)=−1

除四则运算和函数运算外,还有逻辑运算,包括

>(大于);　　<(小于);　　>=(大于等于);

<=(小于等于);　==(等于);　!=(不等于).

其返回值只有两种:TRUE(真)和 FALSE(假). 例如:

```
> 1 = = 2; 2! = 3
[1] FALSE
[1] TRUE
```

构造向量. 例如,想生成一个由 1,3,5,6,9,10 这 6 个数字组成的向量,其赋值命令为

```
> x <- c(1,3,5,6,9,10)
> x
[1] 1 3 5 6 9 10
```

这里,x 是(自己命名的)向量名;"<-"是赋值符(也可以改用"=");c()是连接函数,它将各个分量连接成向量.

产生等差数列. a:b 表示从 a 开始,逐项加 1,直到 b 为止. 例如:

```
> 1:10
[1] 1 2 3 4 5 6 7 8 9 10
```

注意,":"的优先级要高于四则运算,例如,"2 * 1:5"并不表示"2:5",而是"2 * (1:5)".

```
> 2 * 1:5
[1] 2 4 6 8 10
```

产生等间隔数列. seq()是产生等距间隔数列的函数,其使用格式为

```
seq(from = 1,to = 1,by = (to - from)/(length.out - 1),length.out = NULL,along.with = NULL,…)
```

参数 from 和 to 为数值,分别表示等间隔数列的开始和结束,它们的默认值为 1. "by"为数值,表示等间隔数列之间的间隔. "length.out"为数值,表示等间隔数列的长度. "along.with"为向量,表示产生的等间隔数列与向量具有相同的长度. by、length.out 和 along.with 这三个参数只能输入一个,请看下面的例子:

```
> seq(1,9,by = 2)
[1] 1 3 5 7 9
> seq(1,5,lengthZ.out = 11)
[1] 1.0 1.4 1.8 2.2 2.6 3.0 3.4 3.8 4.2 4.6 5.0
```

重复函数. rep()是重复函数,它可以将某一变量或向量重复若干次,其使用格式为

```
rep(x,…)
```

其中 x 是数量或向量,或者是数据对象;"…"表示进一步的参数,有

times	表示向量 x 重复的次数,
length.out	表示重复该向量后构成向量的长度,
each	表示向量 x 中的每个分量重复的次数,
正整数向量	表示与 x 相同,其分量表示对应分量重复的次数;

times 是默认参数;rep(1:4,times=2)与 rep(1:4,2)是等价的.

请看下面的例子:

```
> rep(1:4,times = 2)
[1] 1 2 3 4 1 2 3 4
> rep(1:4,length.out = 10)
[1] 1 2 3 4 1 2 3 4 1 2
```

```
> rep(1:4,each = 2)
[1] 1 1 2 2 3 3 4 4
> rep(1:4,c(1,2,3,4))
[1] 1 2 2 3 3 3 4 4 4 4
```

在与随机变量打交道的时候，经常需要计算它的概率密度函数值、分布函数值、分位数以及产生来自该随机变量的随机数. 对任意的 $0<p<1$，若存在 x_p 使得

$$P(X \leqslant x_p) \geqslant p, \quad P(X > x_p) \geqslant 1-p,$$

则称 x_p 为随机变量 X 的(下) p 分位数. 在 R 语言中，正态分布的基本名称是 norm，加上不同的前缀表示不同的函数，如 dnorm 表示概率密度函数(density 是密度函数的英文)，pnorm 表示概率分布函数(probability 是概率的英文)，qnorm 表示分位函数(quantile 是分位点的英文)，rnorm 表示产生来自正态分布的随机数(random 是随机的英文). 函数的使用格式为

```
rnorm(n,mean = 0,sd = 1,log = FALSE)
dnorm(x,mean = 0,sd = 1,log = FALSE)
pnorm(q,mean = 0,sd = 1,lower.tail = TRUE,log.p = FALSE)
qnorm(p,mean = 0,sd = 1,lower.tail = TRUE,log.p = FALSE)
```

参数 n 表示产生随机数的个数. x 和 q 为向量，分别表示概率密度函数和分布函数的自变量. p 为向量，表示分位点对应的分布函数值. mean 是数值函数，表示均值，默认值为 0. sd 为数值向量，表示标准差，默认值为 1. log 和 log.p 为逻辑变量，当取值为 TRUE 时，表示所有函数是对应于对数正态分布而言的，默认值为 FALSE. lower.tail 为逻辑变量，当取值为 TRUE(默认值)时，分布函数为 $P(X\leqslant x)$，对应的分位数为下分位数；当取值为 FALSE 时，分布函数为 $P(X>x)$，对应的分位数为上分位数. 请看下面的例子：

```
> dnorm(0);dnorm(1);dnorm(2)
[1] 0.3989423
[1] 0.2419707
[1] 0.05399097
> pnorm(0);pnorm(1);pnorm(2)
[1] 0.5
[1] 0.8413447
[1] 0.9772499
> qnorm(0.95);qnorm(0.975);qnorm(0.99)
[1] 1.644854
[1] 1.959964
[1] 2.326348
> set.seed(123)
```

```
> rnorm(5)
[1] -0.56047565 -0.23017749 1.55870831 0.07050839 0.12928774
```

这里使用了 set.seed()函数，其目的是设置产生随机数的种子．当随机数的种子相同时，就产生相同的随机数了．即若再一次使用 rnorm(5)这个命令，得到的随机数与刚才的会不同，而在这个命令之前先运行 set.seed(123)，则将得到与前面相同的随机数：

```
> rnorm(5)
[1] 1.7150650 0.4609162 -1.2650612 -0.6868529 -0.4456620
> set.seed(123)
> rnorm(5)
[1] -0.56047565 -0.23017749 1.55870831 0.07050839 0.12928774
```

set.seed(seed)中的参数 seed 只需是整数即可．表 15-6 列出了 R 语言中的一些内置函数，在它们前面加上相应的前缀(r，p，d 和 q)即可产生随机数、计算分布函数值、概率密度函数值以及分位数．

表 15-6

分布名称	R 中的名称	附加参数
二项分布	binom	size，prob
泊松分布	pois	lambda
均匀分布	unif	min，max
指数分布	exp	rate
正态分布	norm	mean，sd
χ^2 分布	chisq	df，ncp
t 分布	t	df，ncp
F 分布	f	df1，df2，ncp

习题十五

1. 为了解饮酒对人体健康是否有影响，对浙江省居民进行抽样调查，分别用 0，1，2 表示不饮酒、少量饮酒及饮酒较多，再用 x，y，z 分别表示身体健康、一般及有病．例如，$(0,x)$表示抽到的居民是不饮酒的健康者．

(1)试验的样本空间共有多少个样本点？

(2)记 $A=\{$抽到的居民身体健康$\}$，写出 A 所包含的样本点．

(3)记 $B=\{$抽到的居民不饮酒$\}$，写出 B 所包含的样本点．

2. 连续掷两次骰子，$A=\{$两次点数相等$\}$，$B=\{$两次点数之后为 6$\}$. 写出上述试验的样本空间以及 A,B 所包含的样本点.

3. 在以原点为圆心的单位圆内随机取一点，$A=\{$所取之点与原点的距离小于 0.5$\}$，$B=\{$所取之点与原点的距离小于 0.5 但大于 0.3$\}$. 写出上述试验的样本空间以及 A 和 B 所包含的样本点.

4. 设 A,B,C 为三个随机事件，请用事件的运算关系式表示下列事件：

(1) A,B,C 最多发生一个； (2) A,B,C 恰好发生一个；

(3) A,B,C 都不发生； (4) A,B,C 至少有两个发生.

5. 设一个试验的样本空间为 $S=[0,1]$，记事件 $A=\{0.2<x<0.8\}$，$B=\{0\leqslant x\leqslant 0.5\}$. 写出下列各事件：$A\bar{B}$，$\bar{A}\cup B$，$\overline{AB}$.

6. 设事件 A,B 互不相容，$P(A)=0.3$，$P(B)=0.5$，求：

(1) A 与 B 至少有一个发生的概率； (2) A 与 B 都不发生的概率；

(3) A 不发生且 B 发生的概率.

7. 从一副 52 张的扑克牌中(四种花色的牌各有 13 张)随机抽取 6 张，求恰好含有 1 张红桃、2 张黑桃、2 张梅花、1 张方块的概率.

8. 设随机变量 X 的分布列为

$$\begin{pmatrix} X: & -1 & 1 & 2 \\ P: & 0.25 & 0.5 & 0.25 \end{pmatrix},$$

求 $P(X\leqslant 0)$，$P(0.5<X\leqslant 1.5)$，$P(1\leqslant X\leqslant 2)$，$P(1<X\leqslant 2)$.

9. 设随机变量 $X\sim N(5,1)$，分别求 $P(X>2.5)$，$P(4<X<6)$ 和 $P(|X-5|>2)$ 的大小.

10. 设某高速公路一天的车流量 $X\sim N(\mu,\sigma^2)$. 已知有 30% 的天数车流量小于 12800 辆，有 95% 的天数车流量大于 10000 辆，求 μ 和 σ.

11. 什么叫简单随机样本？什么叫统计量？

12. 设总体 $X\sim N(\mu,1)$，μ 未知. $X_1,X_2,\cdots,X_5$ 是来自该总体的简单随机样本，下列哪些是统计量？

$$\sum_{i=1}^{5}X_i,\quad \sum_{i=1}^{5}X_i^2-5\mu^2,\quad X_1-X_2.$$

13. 在一批产品中随机检查了 10 箱，发现每箱中的不合格品数为

4， 5， 6， 0， 3， 1， 4， 2， 1， 4.

计算样本均值、样本方差和样本标准差.

14. 用 R 软件计算以下分位数：

$$\chi^2_{0.05}(10),\quad \chi^2_{0.90}(15),\quad t_{0.1}(8),\quad t_{0.95}(25).$$

15. 设总体服从 $N(\mu,1)$. 为得到 μ 的置信水平为 0.95 的置信区间且长度不超过 1.2，样本容量至少为多大？

16. 用天平称量某物体的质量 9 次，得到平均值 $\bar{x}=15.4$(克). 已知天平称量结果

服从正态分布，其标准差为 0.1(克)．求该物体质量的置信水平为 0.95 的置信区间．

17. 假设轮胎的寿命服从正态分布．为估计轮胎的平均寿命，现随机地抽 12 只轮胎试用，测得它们的寿命(单位：万公里)如下：

4.21， 4.85， 4.32， 4.85， 4.61， 5.02，

5.20， 4.60， 4.58， 4.72， 4.38， 4.70．

求平均寿命的置信水平为 0.95 的置信区间．

18. 现有一批灯泡，灯泡的使用寿命(单位：小时) $X \sim N(\mu, \sigma^2)$．现在从这一批灯泡中随机选取 20 个，测得 20 个灯泡的使用寿命数据，并计算得到 $\bar{x} = 1832$，$s = 497$．给定显著性水平 $\alpha = 0.05$，问该批灯泡的平均寿命 $\mu = 2000$ 这个结论是否成立？

19. 某汽车厂商宣称他们生产的汽车平均每升汽油可行驶 15 公里以上．为验证该广告的真实性，随机选取 10 辆车，并且记录下每辆车每升汽油行驶的公里数，得到如下数据：

14.8， 15.1， 16.9， 14.8， 13.7， 12.9， 13.5， 14.9， 15.4， 13.5．

假设数据来自正态分布，请验证该广告的真实性(取显著性水平 $\alpha = 0.05$)．

20. 习表 15-1 是关于西瓜的一个数据集，其中色泽、根蒂、敲声、纹理、脐部、触感为 6 个自变量，是否好瓜为因变量．试用基尼指数作为二叉分裂准则构建一棵分类树．

习表 15-1

序号	色泽	根蒂	敲声	纹理	脐部	触感	是否好瓜
1	青绿	蜷缩	浊响	清晰	凹陷	硬滑	是
2	乌黑	蜷缩	沉闷	清晰	凹陷	硬滑	是
3	乌黑	蜷缩	浊响	清晰	凹陷	硬滑	是
4	青绿	蜷缩	沉闷	清晰	凹陷	硬滑	是
5	浅白	蜷缩	浊响	清晰	凹陷	硬滑	是
6	青绿	稍蜷	浊响	清晰	稍凹	软黏	是
7	乌黑	稍蜷	浊响	稍糊	稍凹	软黏	是
8	乌黑	稍蜷	浊响	清晰	稍凹	硬滑	是
9	乌黑	稍蜷	沉闷	稍糊	稍凹	硬滑	否
10	青绿	硬挺	清脆	清晰	平坦	软黏	否
11	浅白	硬挺	清脆	模糊	平坦	硬滑	否
12	浅白	蜷缩	浊响	模糊	平坦	软黏	否
13	青绿	稍蜷	浊响	稍糊	凹陷	硬滑	否
14	浅白	稍蜷	沉闷	稍糊	凹陷	硬滑	否
15	乌黑	稍蜷	浊响	清晰	稍凹	软黏	否
16	浅白	蜷缩	浊响	模糊	平坦	硬滑	否
17	青绿	蜷缩	沉闷	稍糊	稍凹	硬滑	否

摘自：周志华：《机器学习》，清华大学出版社 2016 年版。

21. 根据经验，今天与昨天的温度差 x_1 及今天的压温差（气压与温度之差）x_2 是预报明天是否下雨的两个重要因素．现有一批收集的数据资料，如习表 15-2 所示．今测得 $(x_1, x_2) = (8.1, 2.0)$，试用 K-means 方法预报明天是否下雨．

习表 15-2

雨天		非雨天	
x_1（温度差）	x_2（压温差）	x_1（温度差）	x_2（压温差）
−1.9	3.2	0.2	0.2
−6.9	10.4	−0.1	7.5
5.2	2.0	0.4	14.6
5.0	2.5	2.7	8.3
7.3	0.0	2.1	0.8
6.8	12.7	−4.6	4.3
0.9	−15.4	−1.7	10.9
−12.5	−2.5	−2.6	13.1
1.5	1.3	2.6	12.8
3.8	6.8	−2.8	10.0

参考文献

[1] BOYER C B. The History of the Calculus and Its Conceptual Development[M]. New York: Dover Publications, 1949.

[2] JAMES G, WITTEN D, HASTIE T, et al. An Introduction to Statistical Learning [M]. 2nd Edition. Berlin: Springer, 2021.

[3] 蔡天新. 数学传奇[M]. 北京：商务印书馆，2015.

[4] 蔡天新. 数学与人类文明[M]. 北京：商务印书馆，2020.

[5] 陈维新. 线性代数[M]. 2 版. 北京：科学出版社，2007.

[6] 陈志国. 工程数学[M]. 杭州：浙江大学出版社，2013.

[7] 邓泽清. 线性代数及其应用[M]. 北京：高等教育出版社，2001.

[8] 顾沛. 数学文化[M]. 北京：高等教育出版社，2016.

[9] 何书元. 概率引论[M]. 北京：高等教育出版社，2011.

[10] 洪永淼. 概率论与统计学[M]. 北京：中国统计出版社，2021.

[11] 卡兹. 东方数学选粹——埃及、美索不达米亚、中国、印度与伊斯兰[M]. 纪志刚，郭园园，吕鹏，等译. 上海：上海交通大学出版社，2016.

[12] 李文林. 数学史概论[M]. 北京：高等教育出版社，2021.

[13] 林正炎，苏中根，张立新. 概率论[M]. 3 版. 杭州：浙江大学出版社，2014.

[14] 林正炎，张朋，梁克维，等. 大数据教程——数据分析原理和方法[M]. 北京：科学出版社，2020.

[15] 刘希俊. 旷世神算——不畏权贵的祖冲之[M]. 长沙：湖北少年儿童出版社，2004.

[16] 茆诗松，程依明，濮晓龙. 概率论与数理统计教程[M]. 3 版. 北京：高等教育出版社，2019.

[17] 缪柏其，张伟平. 概率论与数理统计[M]. 北京：高等教育出版社，2022.

[18] 孙方裕，陈志国. 文科高等数学[M]. 杭州：浙江大学出版社，2014.

[19] 王青建. 数学史简编[M]. 北京：科学出版社，2004.

[20] 王元，文兰，陈木法，等. 数学大辞典[M]. 2 版. 北京：科学出版社，2017.

[21] 吴今朝. 预测分析——R 语言实现[M]. 北京：机械工业出版社，2017.

[22] 吴文俊. 关于研究数学在中国的历史与现状[J]. 自然辩证法通讯，1990(4)：1-3.

[23] 徐品方. 数学符号史[M]. 北京：科学出版社，2010.

[24] 薛毅，陈立萍. R 语言实用教程[M]. 北京：清华大学出版社，2014.

[25] 薛毅，陈立萍. 统计建模与 R 软件[M]. 北京：清华大学出版社，2007.

[26] 薛有才. 数学文化[M]. 北京：机械工业出版社,2009.
[27] 姚孟臣. 大学文科高等数学(第一册)[M]. 北京：高等教育出版社,1997.
[28] 易南轩,王芝平. 多元视角下的数学文化[M]. 北京：科学出版社,2007.
[29] 张奠宙,王善平. 数学文化教程[M]. 北京：高等教育出版社,2012.
[30] 张国楚. 大学文科数学[M]. 2 版. 北京：高等教育出版社,2007.
[31] 张帼奋,张奕. 概率论与数理统计[M]. 北京：高等教育出版社,2017.
[32] 张顺燕. 数学的源与流[M]. 北京：高等教育出版社,2006.
[33] 张奕,张彩伢,黄炜. 应用统计学[M]. 北京：高等教育出版社,2019.
[34] 詹姆斯,威滕,哈斯帖,等.统计学习导论:基于 R 应用[M]. 王星,等译. 北京：机械工业出版社,2015.
[35] 周明儒. 文科高等数学基础教程[M]. 北京：高等教育出版社,2005.
[36] 周志华. 机器学习[M]. 北京：清华大学出版社,2016.

习题参考答案

习题六

1. (1)否； (2)是； (3)是； (4)否；
(5)否； (6)否.

2. (1)$(-1,1)$；
(2)$(-\infty,-\sqrt{2}]\cup[\sqrt{2},+\infty)$；
(3)$[0,1]$；
(4)$(0,+\infty)$；
(5)$2k\pi$， $k\in\mathbf{Z}$；
(6)$\{0\}\cup[1,+\infty)$.

3. (1)$\left[0,\dfrac{3}{2}\right]$； (2)$[-1,1]$； (3)$[0,1)$；
(4)$[0,\pi]$.

4. (1)$x,-x$； (2)$\dfrac{x}{\sqrt{1+2x^2}}$.

5. $\dfrac{x}{\sqrt{1+nx^2}}$.

6. x^2+7.

7. $\dfrac{1}{1+x}$.

8. (1)$x=\sqrt{4-y^2},y\in[0,2]$ 或
$x=-\sqrt{4-y^2},y\in[0,2]$；
(2)$x=3\arcsin\dfrac{y}{2}$， $y\in[0,\sqrt{3}]$；
(3)$x=\begin{cases}y, & y<1,\\ y^2, & 1\leqslant x\leqslant 16,\\ \ln y, & y>e^4;\end{cases}$
(4)$x=\begin{cases}\sqrt{y-1}, & y>1,\\ 0, & y=0,\\ -\sqrt{y-1}, & y<-1.\end{cases}$

12. $x=y^{\frac{2}{3}}$， $y\in\mathbf{R}$， 图像略.

13. $\pi r^2+\dfrac{2V}{r}$.

14. $y=ax^2+\dfrac{2aV}{x}$，a 为池底单位面积造价.

习题七

1. 不一定.

2. 一定不存在.

3. (1)2； (2)0； (3)1；
(4)$\dfrac{1}{5}$； (5)b； (6)0；
(7)0； (8)$\dfrac{1}{2}$； (9)$\dfrac{1}{2\sqrt{x}}$；
(10)1； (11)$\dfrac{1}{2}$； (12)1；
(13)$\cos a$； (14)$\dfrac{2}{3}$； (15)e^{-1}；
(16)2； (17)$\dfrac{1}{2}$； (18)$\sqrt[3]{abc}$；
(19)$\dfrac{1}{1-x}$.

4. 第$(3n+i)$天属于第 i 个儿子， $n\in\mathbf{N}$，
$i=1,2,3$.

7. (1)不连续；(2)不连续；(3)连续.

11. (1)$10^5/\sum\limits_{k=1}^{10}e^{0.05k}\approx 7561$；
(2)$10^5/e^{0.5}\approx 60653$.

习题八

1. (1)$6x$； (2)$\dfrac{1}{2\sqrt{x}}$； (3)$-\dfrac{1}{(1+x)^2}$.

2. $\theta'(t_0)$.

3. $\frac{1}{2}$.

4. (2,4).

5. (1)连续,可导;

(2)连续,不可导;

(3)连续,不可导.

6. $x^2D(x)$.

7. (1)0,　18;

(2)1,　−1.

8. (1)$3x^2+12x+11$;

(2)$e^{-x}(\sec^2x-\tan x)$;

(3)$2x\ln x+x$;

(4)$e^{-x}(2\cos 2x-\sin 2x)$;

(5)$-\frac{2}{x(1+\ln x)^2}$;

(6)$\frac{\arctan x}{2\sqrt{x}}+\frac{\sqrt{x}+1}{1+x^2}$;

(7)$2012(2x-1)(x^2-x+1)^{2011}$;

(8)$(2x+1)\cot(x^2+x+1)$;

(9)$\left(\frac{x}{1+x}\right)^x\left(\ln\frac{x}{1+x}+\frac{1}{1+x}\right)$;

(10)$\sqrt{\frac{x^2-x+1}{\sqrt{x^2+4}}}\left(\frac{2x-1}{2(x^2-x+1)}-\frac{x}{2(x^2+4)}\right)$;

(11)$xe^{x^2}\left(\frac{1}{\sqrt{x^2+1}}+2\sqrt{x^2+1}\right)$;

(12)$\frac{1}{\sqrt{x}(x-1)}$;

(13)$2\sqrt{1-x^2}$;

(14)$\left(\frac{e^{2\sqrt{x+1}}}{\sqrt{x+1}}+1\right)\cos(e^{2\sqrt{x+1}}+x+1)$.

9. (1)$\frac{1}{3(2x+y)^2}-2$;　(2)$\frac{e^x-y}{x+e^y}$;

(3)$\frac{y}{y-1}$;　(4)$\frac{1}{1-\varepsilon\cos y}$.

10. (1)$-\cot t$;　(2)$-4\sin t$;

(3)-2;　(4)$-\tan^2t$.

11. 0.

12. (1)$dy=\frac{-x}{\sqrt{1-x^2}}dx$;

(2)$dy=\frac{1}{\sqrt{x^2-a^2}}dx$;

(3)$dy=-(3x^2+1)\sin(x^3+x+1)e^{\cos(x^3+x+1)}dx$;

(4)$dy=\left(1-\frac{2}{(x+1)^2}\right)dx$;

(5)$dy=\frac{1}{2\sqrt{-x(x+1)}}dx$;

(6)$dy=-\frac{a^2}{x^2}dx$.

13. (1)$dy=\frac{y}{y-1}dx$;

(2)$dy=\frac{e^y}{1-xe^y}dx$;

(3)$dy=-\frac{y+2x}{x+2y}dx$;

(4)$dy=\frac{y}{e^y-x}dx$.

14. (1)1.01;　(2)1.05;　(3)0.495.

15. (1)$6x+10$;

(2)$\frac{2}{\sqrt{1+x}}-\frac{2x}{\sqrt{(1+x)^3}}+\frac{3x^2}{4\sqrt{(1+x)^5}}$;

(3)$x^3(20\ln x+9)$;

(4)$(2+20x+25x^2)e^{5x}$;

(5)$\frac{2y}{(e^y-x)^2}-\frac{y^2e^y}{(e^y-x)^3}$;

(6)$e^{-x^2}\left(-2\arcsin x+4x^2\arcsin x-\frac{4x}{\sqrt{1-x^2}}+\frac{x}{\sqrt{(1-x^2)^3}}\right)$;

(7)$\frac{-8(3y+1)}{(3y^2+2y)^3}$;

(8)0.

16. (1)$\frac{(-1)^nn!}{x^{n+1}}$;

(2)$(n+x)e^x$;

(3)$\dfrac{(-1)^{n-1}(n-1)!}{(1+x)^n}$.

17. $-\dfrac{14}{5}$ km/h.

习题九

4. (1)$\dfrac{1}{2}$；　(2)2；　(3)$\dfrac{3}{5}$；

(4)$\dfrac{1}{8}$；　(5)-1；　(6)$\dfrac{3}{5}$；

(7)0；　(8)0；　(9)1；

(10)1；　(11)e^2；　(12)$\sqrt{ab}$.

5. (1)1；　(2)0.

6. (1)$(-\infty,1]$上单调递增，$[1,2]$上单调递减，$[2,+\infty)$单调递增，极大值点 $x=1$，极小值点 $x=2$；

(2)$(0,2]$上单调递减，$[2,+\infty)$单调递增，极小值点 $x=2$；

(3)$\left(-\infty,\dfrac{1}{2}\right]$上单调递减，$\left[\dfrac{1}{2},+\infty\right)$单调递增，极小值点 $x=\dfrac{1}{2}$；

(4)$(-\infty,+\infty)$上单调递增，无极值点；

(5)$(0,e]$上单调递增，$[e,+\infty)$单调递减，极大值点 $x=e$；

(6)$(-\infty,0]$上单调递减，$[0,2]$上单调递增，$[2,+\infty)$单调递减，极小值点 $x=0$，极大值点 $x=2$.

8. (1)最小值 $f(-1)=-5$，
最大值 $f(4)=80$；

(2)最小值 $f(2)=-14$，
最大值 $f(3)=11$；

(3)最小值 $f(-5)=-5+\sqrt{6}$，
最大值 $f\left(\dfrac{3}{4}\right)=\dfrac{5}{4}$.

9. 底半径$\left(\dfrac{150}{\pi}\right)^{\frac{1}{3}}$米，高$\dfrac{60}{\sqrt[3]{180\pi}}$米.

10. 定价10元一只才能获得最大利润.

11. 底半径 $\sqrt[3]{V/2\pi}$，高 $\sqrt[3]{4V/\pi}$.

12. $\sqrt{2}$.

13. 月产量12台时，可使每月获利最大，最大利润是134万元.

14. $q=65$.

习题十

1. $e^x-3\sin x-9$.

2. (1)$3\ln|x|+\dfrac{3}{4}x^{\frac{4}{3}}+\sin x-x+C$；

(2)$\tan x-\sec x+C$；

(3)$2\arcsin x-4\arctan x+C$；

(4)$-\dfrac{1}{10}\cos 5x+\dfrac{1}{2}\cos x+C$；

(5)$\dfrac{1}{2014}(x+10)^{2014}-\dfrac{10}{2013}(x+10)^{2013}+C$；

(6)$\dfrac{1}{202}(x^2+1)^{101}+C$；

(7)$\dfrac{1}{2}\tan x+C$；

(8)$-\dfrac{1}{3}\sqrt{2-3x^2}+C$；

(9)$\ln\ln\ln x+C$；

(10)$\cos\dfrac{1}{x}+C$；

(11)$\dfrac{1}{2}\arcsin\dfrac{2}{3}x+\dfrac{1}{4}\sqrt{9-4x^2}+C$；

(12)$\arctan(1+x)+C$；

(13)$\arctan e^x+C$；

(14)$x-\ln(1+e^x)+C$；

(15)$\dfrac{1}{2\sqrt{2}}\ln\dfrac{x^2-\sqrt{2}x+1}{x^2+\sqrt{2}x+1}+C$；

(16)$\arctan^2\sqrt{x}+C$；

(17)$\dfrac{1}{\alpha\beta}\arctan\left(\dfrac{\alpha}{\beta}\tan x\right)+C$；

(18)$\dfrac{\sqrt{2}}{4}\arctan\dfrac{\sin^2 x}{\sqrt{2}}+C$.

3. (1) $\frac{1}{15}(3x+1)^{\frac{5}{3}}+\frac{1}{3}(3x+1)^{\frac{2}{3}}+C$;

(2) $-3x^{-\frac{1}{3}}+6x^{-\frac{1}{6}}-6\ln(1+x^{-\frac{1}{6}})+C$;

(3) $\ln\frac{\sqrt{1+e^x}-1}{\sqrt{1+e^x}+1}+C$;

(4) $a^2\left[\frac{1}{2}\arcsin\frac{x}{a}-\frac{1}{4}\sin\left(2\arcsin\frac{x}{a}\right)\right]+C$;

(5) $\arctan\sqrt{x^2-1}+C$;

(6) $\frac{x}{\sqrt{x^2+1}}+C$;

(7) $\frac{1}{6}\sqrt{(1+2x)^3}-\frac{1}{2}\sqrt{1+2x}+C$;

(8) $\frac{1}{4}[(x^2+1)\sqrt{x^4+2x^2+2}+$

$\ln(x^2+1+\sqrt{x^4+2x^2+2})]+C$;

(9) $\frac{2}{3}(\ln(x+\sqrt{1+x^2}))^{\frac{3}{2}}+C$;

(10) $2(\sqrt{x+1}-1)e^{\sqrt{x+1}}+C$.

4. (1) $\sin x-x\cos x+C$;

(2) $\frac{1}{2}[x^2\ln(1+x^2)-x^2+\ln(1+x^2)]+C$;

(3) $x\arcsin x+\sqrt{1-x^2}+C$;

(4) $-x^2e^{-x}+C$;

(5) $x(\arcsin x)^2+2\sqrt{1-x^2}\arcsin x-$

$2x+C$;

(6) $\frac{1}{2}(x^2\arctan x+\arctan x-x)+C$;

(7) $\frac{1}{2}e^{-x}(\sin x-\cos x)+C$;

(8) $-\frac{1}{x}(\ln x)^2-\frac{2}{x}\ln x-\frac{2}{x}+C$;

(9) $\sqrt{x}\ln(1+x)-4\sqrt{x}+4\arctan\sqrt{x}+C$;

(10) $-2x\cos\sqrt{x}+4\sqrt{x}\sin\sqrt{x}+4\cos\sqrt{x}+C$;

(11) $x\ln(x+\sqrt{1+x^2})-\sqrt{1+x^2}+C$;

(12) $e^x(x\sin x+x\cos x-\sin x)/2+C$;

(13) $\frac{1}{3}x^3-x+\arctan x+C$;

(14) $-\frac{1}{x}-\arctan x+C$;

(15) $\frac{1}{2}x^2+4x+C$;

(16) $\frac{1}{2}\ln(x^2-2x+3)+\frac{3}{\sqrt{2}}\arctan\frac{x-1}{\sqrt{2}}+C$;

(17) $\frac{1}{2}x^2-\frac{9}{2}\ln(9+x^2)+C$;

(18) $-(x-1)^{-2011}\left(\frac{1}{2011}+\frac{3}{2010}(x-1)+\right.$

$\left.\frac{3}{2009}(x-1)^2+\frac{1}{2008}(x-1)^3\right)+C$.

5. $I_n=\frac{1}{2a^2(n-1)}\left[\frac{x}{(x^2+a^2)^{n-1}}+(2n-3)I_{n-1}\right]$.

6. 8 秒，192 米.

习题十一

2. (1) $\frac{1}{4}$; (2) $\frac{1}{2}$; (3) $\frac{\pi}{4}$;

(4) $\frac{2}{\pi}$.

3. 1.

4. (1) $\frac{3\sqrt{3}-2\sqrt{2}}{3}$;

(2) $\frac{\ln 3}{2}-\frac{\pi}{2\sqrt{3}}$;

(3) $2\left(1+\ln\frac{3}{4}\right)$;

(4) $\frac{\sqrt{2}}{2}\pi$; (5) $\frac{1}{2}$; (6) 0;

(7) $14-\ln 7!$; (8) $4(\sqrt{2}-1)$.

5. $e^2-e+\frac{1}{3}$.

7. (1) $\frac{3}{2}-\ln 2$; (2) $\frac{27}{2}$; (3) 1.

8. $\frac{\pi^2}{4}$.

9. $\frac{32}{105}\pi a^3$.

10. 2008.

11. $100Qe^{-\frac{Q}{10}}$.

12. $6a$.

习题十二

1. (1) -2;　(2) -11;　(3) abc;
(4) 0.

2. $\mu=0$ 或 $\lambda=1$.

3. $-\frac{125}{8}$.

4. $-a_{11}a_{23}a_{32}a_{44}$;　$a_{11}a_{23}a_{34}a_{42}$.

5. (1) 3;　(2) 160;　(3) 0;
(4) $(a^2-b^2)^2$;　(5) $(x+3a)(x-a)^3$;
(6) $x^4+a_1x^3+a_2x^2+a_3x+a_4$.

6. (1) $x_1=x_2=x_3=0$;
(2) $x_1=\frac{2}{3}$,　$x_2=-\frac{121}{27}$,
$x_3=-\frac{43}{27}$,　$x_3=\frac{32}{27}$.

7. (1) 288;　(2) 0.

8. (1) $P(x)=A_{11}+A_{12}x+A_{13}x^2+\cdots+A_{1n}x^{n-1}$;
(2) $a_1, a_2, \cdots, a_{n-1}$.

9. $\frac{n!}{2}+2^{n-2}$.

习题十三

1. $x_1=\frac{5}{2}$,　$x_2=-\frac{1}{2}$.

2. $\boldsymbol{AB}=\sum_{i=1}^{n}a_ib_i$,

$$\boldsymbol{BA}=\begin{pmatrix} b_1a_1 & b_1a_2 & \cdots & b_1a_n \\ b_2a_1 & b_2a_2 & \cdots & b_2a_n \\ \vdots & \vdots & & \vdots \\ b_na_1 & b_na_2 & \cdots & b_na_n \end{pmatrix}.$$

3. $\boldsymbol{B}=\begin{pmatrix} a & b \\ 0 & a \end{pmatrix}$.

4. (1) 否　(2) 否　(3) 否.

5. (1) $\begin{pmatrix} 1 & 0 \\ n\lambda & 1 \end{pmatrix}$;

(2) $\boldsymbol{A}^2=\begin{pmatrix} 0 & 0 & 1 \\ 0 & 0 & 0 \\ 0 & 0 & 0 \end{pmatrix}$,　$\boldsymbol{A}^n=\boldsymbol{0}$,　$n\geqslant 3$.

6. (1) $\frac{1}{ad-bc}\begin{pmatrix} d & -b \\ -c & a \end{pmatrix}$;

(2) $\begin{pmatrix} 1 & 0 & -1 \\ 4/3 & -2/3 & -3 \\ 1/3 & 1/3 & 1 \end{pmatrix}$.

8. $\boldsymbol{A}^{-1}\boldsymbol{C}=\begin{pmatrix} 10 & 20 & 9 \\ 5 & 0 & 13 \\ 0 & 1 & 5 \end{pmatrix}$, Je t aime. 即 Je t'aime.

9. $\begin{pmatrix} x_1 \\ x_2 \\ x_3 \end{pmatrix}=\begin{pmatrix} 2 & 1 & 0 \\ 0 & -1 & 0 \\ 1 & 1 & 1 \end{pmatrix}\begin{pmatrix} z_1 \\ z_2 \\ z_3 \end{pmatrix}$.

*10. $\boldsymbol{x}^1=\begin{pmatrix} 7000 \\ 500 \\ 250 \end{pmatrix}$,　$\boldsymbol{x}^2=\begin{pmatrix} 2750 \\ 3500 \\ 125 \end{pmatrix}$.

习题十四

1. (1) $r(\boldsymbol{A})=2$;
(2) $a=1$,　$r(\boldsymbol{A})=1$;
$a=-1/3$,　$r(\boldsymbol{A})=3$;
$a\neq 1$,　$a\neq -1/3$,　$r(\boldsymbol{A})=4$.

2. (1) $\begin{pmatrix} 1 & 3 & -2 \\ -3/2 & -3 & 5/2 \\ 1 & 1 & -1 \end{pmatrix}$;

(2) $\begin{pmatrix} 1 & -4 & -3 \\ 1 & -5 & -3 \\ -1 & 6 & 4 \end{pmatrix}$;

(3) $\frac{1}{3}\begin{pmatrix} 5 & -2 & -1 \\ -4 & 1 & 2 \\ -7 & 4 & 2 \end{pmatrix}$;

(4) $\begin{pmatrix} 7 & -2 & 3 \\ -10 & 3 & -4 \\ 1 & 0 & 0 \end{pmatrix}$;

(5) $\frac{1}{4}\begin{pmatrix} 1 & 1 & 1 & 1 \\ 1 & -1 & -1 & 1 \\ 1 & 1 & -1 & -1 \\ 1 & -1 & 1 & -1 \end{pmatrix}$;

(6) $\frac{1}{10}\begin{pmatrix} 1 & 0 & -5 & 6 \\ 0 & -5 & 10 & -5 \\ -5 & 10 & -5 & 0 \\ 6 & -5 & 0 & 1 \end{pmatrix}$.

3. (1) $\frac{1}{3}\begin{pmatrix} -11 & -8 & 2 \\ 10 & 7 & -4 \\ 22 & 16 & -1 \end{pmatrix}$;

(2) $\begin{pmatrix} 19 & 8 & 6 \\ -26 & -11 & -8 \\ 2 & 0 & 1 \end{pmatrix}$.

4. (1) $\begin{cases} x_1 = \frac{5}{3}x_4, \\ x_2 = -\frac{4}{3}x_4, \\ x_3 = 0, \end{cases}$ x_4 是自由未知量;

(2)无解;

(3) $\begin{cases} x_1 = -2x_3 - x_4 + 2x_5, \\ x_2 = x_3 - 3x_4 + x_5, \end{cases}$ x_3, x_4, x_5 是自由未知量;

(4) $\begin{cases} x_1 = 0, \\ x_2 = -x_4 - 5x_5 + 16, \\ x_3 = 4x_5 - 9, \end{cases}$ x_4, x_5 是自由未知量.

5. (1) $\lambda \neq 0, \lambda \neq -3$ 有唯一解, $x_1 = -\frac{1}{\lambda}$,

$x_2 = \frac{2}{\lambda}$, $x_3 = 1 - \frac{1}{\lambda}$;

(2) $\lambda = 0$ 无解;

(3) $\lambda = -3$ 有无穷多解, $x_1 = x_3 - 1$,

$x_2 = x_3 - 2$.

6. 60%酒 1, 30%酒 2, 10%酒 3.

习题十五

1. (1)9;

(2) $A = \{(0,x),(1,x),(2,x)\}$;

(3) $B = \{(0,x),(0,y),(0,z)\}$.

2. $S = \{(x,y) \mid x = 1,\cdots,6; y = 1,\cdots,6\}$,

$A = \{(1,1),(2,2),(3,3),(4,4),(5,5),(6,6)\}$,

$B = \{(1,5),(2,4),(3,3),(4,2),(5,1)\}$.

3. $S = \{(x,y) \mid x^2 + y^2 < 1\}$,

$A = \{(x,y) \mid x^2 + y^2 < 0.5\}$,

$B = \{(x,y) \mid 0.3 < x^2 + y^2 < 0.5\}$.

4. (1) $\bar{A}\bar{B}\bar{C} \cup A\bar{B}\bar{C} \cup \bar{A}B\bar{C} \cup \bar{A}\bar{B}C$;

(2) $A\bar{B}\bar{C} \cup \bar{A}B\bar{C} \cup \bar{A}\bar{B}C$;

(3) $\bar{A}\bar{B}\bar{C}$;

(4) $AB\bar{C} \cup A\bar{B}C \cup \bar{A}BC \cup ABC$.

5. $A\bar{B} = \{0.5 < x < 0.8\}$,

$\bar{A} \cup B = \{0 \leqslant x \leqslant 0.5$ 或 $0.8 \leqslant x \leqslant 1\}$,

$\overline{AB} = \{0 \leqslant x \leqslant 0.2$ 或 $0.5 < x \leqslant 1\}$.

6. (1)0.8; (2)0.2; (3)0.5.

7. $C_{13}^1 C_{13}^2 C_{13}^2 C_{13}^1 / C_{52}^6 = 0.0505$.

8. 0.25, 0.5, 0.75, 0.25.

9. 0.9938, 0.6827, 0.0455.

10. $\mu = 14110$, $\sigma = 2499$.

11. 略.

12. $\sum_{i=1}^{5} X_i$ 和 $X_1 - X_2$ 是统计量.

13. 3, 3.7778, 1.9437.

14. 3.9403, 22.3071, −1.3968, 1.7081.

15. 11.

16. (15.3347,15.4653).

17. (4.4876,4.8524).

18. 不成立.

19. 该广告不真实.

20. 提示：利用 R 软件先构建一个数据集，再使用 tree()函数.

21. 提示：利用 R 软件先构建一个数据集，该数据集包含已有的资料和待预测的样本，然后使用 kmeans()函数把该数据集分成 2 类，观察待预测的样本落入了哪一类.